Sylvie Thevenon

**Caractéristiques du métabolisme du 13C-glucose**

AF272715

Sylvie Thevenon

# Caractéristiques du métabolisme du 13C-glucose

## Modèle Expérimental de tranches de foie de rats coupées avec précision - Effets de l'insuline et de la glutamine

Presses Académiques Francophones

## Impressum / Mentions légales

Bibliografische Information der Deutschen Nationalbibliothek: Die Deutsche Nationalbibliothek verzeichnet diese Publikation in der Deutschen Nationalbibliografie; detaillierte bibliografische Daten sind im Internet über http://dnb.d-nb.de abrufbar.

Alle in diesem Buch genannten Marken und Produktnamen unterliegen warenzeichen-, marken- oder patentrechtlichem Schutz bzw. sind Warenzeichen oder eingetragene Warenzeichen der jeweiligen Inhaber. Die Wiedergabe von Marken, Produktnamen, Gebrauchsnamen, Handelsnamen, Warenbezeichnungen u.s.w. in diesem Werk berechtigt auch ohne besondere Kennzeichnung nicht zu der Annahme, dass solche Namen im Sinne der Warenzeichen- und Markenschutzgesetzgebung als frei zu betrachten wären und daher von jedermann benutzt werden dürften.

Information bibliographique publiée par la Deutsche Nationalbibliothek: La Deutsche Nationalbibliothek inscrit cette publication à la Deutsche Nationalbibliografie; des données bibliographiques détaillées sont disponibles sur internet à l'adresse http://dnb.d-nb.de.

Toutes marques et noms de produits mentionnés dans ce livre demeurent sous la protection des marques, des marques déposées et des brevets, et sont des marques ou des marques déposées de leurs détenteurs respectifs. L'utilisation des marques, noms de produits, noms communs, noms commerciaux, descriptions de produits, etc, même sans qu'ils soient mentionnés de façon particulière dans ce livre ne signifie en aucune façon que ces noms peuvent être utilisés sans restriction à l'égard de la législation pour la protection des marques et des marques déposées et pourraient donc être utilisés par quiconque.

Coverbild / Photo de couverture: www.ingimage.com

Verlag / Editeur:
Presses Académiques Francophones
ist ein Imprint der / est une marque déposée de
OmniScriptum GmbH & Co. KG
Heinrich-Böcking-Str. 6-8, 66121 Saarbrücken, Deutschland / Allemagne
Email: info@presses-academiques.com

Herstellung: siehe letzte Seite /
Impression: voir la dernière page
**ISBN: 978-3-8381-4047-6**

Zugl. / Agréé par: Lyon, Université Lyon 1, 2004

À ma famille, à mon père et ma mère

# Introduction

# INTRODUCTION

Le glucose est un substrat essentiel pour de nombreuses cellules animales et humaines. Le foie a la double capacité d'utiliser et de synthétiser du glucose par des voies métaboliques qui ont été identifiées au cours du vingtième siècle. En revanche, les mécanismes de régulation et de dysrégulation de ces voies sous l'influence de facteurs hormonaux, nerveux et nutritionnels font l'objet de recherches intenses notamment en raison du développement épidémique des diabètes sucrés qui se traduisent entre autres par une hyperglycémie.

Pour l'étude de ces voies et mécanismes de régulation et dysrégulation du métabolisme hépatique du glucose, de nombreux modèles expérimentaux respectant l'intégrité cellulaire des hépatocytes ont été utilisés *in vitro* ; les tranches de foie coupées avec une lame tranchante à la main ou avec un microtome ont été largement utilisées pour l'identification des voies métaboliques du glucose. Ces modèles ont été virtuellement abandonnés et remplacés dans les années 1970 par les hépatocytes isolés utilisés extemporanément ou en culture primaire grâce à la disponibilité de la collagénase, ainsi que par des lignées cellulaires établies. Cependant, un regain d'intérêt se manifeste à nouveau pour les tranches de foie (tranches coupées avec précision) car de nouveaux systèmes de préparation permettant d'obtenir une épaisseur moindre et parfaitement calibrée en améliorent et prolongent considérablement la viabilité. Mais la viabilité métabolique n'a pas fait l'objet d'une étude systématique.

C'est pourquoi, ce travail de thèse a été consacré à la caractérisation du métabolisme du glucose dans ces tranches afin de répondre aux questions suivantes :

> - le glucose est-il utilisé par ces tranches à concentration physiologique et à des concentrations élevées comme dans les diabètes de type II ?
>
> - si oui, peut-on identifier l'ensemble des métabolites formés et les voies impliquées dans la formation de ces métabolites ?
>
> - le métabolisme du glucose dans ces tranches est-il sensible à l'action de l'insuline, une hormone régulatrice majeure dont l'action disparaît ou s'affaiblit considérablement dans les diabètes sucrés ?

- les tranches de foie coupées avec précision permettent-elles des études sur les mécanismes moléculaires de régulation et dysrégulation du métabolisme du glucose au niveau moléculaire ?

Pour répondre à ces questions, nous avons :

- incubé des tranches de foie de rats nourris coupées avec précision pendant des périodes prolongées de 24 heures : entre 0 et 24 heures d'une part, et entre 24 et 48 heures d'autre part ;

- combiné une approche enzymatique et de spectroscopie RMN du carbone 13 pour l'étude du métabolisme du glucose ;

- étudié l'influence de concentrations croissantes de glucose et de deux concentrations d'insuline sur ce métabolisme ;

- développé des méthodes de RT-PCR semi-quantitative pour mesurer l'influence de la concentration de glucose et d'insuline sur le niveau des transcrits correspondant à certaines enzymes et protéines clés du métabolisme du glucose pendant une période de 24 heures d'incubation

Ce mémoire de thèse présente successivement :

↓ un rappel bibliographique sur le foie, les grandes voies métaboliques du glucose et certains éléments de sa régulation, ainsi que les avantages et inconvénients des différents modèles hépatiques utilisés in vitro ;

↓ les matériels et méthodes utilisés ;

↓ les résultats obtenus ;

↓ l'interprétation et la discussion de ces résultats ;

↓ les conclusions et perspectives

6

# Chapitre I
# Rappels
# bibliographiques

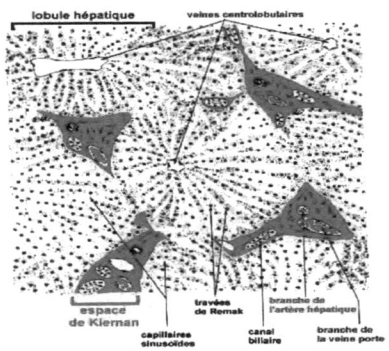

Figure 1     Structure histologique du foie

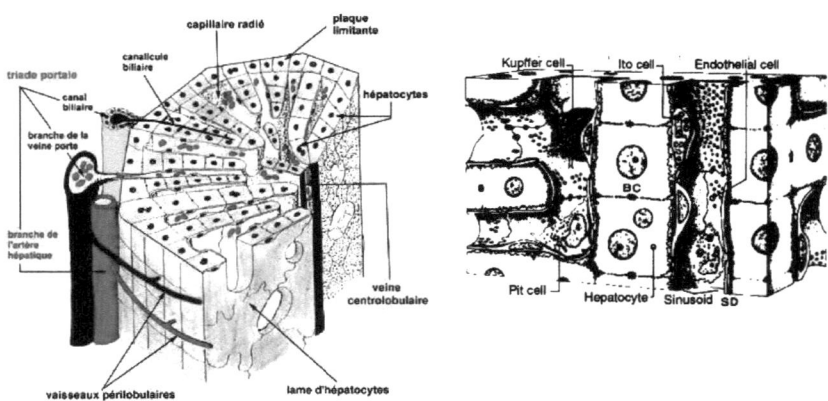

Figure 2     Coupe transversale d'un lobule hépatique et organisation des cellules
parenchymateuses et non-parenchymateuses

# I. Anatomie, Histologie et importance physiologique du foie

## 1. Anatomie

Le foie est un organe plein, possédant une structure polylobée - lobe gauche, lobe droit, lobe carré, lobe caudé que l'échancrure de la veine cave caudale subdivise en processus caudé à droite et processus papillaire à gauche. Fortement maintenu contre le diaphragme par une zone d'adhérence, l'aire nue, et par un ensemble de ligaments, cet organe occupe une position centrale dans l'organisme.

Le foie est irrigué par le sang provenant de deux vaisseaux principaux : l'artère hépatique (qui fournit environ 20% du sang) et la veine hépatique portale. Cette dernière est formée par la rencontre de veines provenant des différentes parties du tractus digestif incluant l'estomac et la rate et transportant les substances absorbées.

Un autre groupe de plus petite taille mais tout aussi important est celui des veines pancréatiques qui transportent le sang contenant les hormones pancréatiques, i.e. insuline et glucagon à partir de la zone endocrine du pancréas. Ainsi, ces hormones peuvent agir et exercer leurs effets en premier lieu sur le foie sans être diluées dans la circulation générale.

Le sang quitte le foie via plusieurs veines hépatiques qui entrent dans la veine cave inférieure, celle-ci rejoignant l'oreillette droite pour la réoxygénation du sang. Enfin un dernier système associé au foie, et non le moins important est celui du transport de la bile vers la vésicule biliaire, cette dernière est absente chez le rat.

## 2. Histologie

Le foie est un organe complexe, composé de cellules parenchymateuses (les hépatocytes) et non-parenchymateuses.

Les hépatocytes représentent environ 60% de la totalité des cellules, occupent plus de 80% du volume total et assurent la majorité des fonctions hépatiques. Ils sont arrangés selon un mode caractéristique qui apparaît sur coupe transversale comme des unités hexagonales ou lobules hépatiques (Figure 1). A chaque coin de cet hexagone est présent une triade de 3 vaisseaux : les petites branches de la veine portale, l'artère hépatique et le conduit biliaire. Au centre de ce lobule est présente une branche de la veine hépatique qui transporte le sang à l'extérieur.

Les cellules hépatiques non-parenchymateuses contribuent quant-à-elle seulement pour 6.5% du volume hépatique mais représentent 40% des cellules totales. Elles sont localisées dans le compartiment sinusoïdal (Figure 2). Les parois des sinusoïdes hépatiques sont ainsi formées par trois principaux types de cellules :

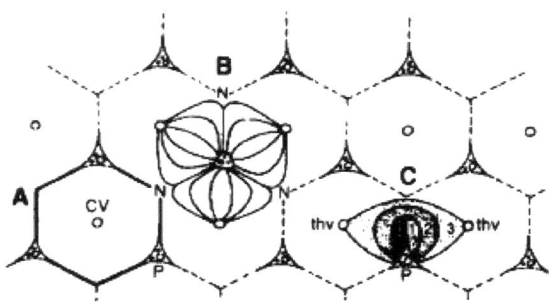

**Figure 3** : Unité structurale et fonctionnelle du foie.

A, lobule classique ; B, unité portale ; C, acinus hépatique. 1, zone périportale où les concentrations d'hormones et de substrats sont élevées ; 2, zone intermédiaire ; 3, zone périveineuse dans laquelle les concentrations d'hormones et de substrats sont faibles. CV, veine centrale correspondant aux veines terminales hépatiques ; P, champ portal ; N, point nodal.

les cellules endothéliales sinusoïdales (SEC), les cellules de Kupffer (KC) et les cellules étoilées hépatiques (HSC) connues sous le nom de lipocytes (ou cellules Ito ou cellules péri-sinusoïdales ou cellules riches en vitamine A) caractérisées par l'abondance de gouttelettes lipidiques intracytoplasmiques et la présence de prolongements cytoplasmiques entourant les cellules endothéliales.

Dans les conditions normales et pathologiques, plusieurs fonctions des hépatocytes peuvent être régulées par ces cellules via la libération de molécules diverses. En cas de lésions hépatiques et d'inflammation notamment, les cellules de Kupffer sécrètent des enzymes et des cytokines qui peuvent endommager les hépatocytes et qui sont actives dans le remodelage de la matrice extracellulaire. De même, les cellules étoilées quiescentes peuvent se transformer en cellules « myofibroblastiques-like » jouant un rôle clé dans le développement de la réponse fibroblastique inflammatoire.

Une population de grands lymphocytes granuleux les pit-cells (cellules « natural killer ») associée au foie sont connus pour tuer spontanément une variété de cellules tumorales ; cette activité anti-tumorale peut-être améliorée par la sécrétion de l'interféron $\gamma$.

Outre les pits cells, le foie adulte contient d'autres sous populations de lymphocytes comme les cellules $\gamma\delta T$ et les cellules $\alpha\beta T$ conventionnelles et non conventionnelles, les dernières comprenant des cellules NK T spécifiques du foie.

### 3. Notion de zonation hépatique [1]

Bien que le foie présente une apparence histologique uniforme, il existe une hétérogénéité morphologique et histochimique. Celle-ci est liée à la position des cellules au sein de l'unité fonctionnelle du tissu, et à terme, à l'apport sanguin : les cellules localisées en amont de cette zone diffèrent de celles situées en aval selon leurs structures sub-cellulaires, leurs enzymes clés, leurs transporteurs et leurs récepteurs. Ceci est à la base de ce qui a été appelé la « zonation métabolique », un concept proposé au départ pour le métabolisme des glucides, étendu ensuite aux autres métabolismes (acides aminés, ions ammonium, xénobiotiques, …).

L'unité structurale et fonctionnelle du foie a été proposée comme étant le lobule classique, l'unité portale et l'acinus. Ce dernier représente la plus petite unité fonctionnelle du foie qui s'étend depuis la veine terminale portale à l'artériole terminale hépatique (Figure 3). La région en amont autour de la veine terminale portale et de l'artériole est appelée zone périportale ; la zone autour de la veine

Tableau 1 : Les différentes fonctions du foie

## Fonctions au service des organes non hépatiques

**Organe effecteur**

➔ Centre du métabolisme
- **Captage et libération du glucose**
- **Captage et libération des Acides aminés**
- **Formation de l'urée**
- **Synthèse et dégradation des lipides**
- **Synthèse des corps cétoniques**

➔ Biosynthèse et biodégradation
- **Synthèse et dégradation de protéines plasmatiques**
- **Formation de la bile**

➔ Station de contrôle du système hormonal
- **Inactivation des hormones et médiateurs**
- **Synthèse et libération des pro-hormones et médiateurs**

**Organe « senseur »**

➔ « Senseur » portal
- **Substrats énergétiques**
  - Glucose
  - Acides aminés

➔ Centre de défense
- **Métabolisme des xénobiotiques**
  - Oxygénation, réduction, conjugaison
- **Phagocytose**
- Elimination des cellules tumorales
- **Réaction de la phase aiguë**

➔ Réservoir sanguin
- **Stockage actif et passif de sang**
- **Osmolarité**
  - NaCl et eau
  - Pression sanguine

## Formation et maintien de la structure des organes

➔ Synthèse et dégradation de composants cellulaires et extracellulaires (matrice)
- **Composants des biomembranes**
- **Composants cytosoliques**
- **Composants nucléaires**
- **Composants du cytosquelette**
- **Composants de la matrice**

➔ Protection
- Récupération des intermédiaires réactifs $O_2$
- Récupération des intermédiaires électrophiles

centrale est connue sous le nom de zone périveineuse, péricentrale ou centrolobulaire.

Dans le modèle original de zonation métabolique, seules ces deux zones de taille approximativement égale ont été différenciées. Par la suite, les compartiments ont été subdivisés en partie proximale et distale.

Cette notion a été appréhendée en utilisant différentes approches : cultures d'hépatocytes périveineux et périportaux (méthode utilisant conjointement la digitonine et la collagénase), perfusion ortho- et rétrograde du foie avec des substrats marqués ou non marqués, microélectrodes à oxygène. Toutes ces études sont en accord avec une spécialisation métabolique des hépatocytes.

### 4. Importance physiologique du foie

Du fait de sa position stratégique dans l'organisme et dans le système circulatoire, le foie fonctionne comme un organe effecteur et de détection (Tableau 1). Il représente :

- **Un centre du métabolisme** : Il intervient de manière prépondérante dans l'homéostasie du glucose, des lipides circulants et des acides aminés ;
- **Un centre de biosynthèse et de dégradation** : Il intervient dans la synthèse et la dégradation de nombreuses protéines plasmatiques en particulier l'albumine et les protéines de la coagulation. De même, il permet la formation de la bile, voie d'épuration du cholestérol possédant un rôle dans la digestion des lipides alimentaires ;
- **Un centre de défense** : Il intervient dans le métabolisme des xénobiotiques (oxydation, réduction, conjugaison) et joue un rôle de filtre pour les germes d'origine intestinale ;
- **Une station de contrôle du système hormonal** : Il intervient dans l'inactivation de certaines hormones et dans la synthèse et libération de pro-hormones et médiateurs
- **Un réservoir sanguin**

## II. Métabolisme hépatique [2,3]

### 1. Introduction : Les différentes voies métaboliques (Schéma 1)

Le foie peut être considéré comme le centre du métabolisme intermédiaire de l'organisme. Il peut capter le glucose en excès lorsque la glycémie est élevée, notamment après un repas riche en glucides et la diminuer via la synthèse de

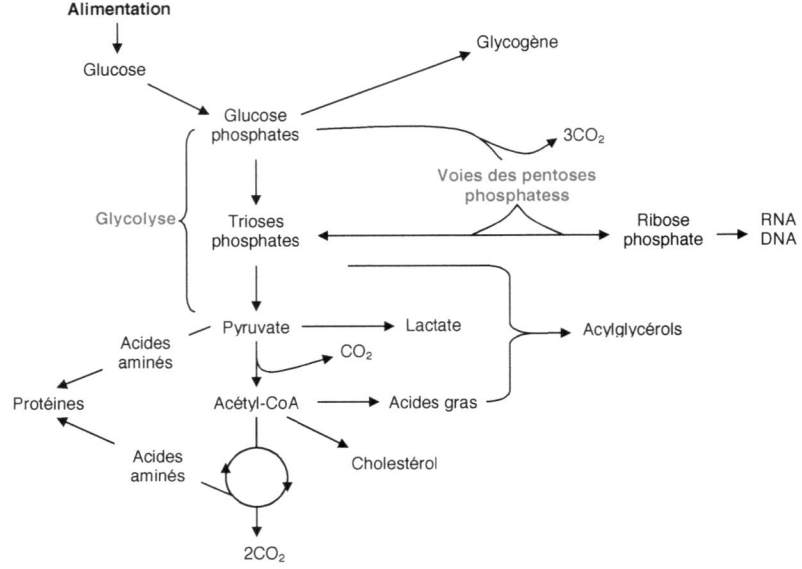

**Schéma 1 : Les différentes voies métaboliques**

glycogène, la glycolyse et la lipogenèse ; il peut également libérer le glucose lorsque la glycémie est faible, notamment lors de la période post-absorptive via la dégradation du glycogène et la gluconéogenèse. Il est également le seul organe à produire des corps cétoniques et possède un rôle majeur dans le métabolisme des lipoprotéines. Enfin, cet organe est impliqué dans les processus de détoxification des ions ammonium et des aminoacides via la synthèse d'urée et de glutamine.

## 2. Métabolisme du glucose

### II.2.1. Description générale des voies métaboliques

#### II.2.1.1. Première étape : Entrée du glucose

Le glucose est une molécule polaire qui ne peut diffuser librement à travers la membrane plasmique hydrophobe. De ce fait, son entrée nécessite la présence de transporteurs. Plusieurs isoformes sont actuellement décrites comme étant spécifiques du glucose. Ces protéines sont nommées GLUT (glucose transporters) et sont distribuées de façon tissu-dépendante. Dans le foie, le transport du glucose est principalement assuré par GLUT-2. Cette protéine, exprimée dans les hépatocytes et les cellules β-pancréatiques, possède des propriétés cinétiques distinctes des autres isoformes. Elle possède une faible affinité pour le glucose avec un Km élevé [4] permettant un transport directement proportionnel aux concentrations physiologiques de glucose [5]. Ainsi, dans les conditions post-prandiales, lorsque la glycémie est élevée, le foie est capable de capter le glucose en excès. A l'inverse, dans les conditions post-absorptives ou de jeûne, il est capable d'exporter librement le glucose vers le plasma grâce à ce transporteur de faible affinité et de haute capacité [6].

Outre ce transporteur, des études conduites chez les souris transgéniques GLUT2 ⁻/⁻ suggèrent l'existence d'un autre système de transport, en particulier pour l'exportation du glucose [7,8].

#### II.2.1.2. Glucose-6-phosphate : Au carrefour des différentes voies

Une fois entré dans les hépatocytes, le glucose subit une phosphorylation sur son carbone 6 pour former le glucose-6-phosphate. Cette réaction est catalysée principalement par l'hexokinase de type IV aussi appelée glucokinase (GK) en présence d'ATP. Cette enzyme est exprimée dans le foie et les cellules β des îlots de Langherans. Spécifique du glucose, elle possède une faible affinité pour ce dernier (Km = 12 mM) contrairement aux autres hexokinases dont le Km est compris entre

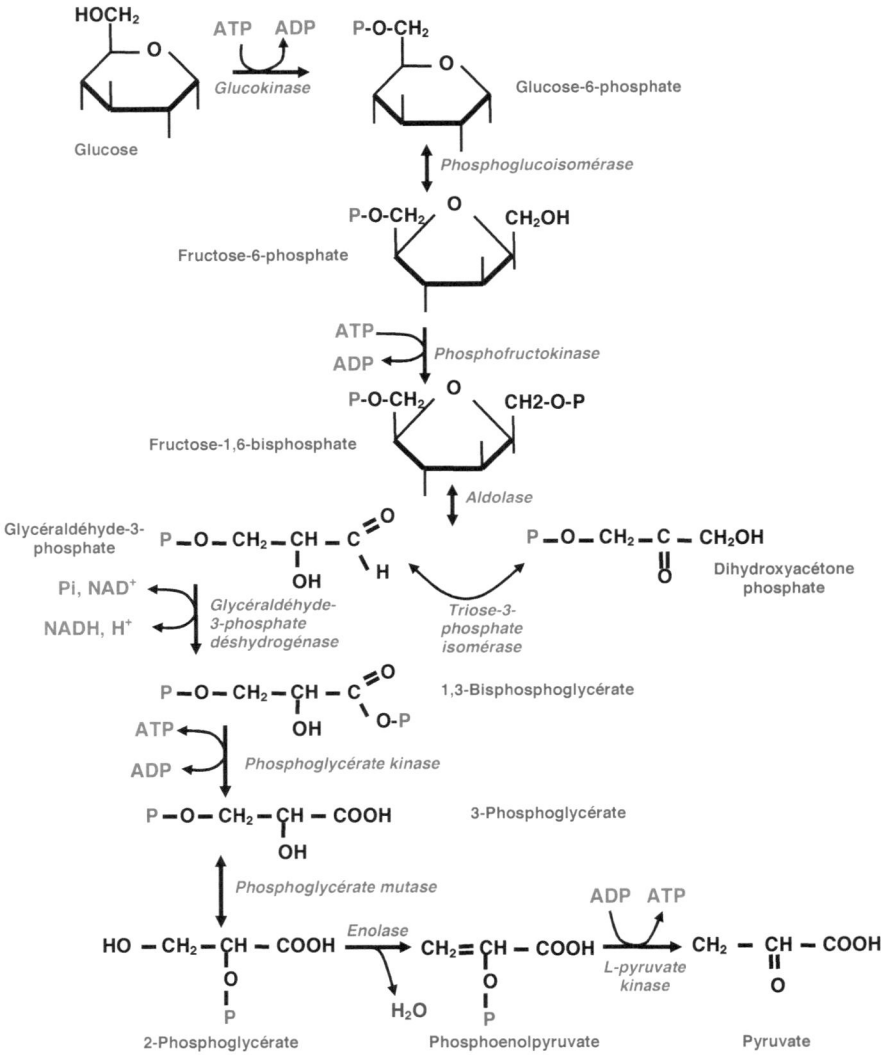

Schéma 2 : Réactions de la glycolyse

0,2 et 1,2 mM [9,10] et n'est pleinement active que dans la période post-prandiale, lorsque la glycémie portale est élevée. Dans ces conditions, son efficacité est supérieure aux autres hexokinases car elle n'est pas inhibée par son produit [11,12] . Bien que la glucokinase représente la principale activité de phosphorylation du glucose dans les hépatocytes, il semble que l'hexokinase de type 1 soit également présente.

Cette étape de phosphorylation est essentielle car elle permet de piéger le glucose dans la cellule et de maintenir un gradient de concentration de glucose libre entre les compartiments extra- et intra-cellulaires favorable à l'entrée du glucose dans la cellule.

Le glucose-6-phosphate ainsi formé constitue un point de départ pour de nombreuses voies métaboliques.

### II.2.1.3.  La glycolyse (Schéma 2)

Dans les quatre premières décennies du vingtième siècle, les travaux de Harden, Young, Embden, Meyerhof et Warburg ont conduit à l'identification des intermédiaires de la glycolyse et des enzymes catalysant ses différentes étapes [13]. La glycolyse est la voie par laquelle le glucose est oxydé en pyruvate. Elle se déroule dans le cytosol de toutes les cellules de l'organisme, ce qui en fait un mécanisme important.

Le glucose-6-phosphate est isomérisé en fructose-6-phosphate par la phosphoglucose isomérase. Cette étape est réversible. Le produit de cette réaction est alors phosphorylé en présence d'ATP par la phosphofructokinase de type I formant le fructose-1,6-bisphosphate et de l'ADP. Du fait d'une énergie libre largement positive ($\Delta G^{0'}$=+5,4), cette réaction est irréversible et représente la principale étape limitante de la glycolyse. L'aldolase clive ensuite le fructose-1,6-bisphosphate en deux trioses phosphate, le glycéraldéhyde-3-phosphate et le dihydroxyacétone phosphate par coupure aldolique entre le C-3 et le C-4. Seul l'un des deux produits de la réaction de clivage aldolique, le glycéraldéhyde-3-phosphate, est utilisé dans la voie glycolytique. Le dihydroxyacétone phosphate peut être converti en glycéraldéhyde-3-phosphate par la triose phosphate isomérase.

En terme d'investissement, une molécule de glucose est transformée en deux molécules de glycéraldéhyde-3-phosphate, chacune s'engageant dans la deuxième partie de la glycolyse. Celle-ci débute par l'oxydation NAD⁺-dépendante du glycéraldéhyde-3-phosphate qui réagit avec un phosphate inorganique pour former du 1,3-bisphosphoglycérate et du NADH + H$^+$ grâce à la glycéraldéhyde-3-phosphate deshydrogenase. Une réaction de phosphorylation liée au substrat de l'ADP par le 1,3-bisphosphoglycérate intervient ensuite permettant la transformation de ce dernier en 3-phosphoglycérate et la production d'une molécule d'ATP. Cette réaction réversible est catalysée par la phosphoglycérate kinase. Elle est suivie par une isomérisation du 3-phosphoglycérate en 2-phosphoglycérate par la phosphoglycérate mutase puis sa déshydratation par l'énolase en phosphoénolpyruvate. Enfin, la dernière réaction consiste en la phosphorylation liée au substrat de l'ADP par le phosphoénolpyruvate qui est transformé en pyruvate. Une molécule d'ATP est alors produite. Cette réaction irréversible est catalysée par la pyruvate kinase et représente une étape limitante de la glycolyse.

### II.2.1.4. Devenir du pyruvate

Le pyruvate ainsi formé va pouvoir suivre plusieurs voies. Il peut être réduit dans le cytosol par le NADH, formant l'$\alpha$-hydroxy-acide correspondant, le lactate, et régénérant du NAD+ nécessaire à la poursuite de la glycolyse. La lactate déshydrogénase catalyse cette réaction réversible. Cinq isoenzymes existent et sont formées de quatre sous-unités de type musculaire (M) ou cardiaque (H). Elles se distinguent selon leur composition (MMMM, MMMH, MMHH, MHHH, HHHH) et sont réparties de façon différente dans les tissus. On considère généralement que le type H est prépondérant dans les tissus aérobies alors que le type M prédomine dans les tissus qui peuvent se retrouver dans des conditions anaérobies tels que les muscles squelettiques et le foie.

Il peut également pénétrer dans la mitochondrie et être converti soit en acétyl-CoA via la pyruvate déshydrogénase afin de rejoindre le cycle de l'acide citrique, soit en oxaloacétate par la pyruvate carboxylase pour participer à la voie de la néoglucogenèse.

Enfin, il peut être transaminé pour former de l'alanine par l'alanine aminotransférase.

### II.2.1.5. Le cycle de l'acide citrique
#### ❖ Origine de l'acétyl-CoA

C'est en 1937 que Hans Krebs proposa le cycle de l'acide citrique [14,15], une des découvertes les plus importantes de la chimie métabolique. Il correspond à la voie du catabolisme des groupements acétyls. Ces derniers entrent dans le cycle

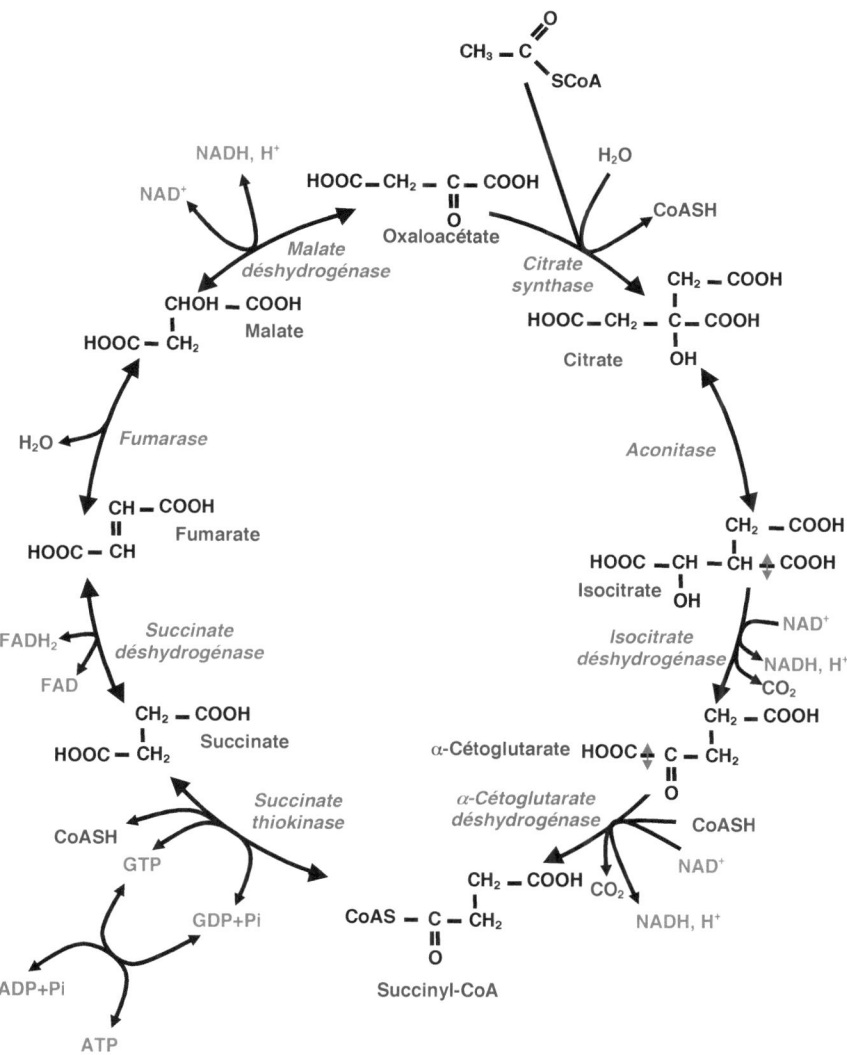

Schéma 3 : Réactions du cycle de l'acide citrique

sous la forme d'acétyl-CoA dont l'origine est multiple : glucidique, lipidique et protéique.

Le précurseur immédiat de l'acétyl-CoA lors de la dégradation des glucides est le pyruvate, produit de la glycolyse. Dans les conditions aérobies, le NADH est réoxydé par la chaîne respiratoire et le pyruvate qui entre dans la mitochondrie grâce à un système symport pyruvate /H$^+$ spécifique subit une décarboxylation oxydative catalysée par un complexe multienzymatique appelé pyruvate déshydrogénase. Ce complexe est formé de trois enzymes : la pyruvate déshydrogénase (E1), la dihydrolipoyl transacétylase (E2) et la dihydrolipoyl déshydrogénase (E3) et catalyse cinq réactions successives dont la stoechiométrie globale est la suivante :

$$Pyruvate + CoA + NAD^+ \rightarrow AcétylCoA + CO_2 + NADH$$

❖ **Cycle de l'acide citrique** (Schéma 3)

Plus de 90% de l'énergie produite dans la cellule provient du cycle de l'acide citrique en relation avec la chaîne respiratoire couplée aux oxydations phosphorylantes. Ce dernier comporte huit réactions. La première étape du cycle est une réaction de condensation de l'acétyl-CoA et de l'oxaloacétate en acide citrique catalysée par la citrate synthase. Cette réaction consomme une molécule d'eau et libère une molécule de coenzyme A. Elle est irréversible et constitue donc une étape limitante du cycle de l'acide citrique. L'aconitase catalyse ensuite l'isomérisation réversible du citrate en isocitrate. Elle se déroule en deux temps : une déshydratation du citrate en un acide tricarboxylique intermédiaire insaturé, le cis-aconitate suivie par sa réhydratation en isocitrate. La réaction suivante est irréversible et représente une des étapes de la régulation du cycle. Elle correspond à la décarboxylation oxydative de l'isocitrate en $\alpha$-cétoglutarate avec formation de la première molécule de $CO_2$ et de NADH. Elle est catalysée par l'isocitrate déshydrogénase NAD$^+$ dépendante. Les tissus des mammifères contiennent deux formes différentes de cette enzyme. L'une participe au cycle de l'acide citrique, est mitochondriale et utilise le NAD$^+$ comme coenzyme. L'autre forme se trouve dans les mitochondries et dans le cytosol et elle utilise le NADP$^+$ comme coenzyme. Cette réaction est suivie par la décarboxylation oxydative de l'$\alpha$-cétoglutarate en succinyl-CoA. Elle consomme une molécule de coenzyme A, produit la deuxième molécule de $CO_2$ du cycle et une molécule de NADH, H$^+$. Elle est irréversible et représente une étape limitante. Elle est catalysée par l'$\alpha$-cétoglutarate déshydrogénase, complexe multienzymatique identique à celui du complexe de la pyruvate déshydrogénase comprenant l'$\alpha$-KGDH

(E1), la dihydrolipoyl transsuccinylase (E2) et la dihydrolipoyl déshydrogénase (E3). La cinquième étape est une réaction de phosphorylation liée au substrat du GDP par le succinyl-CoA qui est transformé en succinate. Elle est catalysée par la succinyl-CoA synthase ou succinate thiokinase et produit une molécule de GTP.

A ce stade du cycle, un équivalent acétyl a été complètement oxydé en $2CO_2$. Deux NADH et un GTP (en équilibre avec l'ATP) ont été également formés. Pour compléter le cycle, le succinate doit redonner de l'oxaloacétate. Les trois dernières réactions du cycle vont s'en charger. Le succinate subit une déshydrogénation stéréospécifique en fumarate, molécule symétrique. Cette réaction est catalysée par la succinate déshydrogénase à coenzyme FAD, protéine intrinsèque de la membrane interne mitochondriale et appartenant au complexe II de la chaîne respiratoire. Cette réaction est réversible et produit une molécule de $FADH_2$. Le fumarate est hydraté en L-malate par la fumarase de façon réversible et ce dernier est déshydrogéné en oxaloacétate, permettant ainsi sa régénération. Cette réaction s'accompagne d'une production d'une molécule de NADH, $H^+$. Cette étape est réversible et fonctionne en sens inverse au cours de la gluconéogenèse (cf. § la néoglucogenèse).

❖ **Les origines de l'oxaloacétate**

A l'état basal, l'oxaloacétate régénéré en fin de cycle suffit à entretenir le fonctionnement de cette voie. Lorsqu'il y a une forte demande énergétique ou lorsque des intermédiaires du cycle sont soustraits pour d'autres synthèses, la quantité disponible d'oxaloacétate en tant qu'accepteur de groupements acétyls doit être augmentée. Certaines réactions anaplérotiques sont à l'origine de cette augmentation :

- **la réaction de carboxylation du pyruvate en oxaloacétate par la pyruvate carboxylase mitochondriale** ; c'est la plus importante et à lieu surtout dans le foie et les reins. Cette enzyme perçoit le besoin en intermédiaires du cycle de l'acide citrique par son activateur, l'acétyl-CoA. Tout ralentissement du cycle provoqué par une concentration insuffisante en oxaloacétate ou en tout autre intermédiaire, se traduit par une augmentation de la concentration d'acétyl-CoA qui n'est plus pris en charge. Il s'ensuit une activation de la pyruvate carboxylase qui réapprovisionne en oxaloacétate d'où une accélération du cycle. S'il y a un excès d'oxaloacétate, celui-ci s'équilibre avec le malate qui sera transporté dans le cytosol pour être utilisé dans la gluconéogenèse.

- la réaction de carboxylation du phosphoénolpyruvate en oxaloacétate par la phosphoénolpyruvate carboxykinase cytosolique ; cette réaction est mineure car l'enzyme possède une faible affinité pour le $CO_2$ et une affinité élevée pour l'oxaloacétate, favorise ainsi la réaction dans le sens inverse. L'oxaloacétate rejoint la matrice mitochondriale via le malate ;

❖ **Rôle du cycle de l'acide citrique**

Le foie synthétise de nombreuses substances nécessaires à l'organisme dont le glucose, les acides gras, le cholestérol, les acides aminés et les porphyrines. Certaines réactions du cycle de l'acide citrique jouent un rôle important dans ces voies de biosynthèse.

Le cycle de Krebs est, par nature, catabolique puisque impliqué dans un processus de dégradation. Les intermédiaires du cycle ne sont nécessaires qu'en quantités catalytiques pour assurer le rôle catabolique du cycle. Cependant, plusieurs voies de biosynthèse utilisent des intermédiaires du cycle de l'acide citrique comme point de départ. Parmi elles, nous pouvons citer la néoglucogenèse qui nécessite de l'oxaloacétate, la biosynthèse des lipides comprenant la synthèse des acides gras et du cholestérol qui nécessite de l'acétyl-CoA, la biosynthèse de porphyrines qui utilise le succinyl-CoA comme produit de départ et la biosynthèse de certains acides aminés. L'α-cétoglutarate peut former du glutamate par amination réductrice grâce à une réaction utilisant le NADH ou le NADPH. Cette réaction est catalysée par la glutamate déshydrogénase. L'α-cétoglutarate et l'oxaloacétate sont également utilisés pour la synthèse de glutamate et d'aspartate grâce à des réactions de transamination.

En revanche, d'autres voies peuvent redonner des intermédiaires du cycle de l'acide citrique parmi lesquels nous pouvons citer l'oxydation des acides gras à nombre impair d'atomes de carbone et la dégradation des acides aminés comme l'isoleucine, la méthionine et la valine qui conduisent à la formation de succinyl-CoA et la transamination et désamination de certains acides aminés entraînant la formation d'α-cétoglutarate et d'oxaloacétate. Ces réactions sont réversibles et, selon la demande métabolique, permettent de réduire ou d'augmenter la concentration d'intermédiaires du cycle de l'acide citrique.

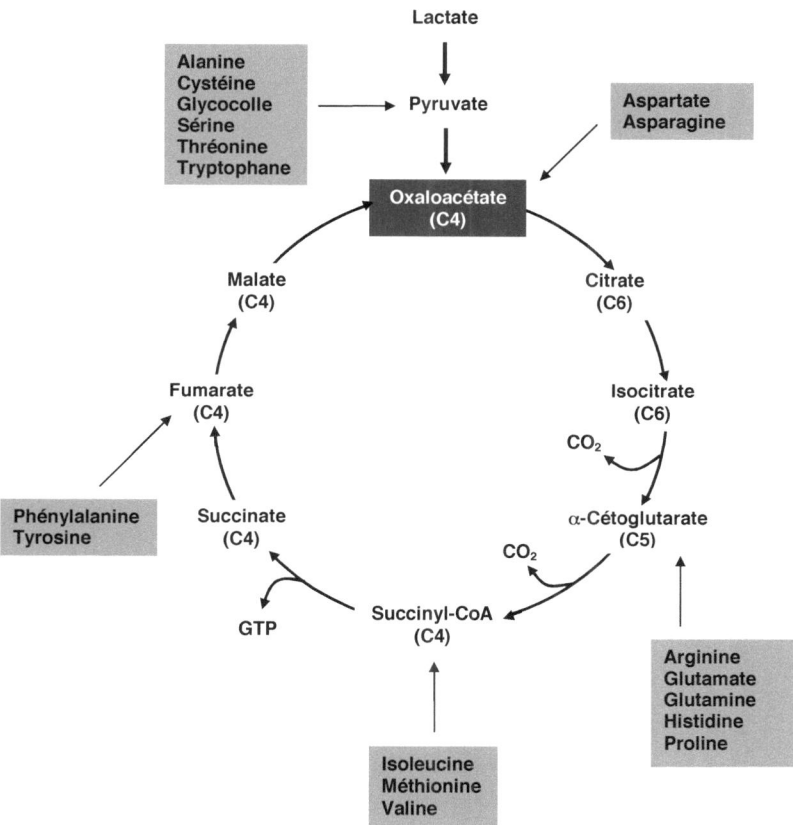

Schéma 4 : Voies d'entrée des acides aminés dans le cycle de l'acide citrique

| Gluconéogenèse | Glycolyse |
|---|---|
| Pyruvate carboxylase Phosphoénolpyruvate carboxykinase | Pyruvate kinase |
| Fructose-1,6-bisphosphatase | Phosphofructokinase |
| Glucose-6-phosphatase | Glucokinase |

Tableau 2 : Les enzymes spécifiques de la néoglucogenèse

### II.2.1.6.  La néoglucogenèse
#### ❖ Introduction

Le foie est le site principal de cette voie métabolique, comptant pour 90% contre 10% pour les reins. Elle consiste en la biosynthèse de glucose à partir de précurseurs non glucidiques. Parmi eux, se trouvent les produits de la glycolyse (lactate, pyruvate), les intermédiaires du cycle de l'acide citrique et les squelettes carbonés de la plupart des acides aminés issus des protéines alimentaires ou du renouvellement des protéines tissulaires. Cependant, toutes ces substances doivent d'abord être transformés en oxaloacétate, véritable point de départ de la néoglucogenèse (Schéma 4). Seul le glycérol qui rejoint la néoglucogenèse au niveau des trioses phosphate échappe à cette étape.

Chez les animaux, il n'existe pas de voie permettant la conversion d'acétyl-CoA en oxaloacétate, c'est pourquoi la leucine, la lysine et les acides gras ne peuvent pas être des précurseurs du glucose car leur dégradation conduit à la formation d'acétyl-CoA. L'exception concerne les acides gras à nombre impair d'atomes de carbone dont leur catabolisme aboutit à la formation de propionate et à terme de glucose. Enfin, le glycérol, un des produits de dégradation des triacylglycérols, est transformé en glucose via la synthèse du dihydroxyacétone phosphate, intermédiaire de la glycolyse.

#### ❖ Quatre enzymes qui font la différence (Tableau 2)

La gluconéogenèse utilise des enzymes de la glycolyse. Cependant, trois de ces enzymes, la glucokinase, la phosphofructokinase de type 1 et la pyruvate kinase, catalysent des réactions exergoniques dans le sens de la glycolyse. Ces réactions doivent donc être remplacées dans la néoglucogenèse par d'autres réactions qui rendent la synthèse de glucose thermodynamiquement favorable. Elles font intervenir quatre enzymes propres à la néoglucogenèse : la pyruvate carboxylase, la phosphoénolpyruvate carboxykinase, la fructose-1,6-bisphosphatase et la glucose-6-phosphatase.

#### ❖ Les étapes de la néoglucogenèse à partir du pyruvate

La formation de phosphoénolpyruvate à partir du pyruvate nécessite un apport d'énergie. Le pyruvate est ainsi transformé en oxaloacétate par carboxylation catalysée par la pyruvate carboxylase. Cette réaction est mitochondriale. Elle consomme une molécule d'ATP et représente une voie importante puisque l'on estime que plus de 2/3 des précurseurs de la néoglucogenèse passent par cette

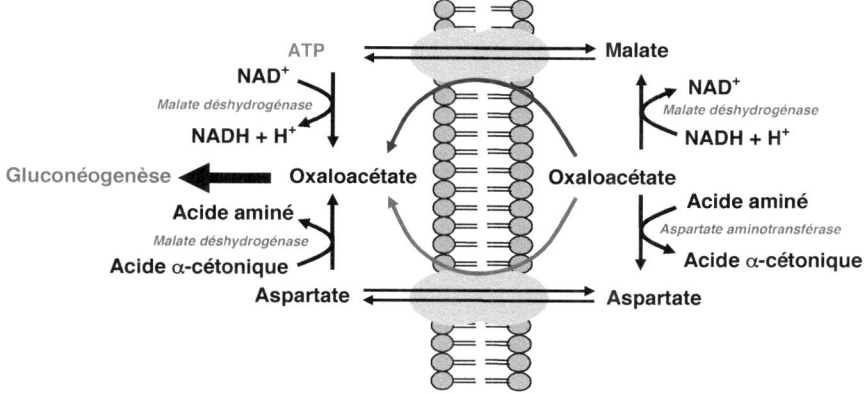

Schéma 5 : Transport de l'oxaloacétate à travers la membrane mitochondriale

$$2 \text{ Pyruvate} + 4 \text{ ATP} + 2 \text{ GTP} + 2 \text{ NADH} + 2 \text{ H}^+ + 2 \text{ H}_2\text{O} \rightarrow$$
$$\text{Glucose} + 4 \text{ ADP} + 2 \text{ GDP} + 6 \text{ Pi} + 2 \text{ NAD}^+$$
$$\Delta G^{0'} = -9,0 \text{ kcal.mol}^{-1}$$

Bilan de la néoglucogenèse à partir du pyruvate

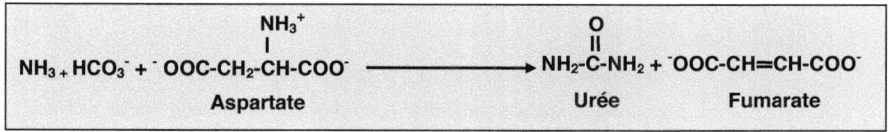

La synthèse d'urée

réaction. Or, il n'existe pas de système de transport pour l'oxaloacétate. Celui-ci doit d'abord être transformé soit en aspartate (voie 1), soit en malate (voie 2) pour lesquels des systèmes de transport mitochondriaux existent (schéma 5). La voie 2 est indispensable car elle se traduit par un transport d'équivalents réducteurs (NADH) de la mitochondrie vers le cytosol nécessaires à la néoglucogenèse. Cependant, si le précurseur gluconéogenique est le lactate, son oxydation en pyruvate fournit du NADH si bien que les deux voies peuvent être utilisées. Enfin, au cours du métabolisme oxydatif, les deux voies peuvent aussi s'alterner (la voie 2 s'inversant) pour que la navette malate-aspartate qui assure le transport d'équivalents réducteurs du NADH dans la mitochondrie fonctionne. Dans le cytosol, l'aspartate et le malate peuvent redonner de l'oxaloacétate via des réactions catalysées respectivement par l'aspartate aminotransférase et la malate déshydrogénase.

L'oxaloacétate subit alors une décarboxylation phosphorylante pour être transformé en phosphoénolpyruvate. Cette réaction est catalysée par la phosphoenolpyuvate carboxykinase et consomme une molécule de GTP. Le phosphoénolpyruvate emprunte ensuite la voie de la glycolyse en sens inverse jusqu'à la troisième réaction, au niveau du fructose-1,6-bisphosphate. Ce dernier subit une hydrolyse de son phosphate en C-1 pour former le fructose-6-phosphate. Cette réaction est catalysée par la fructose bisphosphatase de type 1. Le fructose-6-phosphate ainsi formé est isomérisé en glucose-6-phosphate qui subit une hydrolyse de son phosphate en position C-6 par la glucose-6-phosphatase.

Le bilan énergétique de la néoglucogenèse est important, 4 ATP et 2 GTP, soit 6 molécules d'ATP consommées.

## ❖ La néoglucogenèse à partir des autres substrats

### A partir du glycérol

Le glycérol est, au côté des acides gras, le produit de l'hydrolyse des triglycérides :

- Triglycérides alimentaires par la lipase pancréatique dans la lumière intestinale ; Triglycérides des lipoprotéines circulantes (chylomicrons intestinaux et VLDL hépatiques) par la lipoprotéine lipase hépatique ;
- Triglycérides du tissu adipeux par la triglycéride lipase cellulaire.

Seuls le foie et le rein disposent de la glycérol kinase qui le phosphoryle en glycérol-3-phosphate. Ce dernier peut soit être accepteur d'acides gras pour la synthèse de triglycérides, soit être oxydé en dihydroxyacétone phosphate par la glycérol-3-phosphate déshydrogénase, à coenzyme NAD et rejoindre ainsi la néoglucogenèse.

### *A partir des acides gras*

La β-oxydation des acides gras à nombre impair d'atomes de carbone libère au final du propionyl-CoA qui est transformé en succinyl-CoA. C'est la seule molécule lipidique qui soit un substrat de la néoglucogenèse.

### *A partir des acides aminés*

Le catabolisme digestif et tissulaire des protéines libère des acides aminés. Ceux dont le squelette carboné est transformé en pyruvate ou en l'un des 4 intermédiaires du cycle de l'acide citrique que sont l'α-cétoglutarate, le succinyl-CoA, le fumarate et l'oxaloacétate sont dits glucoformateurs (Schéma 4). Le squelette carboné qui entre dans le cycle de l'acide citrique en sort au niveau du malate pour prendre la direction du phosphoénolpyruvate.

## II.2.1.7.  Le cycle de l'urée
### ❖ Introduction

Le cycle de l'urée a été élucidé dans ses grandes lignes en 1932 par H. Krebs et K. Henseleit. Ses différentes réactions furent élucidées plus tard en détail par S. Ratner et P. Cohen. Il s'agit d'un système d'excrétion de l'azote en excès qui résulte de la dégradation des acides aminés. Cette excrétion se fait via la synthèse d'urée dans le foie par les enzymes du cycle de l'urée.

### ❖ Réactions du cycle de l'urée (Schéma 6)

Le cycle de l'urée comprend cinq réactions dont deux sont mitochondriales et les trois autres, cytosoliques. La première réaction est catalysée par la carbamylphosphate synthétase. Elle permet la condensation et l'activation de $NH_4^+$ et de $HCO_3^-$ pour donner le carbamylphosphate, premier substrat azoté du cycle, avec hydrolyse concomitante de deux ATP. Deux carbamylphosphate synthétases existent :

- carbamylphosphate synthétase I mitochondriale, dont la source d'azote est l'ammoniac et qui participe à la synthèse de l'urée ;
- carbamylphosphate synthétase II cytosolique dont la source d'azote est la glutamine et qui est impliquée dans la synthèse du noyau pyrimidique.

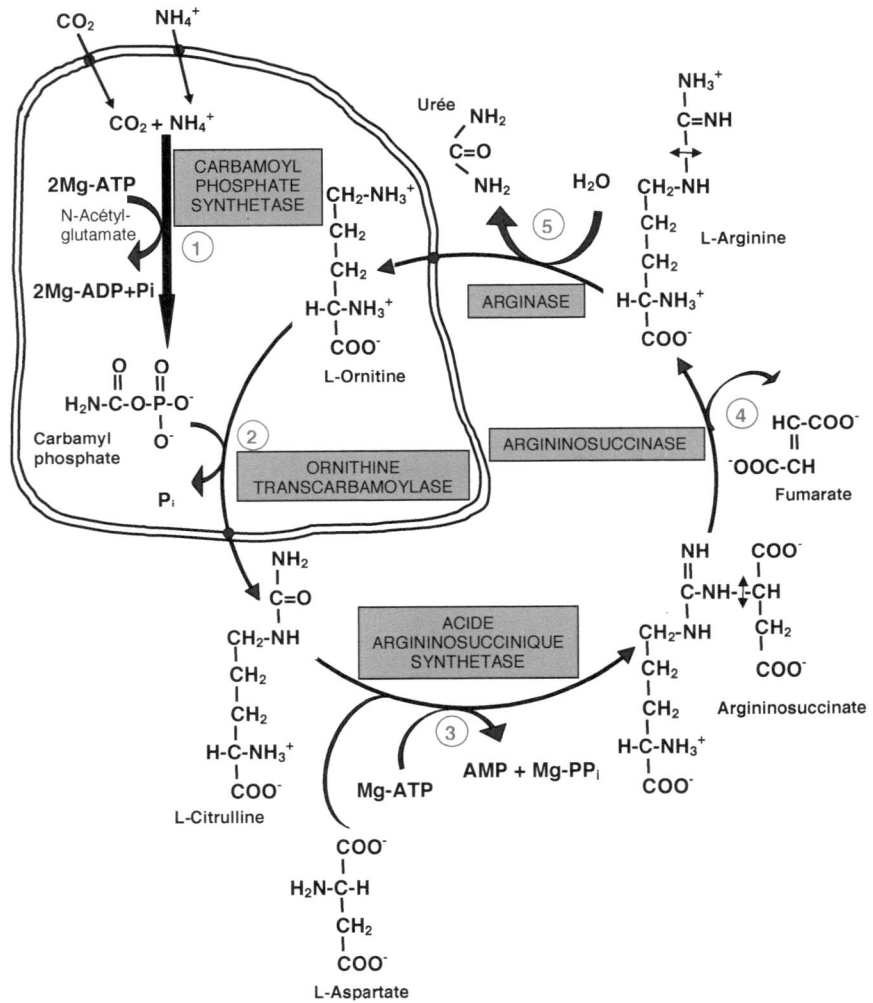

Schéma 6 : Réactions du cycle de l'urée

La réaction catalysée par la carbamylphosphate synthétase I est irréversible et constitue donc une étape limitante du cycle de l'urée.

L'ornithine transcarbamylase transfère le groupe carbamyl du carbamylphosphate sur l'ornithine, donnant de la citrulline. La réaction a lieu dans les mitochondries ce qui implique que l'ornithine, produite dans le cytosol, entre dans la mitochondrie par un transporteur spécifique. De même, puisque les autres réactions du cycle de l'urée se déroulent dans le cytosol, la citrulline doit sortir de la mitochondrie. Le deuxième atome d'azote de l'urée entre dans le cycle grâce à la troisième réaction par condensation du groupe uréido de la citrulline avec le groupe aminé d'un aspartate. Cette réaction est catalysée par l'argininosuccinate synthetase et conduit à la formation d'argininosuccinate. Avec la formation de ce dernier produit, tous les composants de la molécule d'urée sont réunis. Cependant, le groupe aminé apporté par l'aspartate est toujours lié au squelette carboné de l'acide aminé. L'argininosuccinase va alors scinder la molécule d'argininosuccinate en arginine et fumarate. L'arginine est le précurseur immédiat de l'urée. La cinquième et dernière réaction est catalysée par l'arginase qui hydrolyse l'arginine en urée et ornithine. Cette dernière rentre dans les mitochondries et le cycle peut recommencer.

Le cycle de l'urée transforme donc deux groupes aminés, l'un de l'ammoniac, l'autre de l'aspartate, et un atome de carbone fourni par un $HCO_3^-$ en un produit d'excrétion relativement non toxique, l'urée, aux dépens de quatre liaisons phosphate riches en énergie. Toutefois, le coût énergétique est plus que récupéré grâce à l'énergie libérée au cours de la formation des intermédiaires du cycle de l'urée. La libération d'ammoniac par la réaction de la glutamate déshydrogénase s'accompagne de la formation de NADH, tout comme la reconversion de fumarate en aspartate via l'oxaloacétate. La réoxydation mitochondriale de ces NADH permet la formation de 6 ATP.

### II.2.1.8. La voie du glycogène

Dans les cellules animales, le glucose est stocké sous forme de glycogène, homopolysaccharide ramifié dont les unités de D-glucose sont unies par des liaisons O-glycosidiques intra-chaînes $\alpha(1\rightarrow4)$ et inter-chaînes $\alpha(1\rightarrow6)$. Il se trouve sous forme de granules cytoplasmiques de 100 à 400 Å de diamètre, contenant jusqu'à 120 000 unités de glucose. Ils représentent au maximum 10% de glycogène en poids, soit une réserve d'environ 12 heures pour l'organisme. Ces granules

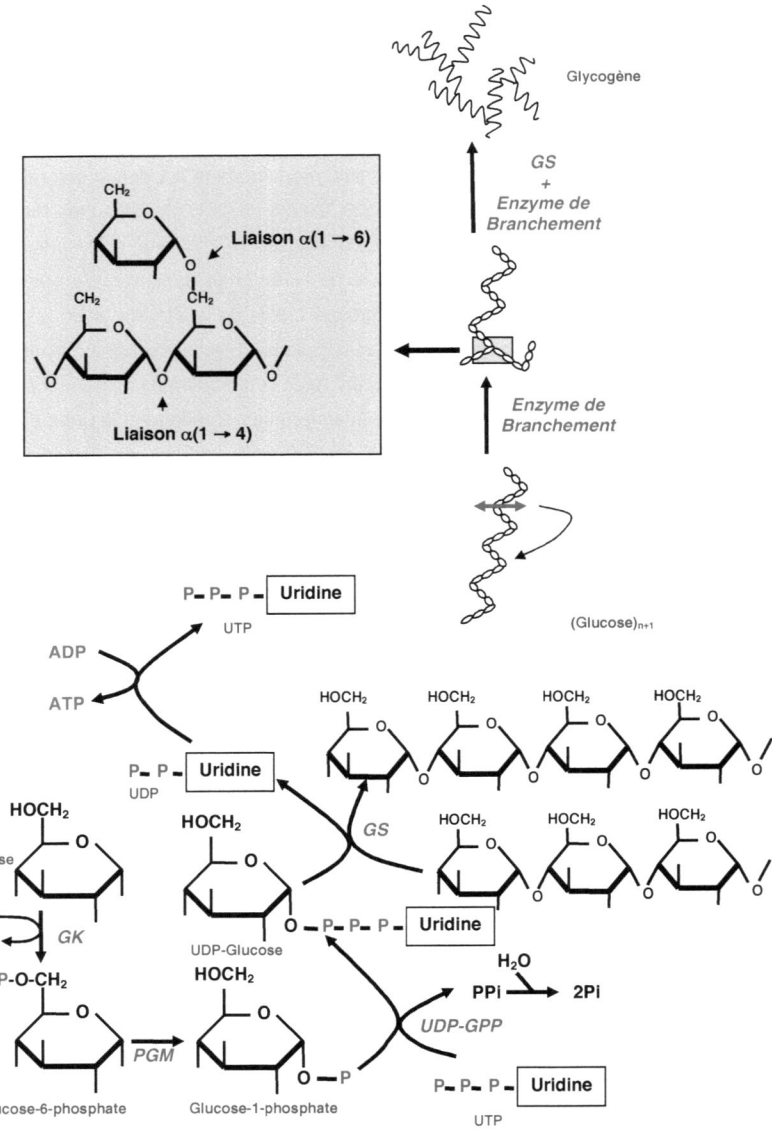

Glycogène

GS
+
Enzyme de
Branchement

Enzyme de
Branchement

(Glucose)n+1

Liaison α(1 → 6)

Liaison α(1 → 4)

P— P— P — Uridine

UTP

ADP

ATP

P— P — Uridine

UDP

HOCH₂

Glucose

ATP

ADP        GK

P-O-CH₂

Glucose-6-phosphate        PGM

HOCH₂

UDP-Glucose

GS

O — P— P— P — Uridine

UDP-GPP

H₂O

PPi        2Pi

HOCH₂

O — P

Glucose-1-phosphate

P— P— P — Uridine

UTP

Schéma 7 : Schéma de la synthèse du glycogène

contiennent également les enzymes qui catalysent la synthèse et la dégradation du glycogène ainsi que certaines enzymes qui régulent ces mécanismes.

❖ **La glycogénogenèse** (Schéma 7)

La glycogénogenèse est cytosolique. Elle débute par la phosphorylation du glucose en glucose-6-phosphate par la glucokinase de façon irréversible. Comme nous l'avons déjà remarqué, cette étape n'est pas propre à cette voie. Elle appartient aussi à la glycolyse et à la voie des pentoses phosphates.

Le glucose-6-phosphate est ensuite isomérisé en glucose-1-phosphate de façon réversible par la phosphoglucomutase puis activé sous forme uridylique d'UDP-glucose grâce à l'UTP par l'UDP-glucose pyrophosphatase. L'unité glycosyl de l'UDP-glucose est transférée au groupe C4-OH d'une des extrémités non réductrices du glycogène pour établir une liaison glycosidique $\alpha(1\rightarrow4)$. Cette réaction est catalysée par la glycogène synthase et représente une étape majeure de la régulation de la glycogénogenèse. Cependant, cette enzyme ne peut catalyser la formation d'une liaison entre deux résidus glucose ; elle ne peut qu'allonger une chaîne de glucane à liaisons $\alpha(1\rightarrow4)$ déjà existante. Ainsi, la première étape de la glycogénogenèse est la liaison d'un résidu glucose sur un résidu tyrosyl de la glycogénine [16] grâce à une tyrosine glucosyltransférase. Cette protéine allonge ensuite par autocatalyse la chaîne de glucane jusqu'à 7 résidus glucose fournis sous forme d'UDP-glucose formant ainsi une amorce d'initiation pour la glycogénogenèse. Ce n'est qu'à ce stade que la glycogène synthase intervient en allongeant progressivement l'amorce tout en étant fortement complexée à la glycogénine. Lorsque le granule en formation atteint une taille suffisante, ces deux protéines se dissocient.

La structure branchée du glycogène est obtenue grâce à une autre enzyme, l'amylo-$(1,4\rightarrow1,6)$-transglycosylase aussi appelée enzyme de branchement. Le branchement implique la rupture de liaisons $\alpha(1\rightarrow4)$ et la formation de liaisons $\alpha(1\rightarrow6)$. Les branches sont formées par le transfert de segments terminaux contenant environ 7 résidus glucosyls sur le groupe C6-OH de résidus glucose de la même chaîne ou d'une autre chaîne de glycogène. Chaque segment transféré doit provenir d'une chaîne d'au moins 11 résidus et le nouveau point de branchement doit se trouver à plus de quatre résidus d'autres points de branchement.

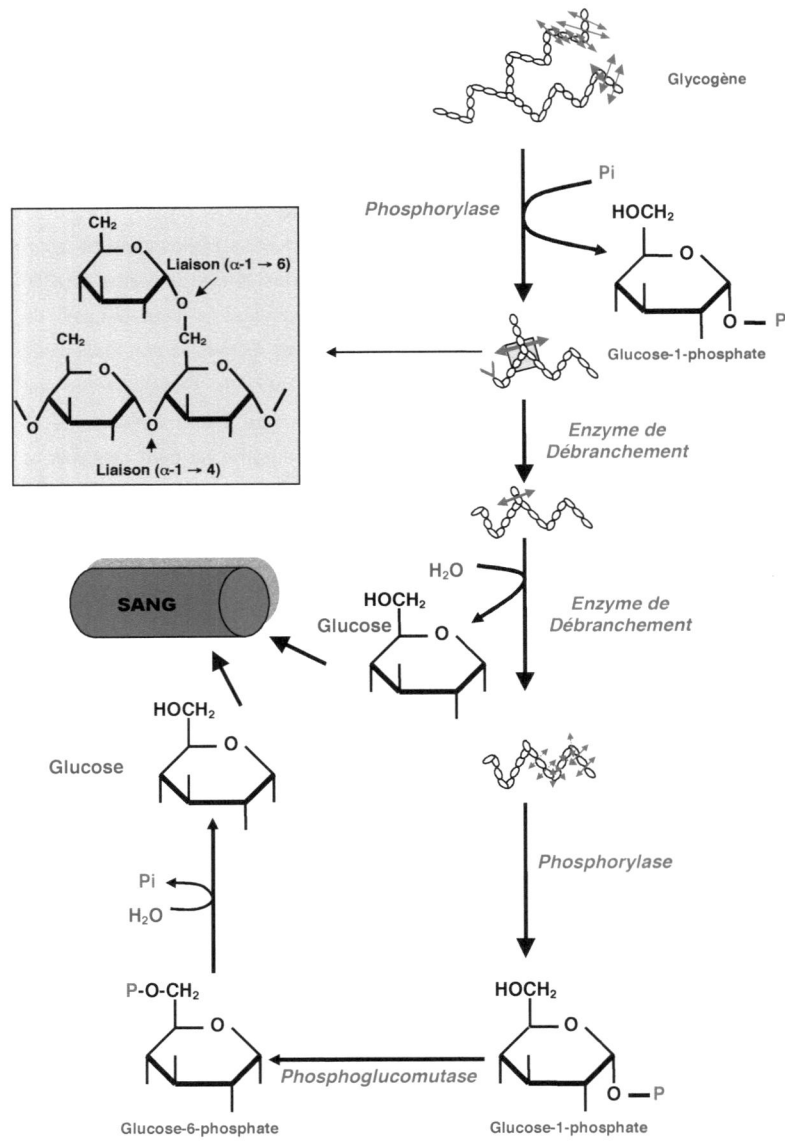

Glycogène

Pi

Phosphorylase

HOCH₂

O

O — P

Glucose-1-phosphate

CH₂

O

Liaison (α-1 → 6)

O

CH₂

CH₂

O

O

O

O

Liaison (α-1 → 4)

Enzyme de Débranchement

H₂O

HOCH₂

Glucose

O

Enzyme de Débranchement

SANG

Glucose

HOCH₂

O

Phosphorylase

Pi

H₂O

P-O-CH₂

O

HOCH₂

O

O — P

Glucose-6-phosphate

Phosphoglucomutase

Glucose-1-phosphate

**Schéma 8** : Schéma de la glycogénolyse

32

❖ **La glycogénolyse** (Schéma 8)

Trois enzymes sont impliquées dans cette voie : la glycogène phosphorylase, l'enzyme de débranchement et la phosphoglucomutase.

La première étape consiste en la mobilisation des unités glucose du glycogène par phosphorolyse séquentielle des liaisons $\alpha(1\rightarrow4)$ depuis les extrémités non réductrices. Cette réaction est catalysée par la glycogène phosphorylase et représente une étape limitante de la glycogénolyse. Elle conduit à la libération de glucose-1-phosphate. Cette hydrolyse s'arrête à 4 unités de glucose en amont d'une ramification $\alpha(1\rightarrow6)$. Intervient ensuite une enzyme de débranchement dont l'activité glycosyltransférase permet le transfert d'un groupement trisaccharidique de la chaîne latérale sur l'extrémité non réductrice de l'autre. Il s'ensuit la création d'une nouvelle liaison $\alpha(1\rightarrow4)$ avec trois unités supplémentaires disponibles pour la phosphorylase. La liaison $\alpha(1\rightarrow6)$ qui unit le résidu glycosyl restant à la branche centrale est hydrolysée par cette même enzyme de débranchement pour donner du glucose. Ce dernier représente 10%. Les 90% restants correspondent aux résidus de glucose du glycogène transformés en glucose-1-phosphate. Celui-ci est alors isomérisé via l'action de la phosphoglucomutase en glucose-6-phosphate et pourra soit entrer dans la glycolyse, soit être hydrolysé par la glucose-6-phosphatase pour former du glucose qui rejoindra les tissus glucodépendants via la circulation sanguine.

La structure très ramifiée du glycogène permet donc de faire face rapidement aux besoins cellulaires en glucose grâce au départ simultané d'unités glucose à partir des unités non réductrices.

### II.2.1.9. La voie des pentoses phosphates

❖ **Introduction**

La première preuve de l'existence de cette voie fut obtenue dans les années 1930 par Otto Warburg qui découvrit le $NADP^+$ alors qu'il étudiait l'oxydation du glucose-6-phosphate en 6-phosphogluconate. Mais ce n'est que dans les années 1950 que la voie des pentoses phosphates fut élucidée par Franck Dickens, Bernard Horecker, Fritz Lipmann et Efraim Racker. Cette voie est primordiale car elle assure l'approvisionnement de la biosynthèse des lipides (acides gras et cholestérol) en équivalents réduits NADPH. Ainsi, les tissus lipogéniques sont particulièrement riches en enzymes de la voie des pentoses phosphates.

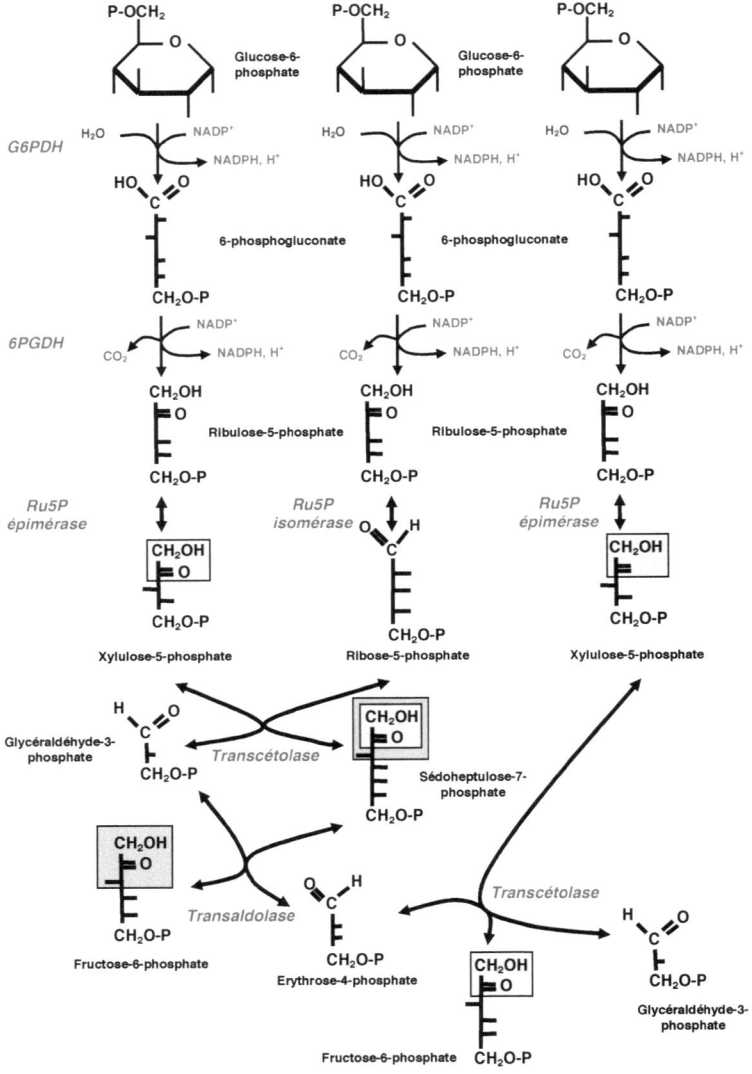

**Schéma 9 : Réactions de la voie des pentoses phosphates**

(G6PDH : glucose-6-phosphate déshydrogénase ; 6PGDH : 6-phosphogluconate déshydrogénase ; Ru5P épimérase : ribulose-5-phosphate épimérase ; RU5P-isomérase : ribulose-5-phosphate isomérase )

❖ **Les différentes phases** (Schéma 9)

Les réactions de la voie des pentoses phosphates se déroulent exclusivement dans le cytoplasme. Elles ont lieu en trois phases : une phase oxydative, une phase d'épimérisation et une phase non-oxydative. Une molécule de glucose-6-phosphate peut être transformée par l'intermédiaire de 6 cycles de la voie des pentoses phosphates et de la néoglucogenèse, en 6 molécules de $CO_2$ avec formation concomitante de 12 molécules de NADPH.

❖ **Phase oxydative**

Cette phase comprend trois réactions : La glucose-6-phosphate déshydrogénase catalyse le transfert net d'un ion hydrure au $NADP^+$ depuis le C1 du glucose-6-phosphate pour donner le 6-phosphoglucono-δ-lactone. L'enzyme est spécifique du $NADP^+$ et est fortement inhibée par le NADPH. La 6-phosphogluconolactonase accélère l'hydrolyse de la 6-phosphoglucono-δ-lactone en 6-phosphogluconate. Ce dernier subit une décarboxylation oxydative catalysée par la phosphogluconate déshydrogénase et aboutit à la formation de ribulose-5-phosphate, premier pentose phosphate de cette voie et de $CO_2$. Il se forme ainsi deux molécules de NADPH par molécule de glucose-6-phosphate entrant dans la voie.

❖ **Phase d'isomérisation et d'épimérisation du ribulose-5-phosphate**

Le ribulose-5-phosphate est transformé en ribose-5-phosphate par la ribulose-5-phosphate isomérase et en xylulose-5-phosphate par la ribulose-5-phosphate épimérase. Le ribose-5-phosphate est un précurseur indispensable à la biosynthèse des nucléotides.

❖ **Phase non oxydative**

Cette phase correspond à une série de réactions de rupture et de formation de liaisons carbone-carbone qui transforment deux molécules de xylulose-5-phosphate et une molécule de ribose-5-phosphate en deux molécules de fructose-6-phosphate et une molécule de glycéraldéhyde-3-phosphate.

La conversion de trois sucres en C5 en deux sucres en C6 et un sucre en C3 fait intervenir deux enzymes, la transaldolase et la transcétolase. La transcétolase catalyse le transfert d'unités C2 du xylulose-5-phosphate sur le ribose-5-phosphate donnant du glycéraldéhyde-3-phosphate et du sédoheptulose-7-phosphate. La transaldolase catalyse le transfert d'unités C3 du sédoheptulose-7-phosphate au glycéraldéhyde-3-phosphate pour donner de l'érythrose-4-phosphate et du fructose-

| Métabolisme des glucides | | | | |
|---|---|---|---|---|
| Enzymes | Activité/ ARNm | Périportal | Périveineux | Références |
| Phosphoenolpyuvate carboxykinase | Enz | +++ | + | [17]1}7] |
| | ARNm | ++++ | + | [18]7}8] |
| Fructose-1,6-bisphosphate | Enz | + | + | [17]1}7] |
| | ARNm | +++ | + | [19]3}9] |
| Glucokinase | Enz | + | ++ | [17]1}7] |
| | ARNm | + | + | [20,21]6}1] |
| Pyruvate kinase | Enz | + | ++ | [17]1}7] |
| | ARNm | + | + | [22]7}2] |

<u>Tableau 3</u> : **Zonalité des enzymes clés et de leur ARNm dans le foie de rat**
(tiré de l'article de Jungermann et Kietzmann, 1996[1])

6-phosphate. Grâce à une deuxième réaction de transcétolisation, une unité C2 est transférée d'une deuxième molécule de xylulose-5-phosphate à l'érythrose-4-phosphate pour donner du glycéraldéhyde-3-phosphate et une autre molécule de fructose-6-phosphate. Les réactions de la transaldolase et de la transcétolase permettent donc de transformer le ribose-5-phosphate en excès en intermédiaires de la glycolyse lorsque les besoins métaboliques en NADPH sont supérieurs à celui du ribose-5-phosphate pour la biosynthèse des nucléotides.

Les réactions des deux dernières phases sont réversibles si bien que les produits de la voie varient en fonction des besoins cellulaires. Ainsi, lorsque les besoins en ribose-5-phosphate dépassent ceux en NADPH, le fructose-6-phosphate et le glycéraldéhyde-3-phosphate peuvent permettre la synthèse de ribose-5-phosphate grâce aux réactions en sens inverse de la transaldolase et de la transcétolase plutôt que d'alimenter la glycolyse.

## II.2.2. Hétérogénéité du foie au niveau du métabolisme glucidique

Il existe dans le foie, une hétérogénéité du métabolisme du glucose. Celle-ci concerne aussi bien les protéines enzymatiques que les gènes. Une étude immunohistochimique a permis de mettre en évidence la présence prédominante des transporteurs GLUT-2 dans les hépatocytes périportaux et une diminution graduelle en direction de la zone périveineuse [23]. L'étude ultra-structurale a permis de mieux caractérisée cette localisation. Elle a montré que les GLUT-2 immunomarqués étaient localisés sur les microvillosités de la membrane plasmique sinusoïdale des hépatocytes et non sur la membrane plasmique basolatérale. En accord avec la distribution de la protéine GLUT-2, l'étude par Northern Blot a montré que le taux d'ARNm codant pour GLUT-2 dans les hépatocytes périportaux est 1.9 fois supérieur à celui présent dans les hépatocytes périveineux. Les résultats de cette étude suggèrent donc que les GLUT-2 contribuent à la différence fonctionnelle entre les hépatocytes périportaux et périveineux dans le métabolisme hépatique du glucose.

Bien que toutes les cellules parenchymateuses aient le même génome, des différences ont été observées dans le motif d'expression des gènes codant pour des enzymes clés (Tableau 3).

L'expression des gènes codant pour les enzymes contrôlant les étapes clés de la néoglucogenèse, (phosphoénolpyruvate carboxykinase et fructose bisphosphatase-1) est régulée principalement au niveau pré-traductionnel. Les études d'hybridation *in*

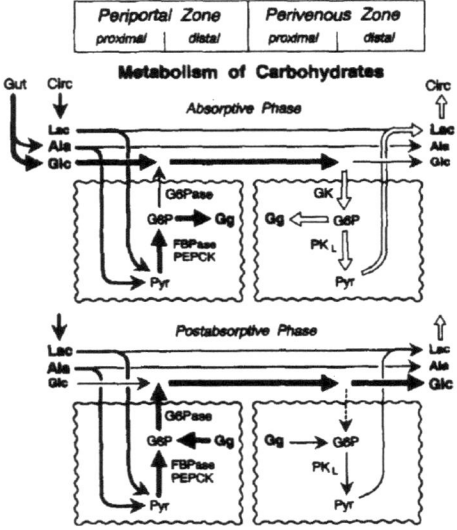

**Schéma 10** : **Zonalité du métabolisme des glucides**

Ala, alanine ; G6P, glucose-6-phosphate ; Gg, glycogène ; Glc, glucose ; Lac, lactate ; Pyr, pyruvate. Les enzymes sont indiquées seulement dans les zones où elles sont exprimées de façon prépondérante. FBPase, fructose-1,6 biphosphatase ; G6Pase, glucose-6-phosphatase ; GK, glucokinase ; PEPCK, phosphoenolpyruvate carboxykinase ; $PK_L$, pyruvate kinase de type L ; Circ, circulation

*situ* réalisées chez le rat révèlent la présence d'ARNm codant pour phosphoénolpyruvate carboxykinase et fructose bisphosphatase-1 de façon prédominante dans la zone périportale. Il en est de même pour les protéines et les activités enzymatiques. Tous, à l'exception de l'ARNm et de l'activité de la fructose bisphosphatase-1, varient en fonction du statut nutritionnel. Les modifications de l'expression des gènes par les nutriments portent le nom de zonation dynamique et seraient principalement dues aux variations des signaux hormonaux et nerveux dans l'acinus plutôt qu'une conséquence des interactions stables cellule-cellule.

Au contraire, les gènes codant pour les enzymes contrôlant les étapes limitantes de la glycolyse (glucokinase et pyruvate kinase) semblent être régulées principalement au niveau traductionnel et post-traductionnel. Les ARNm de la glucokinase et de la pyruvate kinase hépatique sont distribués de façon homogène dans le parenchyme de foie de rat alors que les protéines et les activités enzymatiques montrent une nette prédominance pour la zone périveineuse. La zonation de la glucokinase et de la pyruvate kinase est dynamique avec une augmentation des activités associée à une prise alimentaire et la diminution des activités au cours du jeûne [1].

Les différentes techniques et préparations ont conduit au concept suivant : Durant la phase absorptive, le glucose est capté principalement par les cellules périveineuses. Il est alors utilisé pour synthétiser du glycogène, puis converti en lactate lorsque l'oxygène diminue. Ce dernier est transporté via la circulation vers les cellules périportales où il est converti par la néoglucogenèse en glycogène. Dans la phase post-absorptive, le glycogène est le premier à être dégradé en glucose dans les hépatocytes périportaux ; il est ensuite dégradé en lactate principalement dans les cellules périveineuses. Le lactate est libéré dans la circulation et lorsqu'il atteint les cellules périportales, il est alors utilisé comme substrat pour la néoglucogenèse. Cela est en accord avec l'observation selon laquelle la dégradation du glycogène débute au niveau périportal et se termine au niveau périveineux ; par conséquent, sa synthèse emprunte le chemin inverse. Cette observation permet également d'expliquer ce que Katz [24] a appelé le « glucose paradoxe », c'est-à-dire, la synthèse préférentielle de glycogène à partir de pyruvate via la voie indirecte plutôt qu'à partir du glucose via la voie directe (Schéma 10).

## II.2.3. Régulation du métabolisme du glucose

Dans cette partie, nous allons nous attacher à présenter les mécanismes et facteurs intervenant dans le métabolisme du glucose.

### II.2.3.1. Régulation de GLUT-2

Plusieurs études montrent que GLUT-2 est régulé au niveau de l'expression de son gène par des facteurs nutritionnels et hormonaux. En effet, son expression est diminuée chez le rat au cours du jeûne et est restaurée chez des rats à jeun renourris avec une alimentation riche en glucide alors que la concentration d'ARNm de GLUT-2 hépatique est augmentée chez les rats diabétiques traités à la streptozotocine et est restaurée par l'administration de phlorizine, vanadate ou insuline. Les ARNm codant pour GLUT-2 sont augmentés par des concentrations élevées de glucose selon un mode dose-dépendant dans les cultures primaires d'hépatocytes de rats adultes [25] et cet effet est principalement au niveau transcriptionnel et nécessiterait la métabolisation du glucose. Plusieurs candidats ont été proposés pour jouer le rôle de la molécule signal par laquelle le glucose exerce ses effets. Le glucose-6-phosphate ne semble pas être cette dernière puisque le 2-deoxyglucose n'a pas d'effet sur l'expression de GLUT-2 [26].

Dans les lignées cellulaires d'hépatomes (mhAT3F) et dans les cultures primaires d'hépatocytes, l'AMPc régule l'expression de ce transporteur en exerçant un effet inhibiteur [27].

Enfin, une hyperinsulinémie entraîne dans les hépatocytes en culture primaire, un effet inhibiteur transitoire de l'expression hépatique du gène codant pour GLUT-2. *In vivo*, cet effet est maximal après 6 heures. Cependant, lorsque l'hyperinsulinémie est associée à une hyperglycémie (10-20 mM), l'inhibition est partiellement prévenue et l'effet stimulateur du glucose sur l'expression de GLUT-2 est prédominant. Ainsi, la concentration des ARNm de GLUT-2 est régulée par l'insuline et le glucose aussi bien *in vitro* qu'*in vivo* [28].

### II.2.3.2. Régulation de la glycolyse et de la néoglucogenèse

La présence d'enzymes limitantes spécifiques à la néoglucogenèse (phosphoénolpyruvate carboxykinase, fructose bisphosphatase-1, glucose-6-phosphatase) et à la glycolyse (pyruvate kinase, phosphofructokinase-1, glucokinase) rend possible l'existence d'un système de contrôle permettant à l'organisme de répondre à ses besoins.

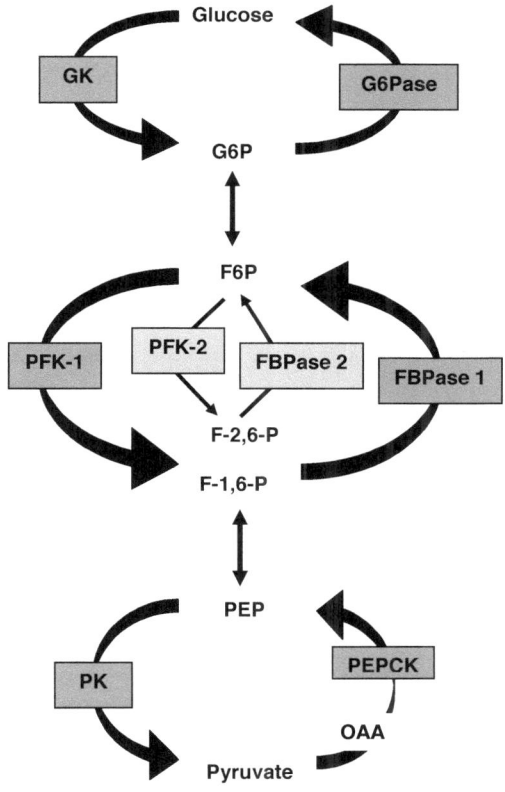

**Schéma 11** : Représentation des trois cycles sur lesquels vont s'exercer l'essentiel de la régulation – substrats, produits et enzymes sont représentés (GK : glucokinase ; G6Pase : glucose-6-phosphatase ; PFK : phosphofructokinase ; FBPase : fructose bisphosphatase ; PK : pyruvate kinase ; PEPCK : phosphoénolpyruvate carboxykinase)

Cette régulation s'exerce essentiellement sur trois cycles de substrats (Schéma 11) – glucose/glucose-6-phosphate, fructose-6-phosphate/fructose-1,6-bisphosphate, pyruvate/phosphoénolpyruvate – via des changements dans les effecteurs allostériques, la concentration d'enzyme impliquée dans ces cycles et/ou des modifications covalentes de ces enzymes. C'est grâce à cette régulation que vont être déterminées la direction et l'importance des flux nets du glucose en intervenant essentiellement sur les sept enzymes qui entrent en jeu dans ces cycles.

Bien que les autres enzymes soient impliquées dans ces processus, celles-ci ne constituent pas des étapes limitantes, catalysant des réactions à l'équilibre ou peu importantes sur le plan quantitatif.

❖ **Régulation du cycle glucose/glucose-6-phosphate**

*Au niveau de la glucokinase*

La première étape de la glycolyse, commune à plusieurs autres voies, est la phosphorylation du glucose en glucose-6-phosphate. Bien que la glucokinase représente la principale activité de phosphorylation du glucose dans les hépatocytes, l'hexokinase de type 1 est également présente [29]. Cette dernière interviendrait surtout au cours du jeûne, le flux via la glucokinase étant quasi-inexistant du fait de son Km élevé [29]. Contrairement aux autres hexokinases, la glucokinase n'est pas inhibée par son produit [12] cependant, son activité est contrôlée à court terme par la concentration de glucose.

La découverte d'une protéine de 62 kDa, nommée GKRP (glucokinase regulatory protein), a apporté un nouvel éclairage dans cette régulation [30]. L'analyse par northern blot a montré que l'expression du gène codant pour la GKRP est tissu-spécifique, aucun signal n'ayant été mis en évidence dans les autres tissus tels que le muscle, le cerveau, le cœur, les testicules, l'intestin et la rate [31]. De plus, les techniques d'immunohistochimie et de fractionnement cellulaire ont montré que cette protéine était principalement localisée dans le noyau [32]. Son action se ferait via sa fixation sur la glucokinase au niveau d'un site distinct du site catalytique [13] et conduirait à la séquestration de la glucokinase au niveau nucléaire. Les premières observations ont montré que la formation de ce complexe entre la glucokinase et la GKRP est favorisé par le fructose-6-phosphate alors que le fructose-1-phosphate inhibe cette association [13]. Par la suite, il a été montré que la compartimentation de la glucokinase dans les hépatocytes est régulée par la concentration de glucose extracellulaire et par les substrats qui modifient la concentration de fructose-1-phosphate. A des faibles concentrations de glucose, mimant l'état de jeûne, la glucokinase est séquestrée dans le noyau, fixée à la GKRP selon un mécanisme dépendant des ions magnésium [33]. Dans ces conditions, le taux de phosphorylation est inférieur à 15% de l'activité totale de la glucokinase. Une augmentation de la concentration extracellulaire de glucose similaire à celle retrouvée dans la veine portale à l'état post-absorptif ou de faibles concentrations de fructose ou de sorbitol (précurseur du fructose-1-phosphate) entraîne la translocation de la glucokinase à partir du noyau vers le cytoplasme [33-37] alors que la protéine régulatrice reste séquestrée dans le noyau [36,37]. Des concentrations élevées de glucose ont été également montré comme augmentant le contenu de fructose-1-phosphate dans les hépatocytes [38].

Dans le cytosol, la glucokinase libre est active comme le montre l'augmentation correspondante de la phosphorylation du glucose, de la glycolyse et de la synthèse de glycogène [38]. Ainsi, la GKRP agirait comme un récepteur pour l'ancrage de la glucokinase sur la matrice hépatocytaire [36] mais également comme inhibiteur allostérique. Elle apparaît aussi avoir un rôle de protéine chaperonne fixant et transportant la glucokinase dans le noyau [39]. Des études menées chez les souris GKRP -/- démontrent que cette protéine joue un rôle certain dans l'homéostasie glucidique [40]. Enfin, il semblerait que les modifications du rapport GKRP:glucokinase dans l'intervalle physiologique affecterait la sensibilité des hépatocytes au glucose. En effet, le jeûne ou une déficience en insuline sont associés à une diminution plus rapide de la glucokinase par rapport à GKRP. Cela conduirait à une diminution de l'affinité de l'hépatocyte pour le glucose. Une réponse inverse est obtenue à l'état post-prandial [41].

Il existe également une régulation à plus long terme de l'activité de la glucokinase, faisant intervenir des mécanismes transcriptionnels. En effet, des études menées *in vivo* chez le rat diabétique ainsi qu'*ex vivo* dans les cultures d'hépatocytes, montrent que le gène codant pour la glucokinase répond rapidement à l'insuline, atteignant un niveau élevé dans l'heure suivant l'administration d'insuline [42]. Cet effet se situe au niveau transcriptionnel [43] via un mécanisme intracellulaire de signalisation directe indépendant du glucose [44]. Il s'ensuit une augmentation de l'activité de la glucokinase et du flux à partir du glucose vers le glucose-6-phosphate. A l'inverse, la transcription, la concentration d'ARNm et l'activité de la glucokinase sont diminués lors d'une glucagonémie élevée et une insulinémie faible comme cela est le cas au cours du jeûne ou d'un diabète [42,45]. Cet effet inhibiteur du glucagon (ou de l'AMPc) sur la transcription du gène codant pour la glucokinase est dominant sur l'effet stimulateur de l'insuline puisque l'AMPc bloque, dans des systèmes de cultures cellulaires, l'effet de l'insuline, et ce, pour toutes les concentrations de cette hormone [46]. Ainsi, il semblerait que l'insuline lève l'inhibition exercée par l'AMPc [47].

De même, les hormones thyroïdiennes et la biotine augmentent la transcription du gène codant pour la glucokinase dans le foie [48]

Récemment, il a été montré que l'augmentation de la concentration hépatique de fructose-2,6-bisphosphate sur-régule l'expression du gène codant pour la glucokinase et sous-régule l'expression du gène codant pour la glucose-6-phosphatase dans le foie de souris en absence d'insuline suggérant que l'insuline ne serait pas requise pour l'expression de la glucokinase [49].

### *Au niveau de la glucose-6-phosphatase*

La glucose-6-phosphatase est une protéine complexe formée de plusieurs sous-unités catalytiques (P36) et de transport (P46). Le complexe est associé au réticulum endoplasmique et la partie enzymatique catalyse l'hydrolyse du glucose-6-phosphate en glucose, dernière étape commune de la néoglucogenèse et de la glycogénolyse. Du fait de sa position stratégique, cette enzyme est fortement régulée par le statut nutritionnel et hormonal.

Toutes les études tendent à montrer qu'une hyperglycémie associée à une hyperinsulinémie suppriment la production hépatique de glucose via l'inhibition de l'activité de la glucose-6-phosphatase et augmentent le flux de la glucokinase, et ce, quel que soit le modèle d'étude utilisé [50-53]. Cependant, ces modifications n'entraîneraient pas de changement notable du flux de la néoglucogenèse et de la glucose-6-phosphatase *in vivo* [52,53]. De même, dans les conditions euglycémiques chez le rat en période post-absorptive, l'insuline est capable à elle seule d'inhiber la production hépatique de glucose ; cette suppression est due à une diminution marquée de la concentration de glucose-6-phosphate via la stimulation de la glycolyse par cette hormone [51].

Cette enzyme semble être peu régulée par des effecteurs allostériques ou des modifications covalentes. En effet, bien que les produits de sa réaction (Pi et glucose) inhibent l'activité de la glucose-6-phosphatase, cet effet est trop faible pour jouer un rôle dans les conditions physiologiques. De même, des modifications covalentes, en particulier une phosphorylation de l'enzyme par la protéine kinase dépendante de l'AMPc ont été proposées mais non confirmées [54]. Ainsi, la régulation de l'activité de la glucose-6-phosphatase ferait intervenir essentiellement des mécanismes liés à l'expression de son gène.

Les hormones augmentant la concentration intracellulaire d'AMPc ainsi que le jeûne stimulent l'expression de son gène [52,55-62]. Dans les lignées cellulaires Fao, l'AMPc entraîne une augmentation du taux d'ARNm de la glucose-6-phosphatase après une période d'incubation de 3 heures mais une plus longue exposition entraîne l'effet inverse. De même, le traitement de ces mêmes cellules par des glucocorticoïdes (dexaméthasone) entraîne une augmentation des ARNm de la glucose-6-phosphatase mais de façon plus lente, après 48 heures alors que l'administration de dexaméthasone à des rats adrénalectomisés n'affecte pas les taux d'ARNm de la glucose-6-phosphatase. Dans les cultures primaires d'hépatocytes, l'effet stimulateur est observé seulement lorsque la dexaméthasone est associée à l'AMPc. Ainsi, selon la durée et le modèle utilisé, les effets des glucocorticoïdes et de l'AMPc sur l'expression de la glucose-6-phosphatase montrent une grande variabilité, rendant difficile l'étude des mécanismes d'action potentiels. Il est cependant certain que l'action des glucocorticoïdes est dépendante des autres hormones comme le glucagon (via l'AMPc) et l'insuline [53].

L'insuline possède quant à elle un effet négatif dominant sur le taux d'ARNm de la glucose-6-phosphatase. Le taux d'ARNm et l'activité de cette enzyme sont faibles chez les rats nourris ou suite à une réalimentation après une période de jeûne [52,53], lorsque la concentration plasmatique d'insuline est élevée. Au contraire, le taux d'ARNm et l'activité de la glucose-6-phosphatase sont élevés chez les rats diabétiques et l'administration d'insuline entraîne une diminution des ARNm et de l'activité de l'enzyme. La phosphatidylinositol-3-kinase jouerait un rôle central dans la voie de signalisation par laquelle l'insuline entraîne la répression de la transcription de la glucose-6-phosphatase dans les cellules H4IIE.

Dans les cellules Fao, des concentrations élevées de lactate (10 mM) en présence de glucose augmentent les taux d'ARNm codant pour la glucose-6-phosphatase. Cet effet est accompagné d'une élévation plus modeste de la quantité de protéines. Ceci indiquerait que, dans ces conditions, le flux métabolique via la néoglucogenèse augmenterait probablement la concentration de métabolite capable de stimuler l'expression du gène codant pour la glucose-6-phosphatase [53].

Enfin, une augmentation des ARNm de la glucose-6-phosphatase dans les cellules Fao incubées en présence de concentrations élevées de glucose a été observée, suggérant que l'expression du gène codant pour la glucose-6-phosphatase est régulée par le glucose. Cet effet positif a été également observé dans les cultures primaires d'hépatocytes [52]. Dans une étude *in vivo*, Massillon *et al.* [62] ont montré que cette régulation est indépendante de l'insuline cependant, la stimulation de l'expression de ce gène serait dépendante de la métabolisation du glucose, le degré de stimulation étant corrélé avec l'activité de la glucokinase dans les modèles cellulaires [53]. Guignot & Mithieux [51] ont montré également qu'une déficience partielle de l'activité de la glucokinase ne permet pas la suppression de la production hépatique de glucose lors d'une hyperglycémie chez la souris et le rat. Ainsi, le flux de la glucokinase constituerait la première étape du mécanisme d'inhibition de la glucose-6-phosphatase.

Massillon *et al.* [52] ont proposé que le xylulose-5-phosphate pourrait réguler l'expression de la glucose-6-phosphatase dans le foie car une perfusion de xylitol (précurseur direct du xylulose-5-phosphate) chez le rat, mime les effets d'une hyperglycémie sur l'expression du gène codant pour la glucose-6-phosphatase sans modifier les concentrations de glucose-6-phosphate ou de fructose-2,6-bisphosphate. Cependant, Guignot & Mithieux [51] ont montré que l'activation du flux de carbones via la voie des pentoses phosphates ne serait pas l'inducteur de l'inhibition de la glucose-6-phosphatase et de la production hépatique de glucose dans les conditions hyperglycémiques associées à une hyperinsulinémie. Un autre métabolite, le fructose-2,6-bisphosphate a été proposé. Des concentrations élevées stimulent le flux glycolytique et l'expression du gène codant pour la glucose-6-phosphatase alors que des concentrations faibles produisent l'effet inverse dans les cultures primaires d'hépatocytes et les cellules Fao [52,53].

Enfin, Massillon et al. [63] ont montré que la régulation du gène de la glucose-6-phosphatase implique le métabolisme du glucose via la voie glycolytique, une activation transcriptionnelle du promoteur de la glucose-6-phosphatase et une diminution de la dégradation des ARNm codant pour cette enzyme dans les cultures primaires d'hépatocytes et que les effets stimulateurs du glucose sont indépendants de l'insuline et des autres hormones. Les conséquences métaboliques d'une augmentation de l'expression du gène codant pour la glucose-6-phosphatase ne sont pas connues.

Toutes les observations précédentes concernaient la régulation de la sous-unité catalytique de la glucose-6-phosphatase (P36). Il semblerait cependant que la régulation de l'expression de la sous-unité P46 responsable du transport du glucose-6-phosphate soit parallèle à celle de P36 [53].

❖ **Régulation du cycle fructose-6-phosphate / fructose-1,6-bisphosphate**

## Régulation de la phosphofructokinase-1 et de la fructose bisphosphatase-1

Il existe une régulation importante à court terme du cycle fructose-6-phosphate/fructose-1,6-bisphosphate, réel carrefour pour les flux glycolytique et néoglucogénique dans le foie, faisant intervenir principalement des interactions allostériques et des modifications covalentes.

Les concentrations de fructose-1,6-bisphosphate sont contrôlées par les activités de l'enzyme néoglucogénique, la fructose bisphosphatase-1 et par la phosphofructokinase-1, l'enzyme glycolytique opposée. L'activité de ces deux enzymes et le flux net via le cycle fructose-6-phosphate/fructose-1,6-bisphosphate sont modulés par les hormones et le statut nutritionnel. Le jeûne et le glucagon diminuent tous deux le flux de la phosphofructokinase-1 via l'inhibition de l'enzyme alors qu'ils augmentent l'activité de la fructose bisphosphatase-1. De même, l'ATP, des concentrations élevées de citrate et d'AMPc inhibent l'activité de la phosphofructokinase-1 [46]. En revanche, le fructose-6-phosphate et l'AMP sont des activateurs allostériques de la phosphofructokinase-1 et des inhibiteurs de la fructose bisphosphatase -1 [46]. Le glucose a été également montré comme diminuant l'activité de la fructose bisphosphatase-1 dans les homogénats de foie [64]. Le ribose-1,5-diphosphate, formé rapidement lors de l'initiation de la glycolyse et récemment découvert comme un activateur de la phosphofructokinase-1 cérébrale chez le rat a été montré comme activant la phosphofructokinase-1 dans de nombreux tissus de mammifère incluant le foie. Le ribose-1,5-bisphosphate agirait en synergie avec l'AMP afin de lever l'inhibition exercée par l'ATP sur la phosphofructokinase-1 et en augmentant l'affinité de cette enzyme pour son substrat. De plus, ce sucre et l'AMP inhibent synergiquement la fructose bisphosphatase-1 purifiée à partir du foie de rat [65].

La phosphofructokinase-1 et la fructose bisphosphatase-1 sont également des substrats pour la protéine kinase AMPc-dépendante ($PK_A$). Cependant, la phosphorylation *in vitro* par la $PK_A$ a un petit effet sur l'activité de ces enzymes. De plus, l'inhibition de l'activité de la phosphofructokinase-1 observée dans les hépatocytes incubés en présence de glucagon disparaît lors de la purification partielle de l'enzyme. A la suite de ces observations, une molécule de faible poids moléculaire, le fructose-2,6-bisphosphate a été isolée. Ce métabolite a été montré comme étant impliqué dans la régulation de ces deux enzymes via l'AMPc.

Le fructose-2,6-bisphosphate stimule l'activité de la phosphofructokinase-1 en antagonisant l'inhibition exercée par l'ATP et en augmentant l'affinité pour le F6P. Il apparaît donc comme un activateur allostérique de la phosphofructokinase-1 et un inhibiteur de la fructose bisphosphatase-1. Cet effecteur est sujet à une régulation nutritionnelle et hormonale. Ainsi, l'addition de glucose dans le milieu de culture d'hépatocytes isolés de rat ou une réalimentation de rats à jeun avec une alimentation riche en glucides augmente la concentration de fructose-2,6-bisphosphate [66-68] et la production de lactate indiquant que l'augmentation de la glycolyse est le résultat d'une augmentation de fructose-2,6-bisphosphate, le plus important régulateur positif de la phosphofructokinase. Au contraire, des concentrations faibles stimulent la néoglucogenèse [13].

La concentration en fructose-2,6-bisphosphate est dépendante des vitesses de sa synthèse à partir de fructose-6-phosphate et d'ATP catalysée par la 6-phosphofructo-2-kinase (phosphofructokinase-2) et de sa dégradation par la fructose-2,6-biphosphatase (fructose bisphosphatase-2). Ces deux activités sont portées par une même protéine régulée par des effecteurs allostériques et des modifications covalentes.

Le fructose-6-phosphate a été montré comme étant un puissant inhibiteur de la fructose bisphosphatase-2. Du fait que le Km de la phosphofructokinase-2 et le Ki de la fructose bisphosphatase-2 pour le fructose-6-phosphate sont dans l'intervalle physiologique, une modification de la concentration de fructose-6-phosphate pourrait conduire à des changements inverses dans ces deux activités [69]. De même, le phosphate inorganique et le glycérol-3-phosphate à des concentrations sub-saturantes inhibent la fructose bisphosphatase-2 en antagonisant la fixation du substrat alors qu'à des concentrations saturantes, ces deux molécules activent la fructose bisphosphatase-2 en antagonisant la liaison du produit [70].

L''isoenzyme hépatique de la phosphofructokinase-2/fructose bisphosphatase-2 a été la première forme d'enzyme bifonctionnelle montré comme étant régulée par une phosphorylation catalysée par la PK$_A$, seule protéine kinase connue pour phosphoryler la phosphofructokinase-2/fructose bisphosphatase-2. Cette phosphorylation sur le résidu serine en position 32 conduit à l'inhibition de la kinase et à l'activation de la bisphosphatase alors que la déphosphorylation conduit à des changements opposés [69,71-73]. Ces modifications expliquent la rapide modulation du fructose-2,6-bisphosphate qui intervient dans les hépatocytes isolés lorsque le glucagon ou l'insuline sont ajoutés au milieu. Ainsi, lors d'une hypoglycémie, le fructose-2,6-bisphosphate interviendrait comme le messager ultime de la cascade dépendante de la PK$_A$ initiée par la fixation du glucagon sur son récepteur membranaire, entraînant un abaissement de sa concentration via la phosphorylation de la phosphofructokinase-2/fructose bisphosphatase-2 et l'activation de la néoglucogenèse [69].

La déphosphorylation de l'enzyme catalysée principalement par une famille de protéines phosphatases 2A est également régulée. En effet, l'insuline stimule la déphosphorylation de cette enzyme bifonctionnelle probablement via cette protéine phosphatase 2A, son activité étant légèrement augmentée dans les hépatocytes isolés incubés en présence de cette hormone [46]. De même, dans le foie perfusé de rat à jeun, l'addition de glucose à des concentrations élevées stimule la déphosphorylation de la phosphofructokinase-2/fructose bisphosphatase-2, cette réaction étant activée par le xylulose-5-phosphate. Une isoforme de la protéine phosphatase 2A spécifique du xylulose-5-phosphate serait impliquée dans cette déphosphorylation, sa concentration ayant été montrée comme augmentée par une alimentation riche en carbohydrate après un jeûne [74,75].

Il existe également une régulation de ce cycle fructose-6-phosphate/fructose-1,6-bisphosphate à plus long terme intervenant au niveau du gène.

L'activité de la phosphofructokinase-1 est réduite au cours du jeûne et du diabète et est restaurée à des taux normaux respectivement par une réalimentation et l'administration d'insuline. L'ARNm de la phosphofructokinase-1 hépatique est augmenté lorsque des animaux à jeun sont réalimentés avec une alimentation riche en glucides. L'effet inhibiteur de l'AMPc serait dominant dans la régulation de la phosphofructokinase-1 comme cela est le cas pour la glucokinase. Les ARNm augmentent également dans le foie des animaux diabétiques traités avec de l'insuline ce qui suggère que la transcription du gène codant pour la phosphofructokinase-1 est sous le contrôle réciproque de l'insuline et de l'AMPc. La fructose bisphosphatase-1 est quant à elle, induite par le diabète et le jeûne tout

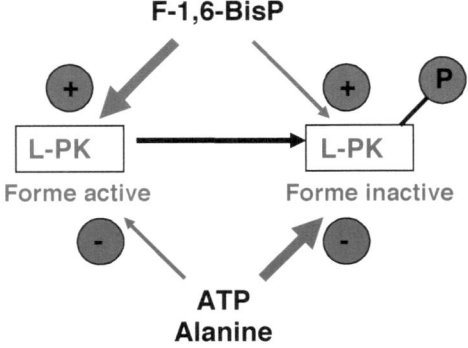

**Schéma 12** : Régulation de la pyruvate kinase

(F-1,6 BisP : fructose-1,6-bisphosphate ; L-PK : pyruvate kinase hépatique)

comme les autres enzymes néoglucogeniques. L'AMPc agirait partiellement en augmentant le taux de transcription du gène. L'insuline s'oppose à l'action de l'AMPc sur l'activité du gène rapporteur ce qui suggère que l'insuline module la transcription du gène de la phosphofructokinase-1.

La quantité de protéine de phosphofructokinase-2/fructose bisphosphatase-2 est diminuée au cours du jeûne et du diabète ; cependant celle-ci n'est pas associée à une diminution des ARNm. Cela indiquerait une diminution de la traduction ou de la stabilité des ARNm. A l'inverse, elle est restaurée par une réalimentation riche en carbohydrate ou par l'administration d'insuline et est corrélée avec une augmentation de la quantité d'ARNm codant pour cette enzyme.

L'insuline et la dexamethasone augmentent de 10-20 fois la quantité d'ARNm de phosphofructokinase-2/fructose bisphosphatase-2 dans les hépatomes de rats via une augmentation de la transcription ; ces effets sont complètement bloqués par l'addition d'AMPc. En outre, les effets de l'insuline requièrent la présence de glucose suggérant que le glucose ou un des métabolites du glucose module l'expression du gène.

❖ **Régulation du cycle pyruvate/phosphoénolpyruvate**

### *Au niveau de la pyruvate kinase hépatique*

La pyruvate kinase hépatique apparaît être un site important de régulation nutritionnelle et hormonale. En effet, l'activité totale de la pyruvate kinase est faible dans le foie de rats à jeun pendant 48-72 heures ou chez les animaux diabétiques et peut être restaurée respectivement par une reprise alimentaire ou l'administration d'insuline [11,76,77]. Hopkirk & Bloxman [78] ont observé des résultats similaires. L'addition de glucagon ou d'AMPc conduit à une augmentation du contenu phosphate de la pyruvate kinase et concomitamment à une inhibition de l'activité et du flux de cette enzyme.dans les hépatocytes isolés mais aussi dans le foie perfusé et *in vivo*. L'insuline s'oppose à l'action du glucagon sur la pyruvate kinase en vertu de sa capacité à diminuer la concentration d'AMPc intracellulaire.

De même, le glucose contrôle indirectement la pyruvate kinase via un effecteur allostérique important, le fructose-1,6-bisphosphate qui active l'enzyme [79]. Au contraire, des concentrations physiologiques d'alanine, d'ATP inhibent complètement l'enzyme à moins qu'elle ne soit activée par le fructose-1,6-bisphosphate.

La pyruvate kinase hépatique peut être également régulée par des mécanismes de phosphorylation/déphosphorylation via la $PK_A$. La forme phosphorylée apparaît être moins sensible à l'activation par le fructose-1,6-bisphosphate et plus sensible à une inhibition par l'alanine et l'ATP (schéma 12). Ces effets sont en faveur de la néoglucogenèse via une diminution du recyclage du phosphoénolpyruvate en pyruvate. Cette phosphorylation est contrôlée par les effecteurs allostériques de la pyruvate kinase hépatique. Le fructose-1,6-bisphosphate et le phosphoénolpyruvate inhibent la phosphorylation via la $PK_A$ alors que l'alanine lève l'inhibition exercée par des concentrations physiologiques de fructose-1,6-bisphosphate ou de phosphoénolpyruvate. Ainsi, la pyruvate kinase apparaît être un meilleur substrat pour la $PK_A$ lorsqu'elle est inhibée par rapport à son état activée [11,46,54]. L'addition de glucagon à des cellules hépatiques diminue la concentration de fructose-1,6-bisphosphate conduisant ainsi à une diminution supplémentaire du flux de la pyruvate kinase. In vitro, cette enzyme est également phosphorylée par une protéine kinase calcium dépendante entraînant une diminution de son affinité pour le phosphoénolpyruvate.

Des mécanismes à plus long terme, conditionnés par les statuts nutritionnel et hormonal, interviennent également dans la régulation de la pyruvate kinase hépatique via des mécanismes transcriptionnels et post-transcriptionnels, entraînant des changements dans la concentration totale d'enzyme [77]. La concentration des ARNm et la quantité de protéines de la pyruvate kinase sont augmentées par une alimentation riche en glucose chez l'animal à jeun [80] ou nourri ou par l'administration d'insuline chez des rats diabétiques. Cette augmentation des ARNm de la pyruvate kinase hépatique est le résultat d'une stimulation de la transcription du gène et nécessite la présence conjointe de glucose et d'insuline. Cependant, les effets de l'insuline passent par une nouvelle synthèse protéique. Il a été suggéré que le rôle de cette hormone serait d'induire la synthèse de glucokinase qui, à terme, entraîne la stimulation du métabolisme du glucose et la production de métabolites capables d'induire la transcription du gène via l'activation de facteurs de transcription [81]. Le glucose, en présence d'insuline module également la stabilité des ARNm codant pour la pyruvate kinase dans les hépatocytes [82] en culture et in vivo [83]. A l'inverse, la concentration des ARNm de la pyruvate kinase est diminuée chez les rats diabétiques nourris ou chez les rats à jeun. Chez ces derniers, le glucagon pourrait intervenir via l'inhibition de l'accumulation des ARNm de la pyruvate kinase et la stimulation de la transcription induite par l'insuline [84].

Le fructose et le glycérol augmentent également *in vitro* la concentration d'ARNm de la pyruvate kinase mais seulement en présence d'insuline et de façon moindre que l'insuline/glucose [45]. Ces résultats sont en contradiction avec les observations *in vivo*, le fructose alimentaire [85,86] et le glycérol ayant été montrés comme étant de forts inducteurs de la pyruvate kinase même chez les rats diabétiques. Il faut toutefois noter que, chez ces derniers, l'expression de ce gène est plus faible. Les études *in vivo* et *in vitro* suggèrent que le fructose et le glycérol agiraient sur le gène codant pour la pyruvate kinase via le même métabolite du glucose. Un des mécanismes proposé est que le fructose phosphorylé par la fructokinase en fructose-1-phosphate serait susceptible de dissocier le complexe glucokinase/GKRP, entraînant ainsi la libération et l'activation de la glucokinase [81]. Cependant, cette hypothèse n'est valable que pour les tissus exprimant ces deux protéines.

Enfin, dans le foie de rats nourris et dans les cultures primaires d'hépatocytes [87], les acides gras polyinsaturés inhibent l'action de l'insuline et du glucose sur l'ARNm et l'activité de la pyruvate kinase hépatique.

Le promoteur de son gène a été largement étudié (pour revue [77]). Il possède une unité de réponse aux glucides. Cette séquence, sensible au fructose et au glucose alimentaire est appelée ChoRE (carbohydrate responsive element). Elle contient deux motifs « boite E » (E-box) imparfaits, sites de liaison pour des facteurs de transcription de type « hélice-boucle-hélice » (bHLH). L'espacement entre ces deux motifs joue un rôle primordial dans la réponse du gène de la pyruvate kinase au glucose. Plusieurs facteurs de transcription ont été proposés pour induire la réponse de ce gène au glucose. Les protéines USF (upstream stimulatory factor) appartenant à la famille des facteurs de transcription à motif bHLH, bien que se fixant sur les motifs « E-box » ne semblent pas être impliquées dans la régulation du gène de la pyruvate kinase médiée par le glucose. Un nouveau facteur de transcription, GRBP aussi appelé ChoBP (carbohydrate binding protein) a été également proposé pour médier les effets du glucose sur l'expression du gène codant pour la pyruvate kinase [88]. Ce dernier a la capacité de se fixer sur l'élément de réponse au glucose dans la région promotrice du gène. L'activité de liaison est inhibée par de faibles concentrations de glucose *in vivo* et par l'AMPc dans les hépatocytes et est activée en présence de fortes concentrations de glucose *in vivo*. Les facteurs de transcription HNF-4 et NF-1 pourraient aussi être impliqués dans la réponse du gène de la pyruvate kinase aux acides gras polyinsaturés. Il existe également un élément de réponse à l'AMPc dans la région promotrice du gène de la L-PK. Il a été montré que l'AMPc inhibe la stimulation de ce promoteur induite par le glucose et l'insuline. Cependant, le rôle de l'insuline dans la stimulation du gène de pyruvate kinase semble être restreint à l'induction de la synthèse de la glucokinase, cet effet de l'AMPc pourrait être expliqué par l'inhibition de cette induction. De même, l'AMPc pourrait agir via la PK$_A$ dont l'activité conduirait à la phosphorylation de certains facteurs de transcription.

Le mécanisme d'action des glucides sur la transcription des gènes est encore, à l'heure actuelle, sujette à controverses. Concernant le gène de la pyruvate kinase, il a été montré que l'expression de GLUT-2 était requise pour la réponse aux glucides du gène codant pour la pyruvate kinase dans les hépatocytes et les hépatomes de souris de la lignée mhAT3F [89,90].

Enfin, l'identité du métabolite impliqué dans la réponse du gène de la pyruvate kinase induite par le glucose a été largement étudiée et reste encore très controversée. Au moins quatre métabolites incluant le glucose-6-phosphate, le xylulose-5-phosphate, le 3-phosphoglycérate et le phosphoénolpyruvate pourraient être impliqués dans la stimulation transcriptionnelle par les glucides dans les cultures primaires d'hépatocytes.

Plusieurs études soutiennent l'idée que le glucose-6-phosphate pourrait être la molécule signal. En revanche, d'autres semblent impliquer le xylulose-5-phosphate [91]. Ce dernier a été montré comme activant une protéine phosphatase 2A spécifique. Or, l'acide okaïque bloque la transcription induite par le glucose des gènes codant pour la pyruvate kinase. Ainsi, les mécanismes de phosphorylation et de déphosphorylation sont impliqués dans la régulation de la transcription du gène de la pyruvate kinase et vont dans le sens d'un rôle du xylulose-5-phosphate.

Malgré le nombre important d'études (pour revue [92]), l'identification des facteurs de transcription et des molécules signal impliqués dans la voie de signalisation du glucose conduisant à la stimulation du gène de la pyruvate kinase au niveau transcriptionnel reste encore très peu connue, aucune conclusion véritable n'ayant été obtenue.

### *Au niveau de la phosphoénolpyruvate carboxykinase*

Plusieurs arguments ont conduit à la notion que phosphoénolpyruvate carboxykinase est l'étape limitante de la néoglucogenèse ; d'une part, l'isoforme cytosolique représentant 95 % de son activité [93] est régulée au niveau transcriptionnel selon un mode corrélé avec les modifications du flux néoglucogénique [94-97] ; d'autre part, le traitement d'animaux à jeun avec le 3-mercaptopicolinate, un inhibiteur de la phosphoénolpyruvate carboxykinase entraîne une hypoglycémie [98] ; enfin, la surexpression de la phosphoénolpyruvate carboxykinase dans des lignées cellulaires [99] et *in vivo* chez les souris transgéniques [100] entraînent une augmentation de la néoglucogenèse ou une hyperglycémie.

D'autres études suggèrent revanche que le flux néoglucogénique est déterminé par des modifications des activités de plusieurs enzymes [101,102].

L'absence de la phosphoénolpyruvate carboxykinase entraîne cependant des altérations du métabolisme des lipides et des modifications marquées de l'expression d'une variété de gènes hépatiques impliqués dans le métabolisme énergétique. Ainsi, la phosphoénolpyruvate carboxykinase apparaît jouer un rôle vital dans l'intégration de plusieurs voies du métabolisme énergétique. Son rôle dans la néoglucogenèse reste quant à lui, discuté [101].

L'activité de la phosphoénolpyruvate carboxykinase est augmentée de façon marquée chez les animaux à jeun ou diabétiques et diminuée chez les animaux nourris avec une alimentation riche en glucides [46]. Or, cette enzyme n'est pas régulée allostériquement, ni par modifications covalentes. Son activité semble donc être modulée seulement par des modifications dans l'abondance de sa protéine. En effet, une augmentation de la concentration plasmatique de glucagon, caractéristique du jeûne, induit la synthèse de la phosphoénolpyruvate carboxykinase, résultat d'une augmentation de la transcription de son gène [46]. Cette hormone agit via l'AMPc et représente le principal stimulus de la synthèse de la phosphoénolpyruvate carboxykinase. Des résultats similaires ont été observés *in vitro*, l'AMPc ayant été montré comme affectant directement la transcription du gène de la phosphoénolpyruvate carboxykinase [11] et inhibant la dégradation de ses ARNm [103]. Les glucocorticoïdes augmentent également la phosphoénolpyruvate carboxykinase en stimulant la transcription de son gène et en stabilisant ses ARNm mais de façon moindre que l'AMPc [11] et via une voie différente de celle de l'AMP$_C$, les effets des glucocorticoïdes et de l'AMPc étant additifs [46].

L'augmentation de l'insulinémie suivant l'ingestion d'un repas riche en glucides entraîne une diminution de la synthèse de la phosphoénolpyruvate carboxykinase résultant d'une inhibition rapide de la transcription de son gène [46,104,105]. Cet effet prend place dans les minutes et disparaît dans les hépatomes H4IIE [94] dès l'élimination de l'hormone. La présence de concentrations élevées de glucose ne semble pas requise [106]. De même, son action ne nécessite pas de nouvelle synthèse protéique [46] mais la voie de la phosphatidylinositol-3-kinase jouerait un rôle important [107]. Enfin, son action serait dominante, en inhibant l'action du glucagon et des glucocorticoïdes [46,106,108-110].

Le glucose inhibe l'expression du gène codant pour la phosphoénolpyruvate carboxykinase [111]. Son action implique des mécanismes transcriptionnels sans affecter la stabilité des ARNm [112] même à concentration physiologique [113]. De plus, il est capable d'entraîner la diminution de l'expression du gène codant pour la phosphoénolpyruvate carboxykinase activée par les hormones dans les cultures primaires d'hépatocytes et les cellules Fao, ainsi son effet semble être dominant. Cependant, sa métabolisation serait requise [106,109,110,113,114]. L'insuline pourrait, outre son rôle direct sur l'expression du gène codant pour la phosphoénolpyruvate carboxykinase, exercer un effet indirect dans la régulation par le glucose via l'induction de la glucokinase.

Plusieurs molécules ont été proposées comme pouvant médier l'effet du glucose. Le xylulose-5-phosphate pourrait médier les effets du glucose, une perfusion de xylitol mimant les effets d'une hyperglycémie sur l'expression du gène codant pour la phosphoénolpyruvate carboxykinase dans le foie perfusé [52]. Cependant, dans les hépatocytes en culture, une concentration élevée de glucose réprimant l'expression du gène codant pour la phosphoénolpyruvate carboxykinase n'induit pas d'augmentation de la concentration de xylulose-5-phosphate. Le glucose-6-phosphate a été dès lors proposé comme molécule signal par laquelle le glucose exercerait ses effets [112].

### II.2.3.3. Régulation de la pyruvate déshydrogénase

Le complexe de la pyruvate déshydrogénase régule l'entrée d'unités acétyl issues de la dégradation des glucides dans le cycle de l'acide citrique. La décarboxylation du pyruvate par E1 est irréversible et puisqu'il n'existe pas d'autres voies chez les mammifères pour former de l'acétyl-CoA à partir du pyruvate, il est important que cette réaction soit parfaitement contrôlée.

La régulation de cette enzyme fait intervenir des facteurs nutritionnels et hormonaux. En effet, il a été montré que l'activité de la pyruvate déshydrogénase diminue au cours du jeûne mais seulement après l'initiation de la glycogénolyse, environ 3 à 4 heures après la dernière prise alimentaire. Cette diminution de l'activité est associée à celle de la lipogenèse hépatique [115]. Chez le rat, un diabète, un jeûne ou une alimentation riche en lipides et pauvres en glucides, entraînent une augmentation du pourcentage de pyruvate déshydrogénase inactive et l'effet inverse est obtenu respectivement par l'administration d'insuline ou une réalimentation en glucides [116]. De même, l'administration d'insuline à des rats nourris ou l'addition de cette hormone dans le milieu de culture d'hépatocytes isolés à partir de rats nourris, entraîne une augmentation de l'activité de la pyruvate déshydrogénase. Il a été également montré que l'élévation brutale de la concentration d'insuline après un jeûne de 6 heures conduit à une nette augmentation de l'activité de la pyruvate déshydrogénase, renversant ainsi la diminution provoqué par le jeûne. Cependant, il semblerait qu'un jeûne prolongé (48 heures) rend le complexe enzymatique résistant à une rapide et complète réactivation par l'insuline ou une réalimentation dans le foie [115].

Deux systèmes de régulation ont été proposés. Le premier correspond à l'inhibition de la pyruvate déshydrogénase par les produits de sa réaction, soit NADH et l'acétyl-CoA. Ces derniers entrent en compétition avec le $NAD^+$ et le CoA pour les sites de liaison de leurs enzymes respectives. Ainsi, lorsque les rapports [NADH]/[$NAD^+$] et [AcétylCoA]/[CoA] sont élevés, la vitesse de décarboxylation du pyruvate est réduite.

Le deuxième mécanisme fait appel à des modifications covalentes. L'équipe de Reed a découvert en 1969 que la pyruvate déshydrogénase était phosphorylée de façon réversible [117]. Cette phosphorylation entraîne l'inactivation de la pyruvate déshydrogénase ou du composant E1 du complexe. Elle est catalysée par la pyruvate déshydrogénase kinase qui appartient également au complexe de la pyruvate déshydrogénase. Trois résidus séryl sont susceptibles d'être phosphorylés. Dans les conditions physiologiques, l'inactivation est principalement due à la phosphorylation du site 1. La phosphorylation des sites 2 et 3 retarderait la réactivation du complexe (notamment en cas de jeûne prolongé) [116]. Actuellement quatre isoformes de la pyruvate déshydrogénase kinase ont été identifiées, répondant différemment à la régulation par le pyruvate, l'acétyl-CoA et le NADH. L'activité du complexe pyruvate déshydrogénase peut ainsi être envisagée comme étant fonction de la quantité relative de ces isoformes et de leur sensibilité à l'inhibition par les effecteurs.

Le statut nutritionnel intervient dans la régulation de ces isoformes. En effet, chez le rat, un jeûne de 48 heures entraîne une augmentation de la quantité des protéines pyruvate déshydrogénase kinase-2 et pyruvate déshydrogénase kinase-4 ainsi que de leurs ARNm dans le foie. Cet effet pourrait contribuer à l'augmentation de l'activité de la pyruvate déshydrogénase kinase dans le foie au cours d'une privation alimentaire [118].

De même, une alimentation pauvre en glucides et riche en graisse augmente l'activité de la pyruvate déshydrogénase kinase dans le foie de rat, due en partie à l'activation de la pyruvate déshydrogénase kinase-2. Cet effet est inversé par l'incubation d'hépatocytes en présence d'insuline ou une perfusion de cette hormone chez le rat *in vivo* ou encore par une alimentation supplémentée avec des acides gras ω-3 à longues chaînes. Enfin, dans les hépatocytes de rats, l'AMPc et les acides gras, seuls ou combinés pourraient augmenter l'activité de la pyruvate déshydrogénase kinase via des mécanismes différents [116].

La réactivation de la pyruvate déshydrogénase est assurée par la pyruvate déshydrogénase phosphatase qui catalyse l'hydrolyse du groupement phosphate des résidus phosphoséryl de la sous-unité E1. Cette enzyme, tout comme la pyruvate déshydrogénase kinase, est liée au noyau central de la sous-unité E2 du complexe pyruvate déshydrogénase. Son activité nécessite la présence d'ions $Mg^{2+}$ et pourrait être régulée par l'insuline.

### II.2.3.4. Régulation de la pyruvate carboxylase

Cette enzyme a été montré comme régulée par le statut nutritionnel et hormonal (pour revue [119]). Le jeûne entraîne une augmentation d'un facteur 2-3 de l'activité de la pyruvate carboxylase dans le foie chez le rat. Cet effet est corrélé avec l'élévation des concentrations plasmatiques de glucagon et de glucocorticoïdes. De même, le taux de néoglucogenèse hépatique est augmenté de façon importante lors d'un diabète de type 1 concomitamment avec une stimulation de l'activité de toutes les enzymes néoglucogéniques incluant la pyruvate carboxylase. Cette augmentation de l'activité enzymatique résulte d'une augmentation de la quantité de protéines due à une stimulation du taux de synthèse médiée par un rapport [glucagon]/[insuline] élevé. L'administration d'insuline diminue la quantité de pyruvate carboxylase et son activité au niveau de celle retrouvée chez les rats contrôles.

L'activité de l'enzyme est également fortement stimulée par l'acétyl-CoA et favorisée par un rapport [ATP]/[ADP] élevé et inhibée par le glutamate.

Les hormones thyroïdiennes sont également connues pour augmenter le taux de synthèse de la pyruvate carboxylase mais le mécanisme d'action est encore mal compris. De même, les glucocorticoïdes augmentent l'activité de la pyruvate carboxylase.

Le glucagon augmente la carboxylation du pyruvate dans les mitochondries isolées d'hépatocytes de rats, sans modifier la quantité de protéines. Ainsi, cette hormone stimulerait l'activité de la chaîne respiratoire via un influx de calcium. L'augmentation de l'activité de la chaîne respiratoire stimulerait la néoglucogenèse en générant de l'ATP et en apportant des équivalents réducteurs vers le cytosol. De même, l'augmentation du captage d'oxygène stimulerait indirectement celui du pyruvate par la mitochondrie.

Enfin, l'adrénaline stimule la carboxylation sur les mitochondries isolées du foie. Elle agirait via un mécanisme dépendant du calcium similaire à celui du glucagon.

### II.2.3.5. Régulation du cycle de l'acide citrique

Trois réactions sont essentiellement régulées, catalysées respectivement par la citrate synthase, l'isocitrate déshydrogénase et l'$\alpha$-cétoglutarate déshydrogénase. Ces enzymes semblent être presque entièrement contrôlées par trois moyens simples : la disponibilité en substrat, l'inhibition par le (ou les) produits et l'inhibition par rétrocontrôle compétitif via des intermédiaires formés postérieurement au cours du cycle.

Les régulateurs les plus stratégiques du cycle de l'acide citrique sont sans doute ses substrats, l'acétyl-CoA et l'oxaloacétate, et son produit, le NADH. L'acétyl-CoA et l'oxaloacétate sont dans la mitochondrie à des concentrations non saturantes pour la citrate synthase. Le flux métabolique au niveau de cette enzyme varie en fonction de la concentration de ses substrats et est contrôlé par leur disponibilité. La formation d'acétyl-CoA à partir de pyruvate est régulée par l'activité de la pyruvate déshydrogénase.

L'oxaloacétate, quant à lui, se trouve en équilibre avec le malate, sa concentration variant avec la valeur du rapport [NADH]/[NAD$^+$] selon l'expression de l'équilibre

$$K = ([\text{oxaloacétate}][\text{NADH}])/([\text{malate}][\text{NAD}^+])$$

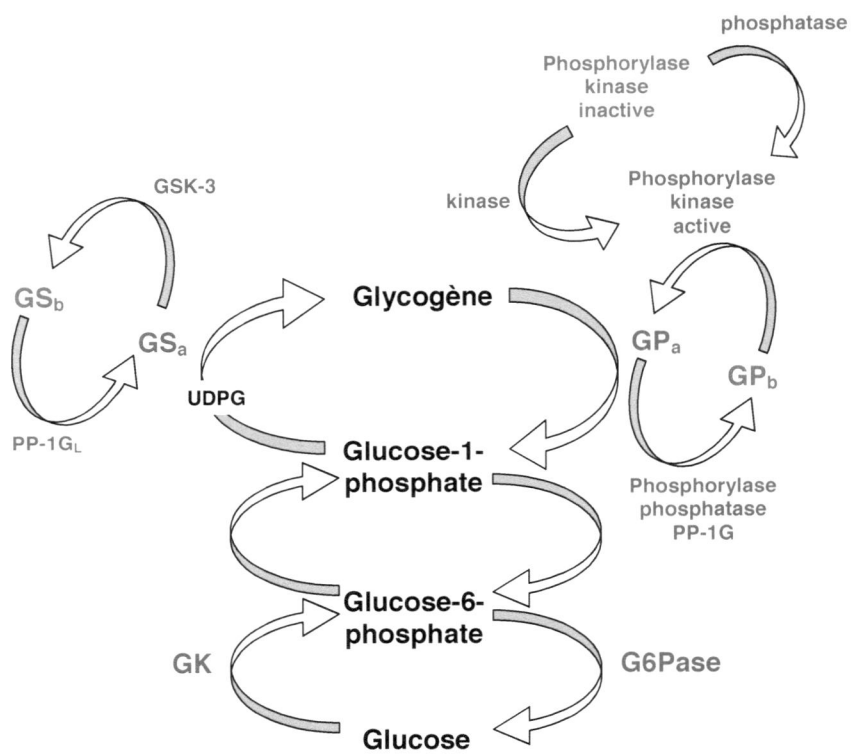

**Schéma 13** : Régulation de la synthèse et de la dégradation du glycogène

(GK : glucokinase ; G6Pase : glucose-6-phosphatase; GP : glycogène phosphorylase; PP-1G$_L$ : glycogène synthase phosphatase ; GS : glycogène synthase ; UDPG : UDP-glucose ; GSK-3 : glycogène synthase kinase-3)

### II.2.3.6. Régulation de la glycogénolyse et de la glycogénogenèse

Les principales enzymes qui contrôlent le métabolisme du glycogène, la glycogène synthase (GS) et la glycogène phosphorylase (GP), sont régulées par une série de réactions complexes mettant en jeu des mécanismes allostériques et des modifications covalentes dues à la phosphorylation et à la déphosphorylation réversibles des enzymes protéiques.

❖ *Les principales enzymes impliquées dans la régulation*

Dans le foie, la glycogène phosphorylase existe à la fois sous forme active et inactive. La forme active aussi appelée phosphorylase (a) est phosphorylée sur le résidu 14. Sous l'action d'une phosphatase spécifique, la protéine phosphatase 1 ou PP-1G, l'enzyme est inactivée en phosphorylase (b) dans une réaction au cours de laquelle la sérine perd son groupement phosphate par hydrolyse. Sa réactivation requiert sa rephosphorylation à l'aide de l'ATP et d'une enzyme spécifique, la phosphorylase kinase. Cette dernière est également régulée par des modifications covalentes faisant intervenir une protéine phosphatase et une kinase, la forme active étant phosphorylée.

La glycogène synthase existe également sous forme active et inactive. La forme active aussi appelée synthase (a) n'est pas phosphorylée alors que la forme inactive, la synthase (b) est phosphorylée sur plusieurs résidus. Le passage de l'une à l'autre de ces formes est réalisée grâce à l'intervention de deux protéines, la glycogène synthase kinase ou GSK-3 et la glycogène synthase phosphatase, PP-1G$_L$ (Schéma 13).

Toutes les protéines citées précédemment peuvent être la cible de régulations. Nous nous attacherons à décrire les principaux régulateurs de cette voie, en particulier, le glucose.

❖ **Rôle du glucose dans la régulation de la glycogénogenèse et la glycogénolyse**

Dès 1967, Dewulf et Hers [120] ont montré une diminution rapide de l'UDP-glucose et de glucose-6-phosphate chez la souris suite à l'administration de glucose, suggérant que le glucose contrôle la synthèse de glycogène par stimulation de la synthase. Ce mécanisme apparaît être séquentiel, nécessitant d'une part l'inactivation de la glycogène phosphorylase (a) et d'autre part la stimulation de la glycogène synthase.

La glycogène phosphorylase (a) est considérée comme un puissant inhibiteur de PP-1G$_L$, en se fixant sur la sous-unité G$_L$ de la protéine phosphatase [121], les 16 acides aminés situés à l'extrémité C-terminale de la sous-unité G$_L$ étant essentiels pour cette l'interaction [121]. Ainsi, cette protéine joue un rôle dans l'état de phosphorylation de la glycogène synthase [122-124]. Dans le foie, elle fonctionne comme un récepteur du glucose. Deux configurations existent, relaxée (R) et tendue (T) moins active [125]. La fixation du glucose entraîne un changement conformationnel (R→T) [126], rendant la phosphosérine plus accessible aux protéines phosphatases [127-132]. L'inactivation résultant de la phosphorylase entraîne l'arrêt de la glycogénolyse et lève l'inhibition allostérique exercée par la glycogène phosphorylase (a) sur PP-1G$_L$. Ce mécanisme prévient ainsi la synthèse et la dégradation simultanée de glycogène et explique pourquoi l'activation de la glycogène synthase *in vivo* induite par le glucose et dans les hépatocytes isolés intervient seulement après un délai représentant le temps requis pour l'inactivation de la glycogène phosphorylase (a). Il faut cependant noter que ce contrôle allostérique de la glycogène phosphorylase (a) intervient seulement dans le foie et est restreinte à PP-1G$_L$. Il semblerait toutefois que le potentiel inhibiteur de la glycogène phosphorylase (a) soit restreint *in vivo* et sujet à régulation [129]. L'AMP, un ligand bien connu de la phosphorylase serait responsable du faible potentiel inhibiteur de la glycogène phosphorylase (a) *in vivo* [130]. Les glucocorticoïdes induisent également la synthèse d'une protéine de « dé-inhibition » associée au glycogène abolissant l'inhibition de PP-1G$_L$ par la glycogène phosphorylase (a). D'autre part, il est nécessaire qu'une certaine quantité de glycogène soit présente pour que l'inhibition allostérique soit efficace car PP-1G$_L$ et la glycogène phosphorylase (a) auraient besoin d'être fixées au glycogène [133].

Il semblerait cependant que le glucose libre ne soit pas seul responsable de l'activation de la synthèse de glycogène [134,135]. En effet, certains analogues non métabolisables du glucose sont capables d'inactiver la glycogène phosphorylase (a) dans les hépatocytes sans modifier la glycogène synthase [136-138]. Une activation de la glycogène synthase est obtenue lorsque le glucose est rajouté [138,139]. Plusieurs études mettent en avant le rôle primordial de la glucokinase [140-142], en particulier dans la formation de glucose-6-phosphate qui apparaît être le métabolite

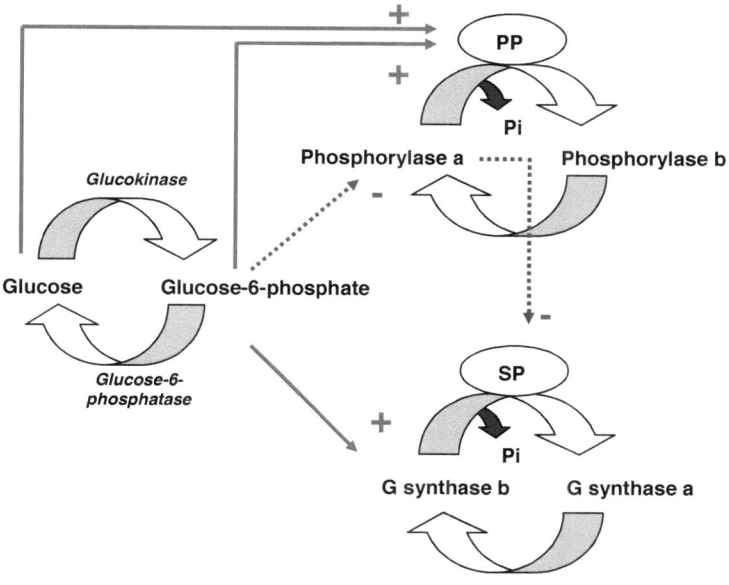

**Schéma 14** : Régulation de la glycogène phosphorylase et glycogène synthase par le glucose et le glucose-6-phosphate **(Tiré de de l'article de Aiston et al. [120])**
(PP : phosphorylase phosphatase ; SP : synthase phosphatase)

responsable de l'activation de la glycogène synthase [132,139,143-147]. Le glucose-6-phosphate semble agir principalement via la stimulation de la déphosphorylation de la glycogène synthase puisque son effet dans les hépatocytes est supprimé par la microcystine-LR, un inhibiteur des protéines phosphatases Ser/Thr -1 et -2A, sans être affecté par un traitement avec la 5-iodotubercidine [139] qui inhibe les protéines kinases.

L'activité synthase phosphatase de PP-1$G_L$ dépendante du glucose-6-phosphate est complètement inhibée par la phosphorylase (a). Ainsi, l'inactivation de la phosphorylase est également un pré-requis pour l'activation de la glycogène synthase par le glucose-6-phosphate et confirme le mécanisme séquentiel en deux étapes, la levée de l'inhibition allostérique exercée par la glycogène phosphorylase (a) sur PP-1$G_L$ et la production d'un activateur de la glycogène synthase, le glucose-6-phosphate. Ainsi, la glycogène synthase est, à terme, régulée par la glucokinase et GKRP [148]. Le glucose-6-phosphate intervient comme un activateur allostérique de la glycogène synthase ; il se fixe sur cette enzyme, entraînant un changement de conformation qui fait d'elle un meilleur substrat pour PP-1$G_L$ [138]. De même, le glucose-6-phosphate a été montré comme mimant la stimulation de la déphosphorylation de la glycogène phosphorylase (a) catalysée par la protéine phosphatase et induite par le glucose *in vitro* [139,149,150] et inhibant la phosphorylation de la glycogène phosphorylase (b) par la phosphorylase kinase via un mécanisme directement lié au substrat [151,152]. Cependant, dans les conditions physiologiques, l'isoforme hépatique la glycogène phosphorylase (b) est catalytiquement inactive [153] ; par conséquent, le rôle du glucose-6-phosphate comme inhibiteur allostérique de la glycogène phosphorylase (b) dans le foie est négligeable (Schéma 14).

Toutes ces données n'expliquent pas les observations de Krause *et al.* [154] selon lesquelles l'activation de la glycogène synthase induite par le glucose dans les hépatocytes isolés serait partiellement bloquée par un traitement à la Wortmannin, un inhibiteur de la phosphatityl-inositol-3-kinase, cette dernière étant connue pour intervenir dans la voie de signalisation de l'insuline dans la stimulation de la synthèse de glycogène via une inactivation de GSK-3. En plus de ces effets métaboliques, le glucose stimule l'expression de certains gènes, notamment GLUT-2 et P36 de la glucose-6-phosphatase [27,52,91] permettant ainsi de contrôler la taille du pool de glucose-6-phosphate. Cette régulation serait médiée par le xylulose-5-phosphate qui activerait le complexe de réponse au glucose via l'augmentation de la liaison d'un facteur de transcription, Sp1 par déphosphorylation [155-157].

Seoane *et al.* [144] ont observé que le glucose-6-phosphate produit par la surexpression de la glucokinase permet l'activation de la glycogène synthase dans les hépatocytes contrairement à la surexpression de l'hexokinase de type musculaire. Le potentiel du glucose-6-phosphate à activer la glycogène synthase semble ainsi dépendre de sa source. Cette capacité de différencier l'origine du glucose-6-phosphate est spécifique de la glycogène synthase hépatique et apparaît comme une des voies par laquelle les hépatocytes régulent le devenir du glucose.

Lorsque la glycémie est faible (environ 5 mM), le flux de la glucokinase est quasi-inexistant du fait de son Km élevé. L'action de GKRP diminue de façon supplémentaire l'affinité apparente de la glucokinase pour le glucose dans les hépatocytes. Ainsi, dans ces conditions où seule l'hexokinase de type 1 peut phosphoryler le glucose, le glucose-6-phosphate produit ne pourra être utilisé directement dans la synthèse de glycogène.

Lorsque la concentration de glucose augmente, la glucokinase entre en jeu et donne le signal pour une synthèse de glycogène. Celle-ci ne semble pas, par conséquent, être régulée par le transport du glucose mais plutôt par la glucokinase [145] et n'est engagée seulement que lorsqu'elle est nécessaire.

Puisque seule la glucokinase est transloquée en réponse au glucose, l'hypothèse d'une compartimentation du glucose-6-phosphate a été avancée. Celle-ci est en accord avec d'autres études qui ont conclu que le glucose-6-phosphate n'existait pas comme un pool homogène dans les hépatocytes [158,159]. Deux pools au moins existeraient dans les hépatocytes ; la glycogène synthase serait exclue du compartiment du glucose-6-phosphate produit par l'hexokinase de type 1 et serait dirigée vers le pool de glucose-6-phosphate produit par la glucokinase [141]. Ce second pool serait également accessible aux autres enzymes et apporterait des substrats pour les nombreuses autres voies. Il a été montré que le glucose-6-phosphate dérivant de la néoglucogenèse est aussi efficace dans l'activation de la glycogène synthase que celui dérivant de la glucokinase [160]. Ainsi, la voie de la néoglucogenèse et la phosphorylation directe du glucose par la glucokinase délivrent leur produit commun, le glucose-6-phosphate, dans un même pool qui alimente les processus métaboliques. D'autre part, le glucose-6-phosphate de ce pool peut aussi être dirigé vers l'hydrolyse par la glucose-6-phosphatase puisque la surexpression de la sous-unité catalytique de ce système réduit la synthèse de glycogène et la production de lactate alors qu'elle augmente l'hydrolyse du glucose-6-phosphate [147].

La translocation de la glucokinase [144,161] vers un site glycogénique pourrait expliquer l'observation de Cahill *et al.* [162] selon laquelle dans les tranches de foie de rats, la glycolyse est saturée avec approximativement 20 mM de glucose alors que le taux de synthèse de glycogène continu à augmenter pour des concentrations supérieures d'hexose.

Des études d'immunofluorescence ont récemment montré qu'en absence de glucose, la glycogène synthase présente une distribution cytosolique et s'accumule en périphérie de l'hépatocyte, dans les zones riches en actine lorsque la concentration en hexose augmente [163,164]. Ces changements dans la distribution de la glycogène synthase et de la glucokinase induits par le glucose sont corrélés avec la stimulation de la synthèse de glycogène [165], celle-ci débutant en périphérie et progressant vers les sites internes des cellules en plus de la région proche de la membrane plasmique [166] suggérant qu'après mouvement initial vers le cortex cellulaire, la glycogène synthase reste fixée sur son substrat et son produit. Le glucose-6-phosphate serait responsable de ce mouvement cellulaire [167-169] en induisant un changement dans la configuration allostérique de cette enzyme, facilitant ainsi sa translocation vers la périphérie cellulaire [148]. Très récemment, il a été montré que la glycogène phosphorylase (a) était également transloquée ; le glucose-6-phosphate agit de manière coordonnée avec le glucose dans la régulation de cette translocation vers la fraction particulaire et la déphosphorylation de l'enzyme. Le glucose-6-phosphate agit en synergie avec le glucose en diminuant la concentration de glucose nécessaire à l'obtention de la moitié de l'inactivation. Ainsi, le contenu de l'hépatocyte en glucose-6-phosphate est le déterminant principal non seulement du taux de synthèse de glycogène mais également du taux de glycogénolyse. La translocation coordonnée de la glycogène phosphorylase (a) et de la glycogène synthase pourrait être importante afin de maximiser le contrôle allostérique de la glycogène synthase phosphatase par la glycogène phosphorylase (a) [170].

Toutes ces observations suggèrent que l'initiation de la synthèse de glycogène induite par le glucose implique non seulement l'activation de l'enzyme mais également la translocation de plusieurs enzymes vers les microfilaments d'actine

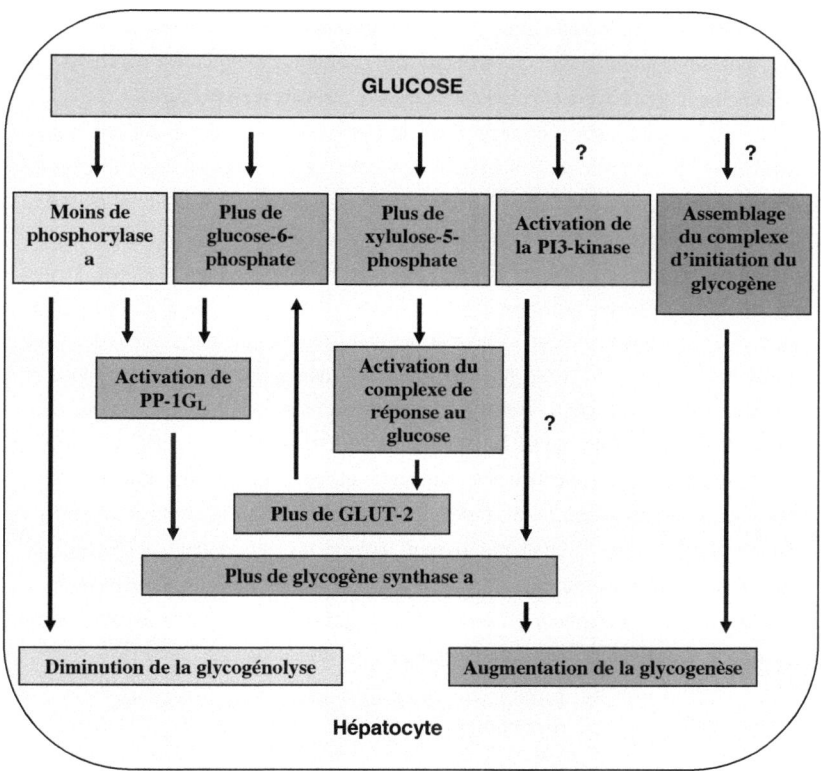

Schéma 15 : Mécanismes de l'action glycogénique du glucose
(tiré de l'article de Bollen et al., 1998 [131])

situés près du cortex cellulaire, où la synthèse initiale de glycogène prend place [163]. Il serait tentant de spéculer que l'initiation de la synthèse de glycogène dépend de l'assemblage induit par le glucose du complexe d'initiation consistant en la glucokinase, la glycogénine et la glycogène synthase. Il reste à savoir si les autres enzymes impliquées dans la synthèse de glycogène, $PP-1G_L$ et l'enzyme de branchement, font également partie du complexe d'initiation du glycogène.

Un autre point reste à éclaircir. Dans le foie perfusé et les hépatocytes isolés, l'activation de la glycogène synthase nécessite des concentrations de glucose importantes (supérieures à 20 mM) [139]. Cette faible sensibilité au glucose n'est pas due à une augmentation de l'inhibition allostérique de la $PP-1G_L$ par la glycogène phosphorylase (a). La différence entre ces observations et celles réalisées *in vivo* pourrait être en partie expliquée par la présence d'insuline et de glucocorticoïdes, tous deux glycogéniques et diminuant le seuil de glucose nécessaire dans les hépatocytes isolés [171,172]. Il a été également démontré que la glycogenèse et l'activation de la glycogène synthase sont supérieures après un apport oral ou intra-portal de glucose plutôt qu'après l'administration d'une même quantité de glucose par une infusion périphérique intraveineuse et ce, malgré des taux contrôlés d'insuline et de glucagon [173]. Cette observation a conduit à postuler l'existence d'un « signal portal » produit par l'apport entéral ou intra-portal de glucose qui favoriserait la capture du glucose par le foie. Ce signal implique probablement le système nerveux autonome [173,174], une vagotomie réduisant le dépôt net de glycogène chez les rats recevant une charge orale en glucose (Schéma 15)

### ❖ *Voie directe vs indirecte de la synthese de glycogéne*

Après un repas, environ 25% du glucose ingéré est converti en glycogène hépatique [1]. Chez le rat, la majeure partie du glycogène synthétisé en réponse à un apport exogène de carbohydrate est formé par une voie impliquant glucose → unités C3 → glycogène. La capacité limité du foie à utiliser le glucose intact pour la synthèse de glycogène pourrait résider dans le fait que la capacité de phosphoryler le glucose est limitée dans l'intervalle des concentrations physiologiques [175]. Cependant, une autre hypothèse est que la mise en route de la voie directe et indirecte de la synthèse de glycogène à partir du glucose est liée à la zonation métabolique dans l'acinus hépatique [1]. Après un repas, le glucose est principalement capté par les cellules périveineuses, initialement pour synthétiser du glycogène. Quand les stocks d'oxygène commencent à chuter, le glucose est dégradé en lactate. Ce dernier arrive via la circulation systémique vers les cellules périportales où il est converti via la néoglucogenèse en glycogène. L'expression de la glucokinase étant restreinte aux cellules périveineuses, la synthèse de glycogène est réalisée à partir de substrats néoglucogéniques dans les cellules périportales.

### II.2.3.7. Régulation du cycle de l'urée

La Carbamylphosphate Synthétase I qui catalyse la première réaction d'engagement du cycle de l'urée est activée allostériquement par le N-acétylglutamate. Ce métabolite est synthétisé à partir de glutamate et d'acétyl-CoA par la N-acétylglutamate synthetase et est hydrolysé par une hydrolase spécifique. La vitesse de production d'urée est donc fonction de la concentration de N-acétylglutamate. Lorsque la vitesse de dégradation des acides aminés augmente, l'azote est formé en excès. Cela se traduit par une augmentation de la concentration de glutamate, et par conséquent, une augmentation de la synthèse de N-acétylglutamate. Ce dernier active la carbamylphosphate synthétase et à terme, le cycle de l'urée.

### II.2.3.8. Régulation de la voie des pentoses phosphates

Le flux à travers la voie des pentoses phosphates et donc la vitesse de formation du NADPH est contrôlée par la vitesse de réaction catalysée par la glucose-6-phosphate déshydrogénase [176]. Bien que faisant partie de la voie des pentoses phosphates, elle appartient également à la famille des enzymes lipogéniques au même titre que l'acide gras synthase, l'acétyl-CoA carboxylase, l'ATP-citrate lyase et l'enzyme malique. Son rôle est d'apporter des équivalents réduits, le NADPH, pour la synthèse *de novo* d'acides gras, tout comme l'enzyme malique ; c'est pourquoi sa régulation est seulement observée dans les tissus à forte capacité lipogénique comme le foie ou le tissu adipeux.

L'activité des enzymes lipogéniques incluant la glucose-6-phosphate déshydrogénase et la 6-phosphogluconate déshydrogénase change parallèlement à l'activité lipogénique de la cellule [177,178]. Un jeûne prolongé diminue l'activité hépatique de la glucose-6-phosphate déshydrogénase chez le rat [179,180] alors qu'une réalimentation après une période de jeûne avec une nourriture dépourvue de graisse et riche en glucides l'augmente de façon supérieure à celle retrouvée chez les rats nourris [181,182]. Les changements de l'activité les plus importants sont retrouvés avec une alimentation contenant du glucose et du fructose et la stimulation par ce dernier est supérieure à celle retrouvée avec le glucose seul [179,183]. Ces deux monosaccharides augmentent l'activité de la glucose-6-phosphate déshydrogénase selon un mode indépendant des hormones. Cependant, ce dernier point n'a pas été confirmé dans toutes les études réalisées. L'activation observée de la glucose-6-phosphate déshydrogénase serait le fait de l'action d'un métabolite commun au glucose et au fructose [184]. Les acides gras polyinsaturés inhibent quant à eux l'activité de cette enzyme *in vivo* et *in vitro* [185,186].

Cette enzyme est aussi régulée par la concentration en NADPH. Quand la cellule consomme du NADPH, la concentration en NADP$^+$ augmente, entraînant une vitesse de réaction catalysée par la glucose-6-phosphate déshydrogénase plus importante, stimulant ainsi la génération de NADPH.

Le statut hormonal joue également un rôle dans la régulation de la glucose-6-phosphate déshydrogénase et de la 6-phosphogluconate déshydrogénase. Les effets du jeûne ou de la réalimentation suggèrent un rôle des hormones pancréatiques. En effet, les rats traités à la streptozotocine échouent dans l'induction de l'activité de la glucose-6-phosphate déshydrogénase lors de la réalimentation et un traitement par l'insuline restaure l'activité de la glucose-6-phosphate déshydrogénase à des taux normaux, impliquant que l'insuline est un signal important dans l'état renourri [187,188]. Ces modifications de l'activité sont associées à des changements parallèles dans le taux de synthèse protéique de l'enzyme et la quantité d'ARNm. Glucagon et AMPc ont un effet opposé à celui de l'insuline sur l'activité de la glucose-6-phosphate déshydrogénase. L'injection de glucagon chez le rat prévient l'induction hépatique de l'activité de la glucose-6-phosphate déshydrogénase lors d'une réalimentation et ce, via une diminution du taux de synthèse de cette enzyme [189]. Cette hormone représente le premier signal de l'état de jeûne. Les hormones thyroïdiennes et surrénaliennes régulent également l'activité de la glucose-6-phosphate déshydrogénase. Les glucocorticoïdes agissent comme des régulateurs positifs de l'activité de la glucose-6-phosphate déshydrogénase dans les hépatocytes de rat, leur action étant additive à celle de l'insuline cependant, le mécanisme moléculaire n'a pas été encore défini [186]. Curieusement, les glucocorticoïdes bloquent l'inhibition de l'expression de la glucose-6-phosphate déshydrogénase par le linoléate. L'interaction entre l'action des glucocorticoïdes et des acides gras pourrait refléter une inhibition du métabolisme des acides gras par les glucocorticoïdes, en bloquant la production du métabolite actif nécessaire à l'inhibition de l'expression de la glucose-6-phosphate déshydrogénase. Au contraire, l'hormone thyroïdienne (T3) et le glucagon, qui modifient l'activité de la glucose-6-phosphate déshydrogénase chez l'animal intact, n'ont pas d'effet sur l'activité de la glucose-6-phosphate déshydrogénase dans les hépatocytes en culture. Ainsi, chez l'animal intact, l'effet de la T3 et du glucagon serait indirecte via la modification des concentrations circulantes d'acides gras libres [186].

L'augmentation de l'activité de la glucose-6-phosphate déshydrogénase et de la 6-phosphogluconate déshydrogénase lors des manipulations nutritionnelles et hormonales apparaît ainsi être parallèle à l'augmentation de la quantité de protéines via des modifications dans le taux de synthèse protéique résultant d'un changement dans la quantité d'ARNm mature [190,191]. L'action d'une éventuelle variation dans le taux de renouvellement de l'enzyme pourraient servir à augmenter la rapidité avec laquelle la cellule peut modifier l'activité de la glucose-6-phosphate déshydrogénase cependant ce dernier point est encore aujourd'hui, sujet à controverse.

Les changements dans la quantité d'ARNm de la glucose-6-phosphate déshydrogénase varient en fonction du type d'alimentation. Une réalimentation suivant une période de jeûne chez la souris ou le rat, conduit à une augmentation des ARNm de la glucose-6-phosphate déshydrogénase après une période de latence de 12 heures ou plus et l'augmentation maximum a été observée 24 heures après la réalimentation [181,192]. Cette période de latence est seulement observée dans les conditions à jeun/nourris.

Les acides gras polyinsaturés alimentaires entraînent une inhibition de 80% de l'activité de la glucose-6-phosphate déshydrogénase accompagnée par une diminution parallèle de l'accumulation des ARNm [192,193]. Chez la souris, la diminution de l'abondance d'ARNm de la glucose-6-phosphate déshydrogénase est observée dans les 4 heures après la consommation d'acides gras polyinsaturés et l'inhibition maximum est observée dans les 9 heures [192]. Ces effets sont rapides si on considère la vitesse relativement lente d'absorption des triacylglycérols à partir du tractus gastro-intestinal. Un « time-course » similaire a été observé dans les hépatocytes primaires. Dans ces expériences, l'incubation avec l'acide arachidonique pendant 2 heures conduit à une diminution de 14% de la quantité d'ARNm de la glucose-6-phosphate déshydrogénase par rapport aux cellules incubées seulement en présence d'insuline, et le maximum d'inhibition de 80% a été observé après 8 heures [192]. L'effet rapide des graisses et des acides gras alimentaires dans les cultures suggère que dans l'action des acides gras polyinsaturés sur l'expression des gènes interviennent une ou plusieurs protéines déjà présente(s) dans le foie. Au contraire, la période de latence observée dans l'accumulation des ARNm de la glucose-6-phosphate déshydrogénase lors d'une réalimentation est en accord avec la nécessité d'un intermédiaire protéique impliquée dans l'induction de la synthèse. Malgré ces différentes hypothèses, les résultats sont en accord avec une régulation de l'étape pré-traductionnelle.

Le taux de transcription du gène est constant quel que soit l'état nutritionnel. La consommation d'une alimentation riche en carbohydrate conduit à une augmentation de l'accumulation des formes partiellement épissées et matures des ARNm de la glucose-6-phosphate déshydrogénase. Le plus faible taux d'accumulation des ARNm de la glucose-6-phosphate déshydrogénase a été observé pour la quantité de formes partiellement épissées, non-polyadénylées. L'augmentation de l'accumulation d'ARN polyadénylés mais partiellement épissés est insuffisante pour expliquer le taux d'accumulation des ARNm matures dans le noyau. C'est pendant le processus d'épissage du pré-ARNm de la glucose-6-phosphate déshydrogénase que l'augmentation la plus importante intervient et c'est le taux d'accumulation de l'ARN mature qui est le plus augmenté. Au contraire, au cours du jeûne ou de la consommation d'une alimentation riche en acides gras polyinsaturés, le taux d'épissage est diminué et l'inefficacité de l'épissage de l'ARN conduit à sa dégradation dans le noyau. Une fois le processus de maturation terminé, l'ARNm de la glucose-6-phosphate déshydrogénase est stable dans le noyau et aucun changement dans le taux de dégradation n'est détectable selon les manipulations alimentaires. L'acide arachidonique diminue l'induction de l'expression de la glucose-6-phosphate déshydrogénase causée par l'incubation des hépatocytes en présence d'insuline et de glucose, mais ne bloque pas l'augmentation de l'expression de la glucose-6-phosphate déshydrogénase causée par une incubation dans un milieu riche en glucose sans insuline. De plus, les cinétiques des changements des ARNm durant la consommation de graisses alimentaires sont en accord avec une interaction entre la voie de transduction du signal pour les graisses alimentaires et les protéines existantes [186].

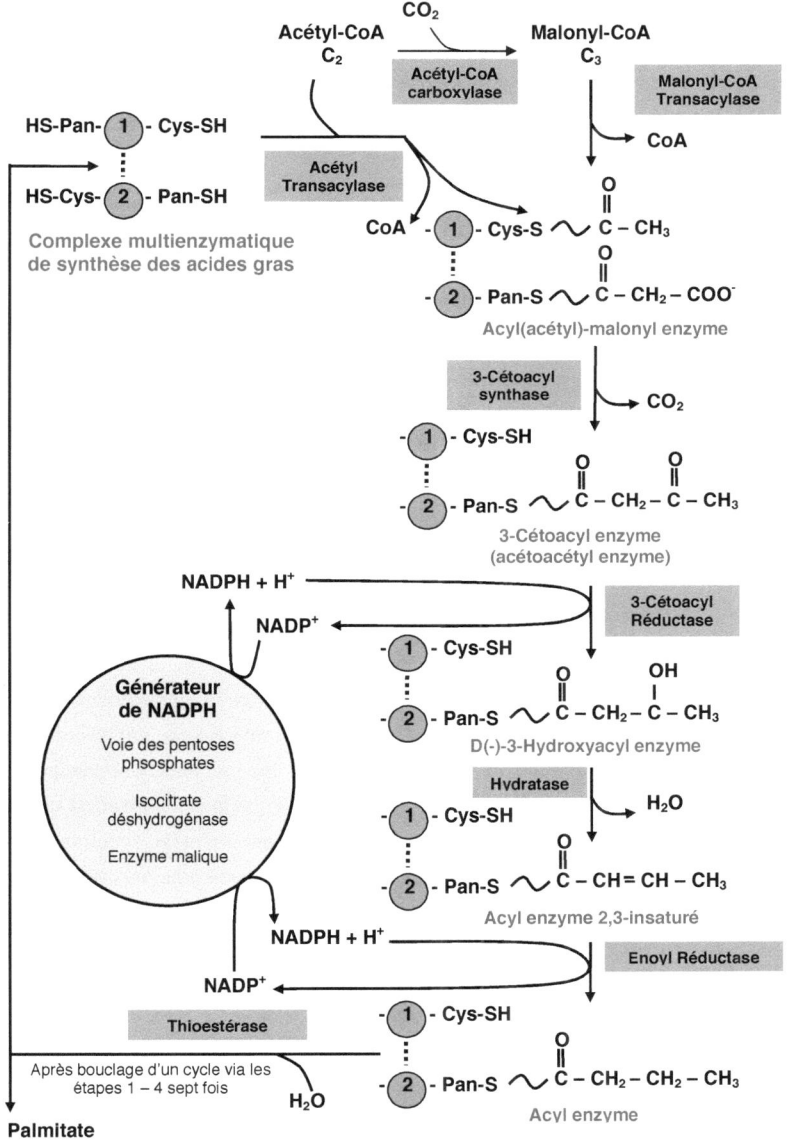

Schéma 16 : Synthèse des acides gras : Exemple du palmitate

### 3. Métabolisme des lipides
#### II.3.1. Description générale des voies métaboliques
##### II.3.1.1. Synthèse des acides gras : la lipogenèse

La lipogenèse est présente dans de nombreux tissus, notamment le foie, le cerveau, les poumons, la glande mammaire et le tissu adipeux. Chez la plupart des mammifères, le glucose est le substrat primaire. Cette voie nécessite la présence de cofacteurs – NADPH, ATP, les ions $Mn^{2+}$, la biotine et se déroule dans le cytosol des cellules.

❖ **Etape initiale : Formation de malonyl-CoA**

L'acétyl-CoA carboxylase, dépendante de la biotine, catalyse la première étape d'engagement de la biosynthèse des acides gras. Elle représente l'une des étapes limitantes de la biosynthèse des acides gras et se déroule en deux étapes : (1) carboxylation de la biotine (impliquant l'ATP) et (2) transfert du groupement carboxyl sur l'acétyl-CoA pour former le malonyl-CoA. Celui-ci est le principal précurseur de la synthèse des acides gras. Il intervient également dans la régulation de la β-oxydation.

❖ **Synthèse des Acides Gras : Exemple du palmitate**
(Schéma 16)

La synthèse des acides gras fait intervenir le complexe de la synthase qui fonctionne sous la forme d'un dimère. Chez les mammifères, chaque monomère est identique et comporte une chaîne polypeptidique remarquable contenant six domaines fonctionnels. Ces derniers représentent les activités enzymatiques nécessaires à l'initiation de la synthèse et à l'élongation de la chaîne d'acide gras. Un domaine supplémentaire aussi appelé ACP (« acyl carrier protein » ) correspond à l'activité enzymatique nécessaire pour la libération de l'acide gras mature à partir de l'enzyme. Ce dernier porte le groupement 4'-phosphopantéthéine-SH. A proximité se trouve un autre groupement thiol d'un résidu cystéine de la 3-cétoacyl synthase (enzyme de condensation) de l'autre monomère. Cette organisation résulte du fait que deux monomères sont disposés « tête bêche ». Les deux groupements thiols participant à l'activité de la synthase, seul le dimère est actif. Le palmitate (16:0) représente le principal acide gras synthétisé *in vivo* dans le foie, mais d'autres sont formés, entre autres l'acide stéarique (18:0) et l'acide myristique (14:0) ainsi que des acides gras à chaînes plus courtes.

Au départ, une molécule amorce d'acétyl-CoA se combine avec le groupement –SH de la cystéine, réaction catalysée par l'acétyl transacylase. Le malonyl-CoA se combine avec un groupement –SH adjacent de la 4'-phosphopantéthéine de l'ACP de l'autre monomère, réaction catalysée par la malonyl transacylase, pour donner l'acétyl (acyl)-malonyl enzyme. Le groupement acétyl attaque le groupement méthylène du résidu malonyl, réaction catalysée par la 3-cétoacyl synthase, et libère du $CO_2$ pour former l'enzyme 3-cétoacyl (appelée encore acétoacyl enzyme). Ceci libère le groupe –SH de la cystéine, préalablement substitué par le groupement acétyl. La décarboxylation permet à la réaction d'être complète en agissant comme une force de traction pour l'ensemble de la séquence des réactions. Le groupe 3-cétoacyl est réduit, déshydraté, puis réduit à nouveau pour former le groupement acyl-S-enzyme saturé correspondant. Une nouvelle molécule de malonyl-CoA se combine avec le –SH de la 4'-phosphopantéthéine en déplaçant le résidu acyl saturé sur le groupement –SH de la cystéine libre. La séquence des réactions est répétée à six autres reprises, un nouveau résidu malonyl étant incorporé à chaque séquence. A terme, un résidu acyl saturé comportant 16 atomes de carbone est assemblé. Il est ensuite libéré du complexe enzymatique grâce à l'activité d'une septième enzyme du complexe, appelée la thioestérase. Le palmitate libre doit être activé sous forme d'acyl-CoA avant d'être dirigé vers une autre voie métabolique. Généralement, il est utilisé dans l'estérification en acylglycérols.

L'acétyl-CoA est utilisé comme amorce pour donner les atomes de carbone 15 et 16 du palmitate. L'addition de toutes les unités en $C_2$ se fait via la formation de malonyl-CoA. Le butyryl-CoA peut jouer le rôle de molécule amorce dans le foie des mammifères et dans la glande mammaire. Si le propionyl-CoA joue le rôle d'amorce, ce sont des acides gras à longue chaîne possédant un nombre impair d'atomes de carbone qui sont formés.

## ❖ Sources de NADPH pour la lipogenèse

Le NADPH est impliqué comme agent réducteur dans la réduction du 3-cétoacyl, et dans les dérivés acyls 2,3 insaturés. Les réactions oxydatives de la voie des pentoses phosphates sont la source principale de NADPH. En effet, l'activité de la glucose-6-phosphate déshydrogénase dans le foie apporte environ 50 à 75 % des NADPH.

Parmi les autres sources de NADPH, notons la réaction de décarboxylation oxydative du malate en pyruvate catalysée par l'enzyme malique qui représente

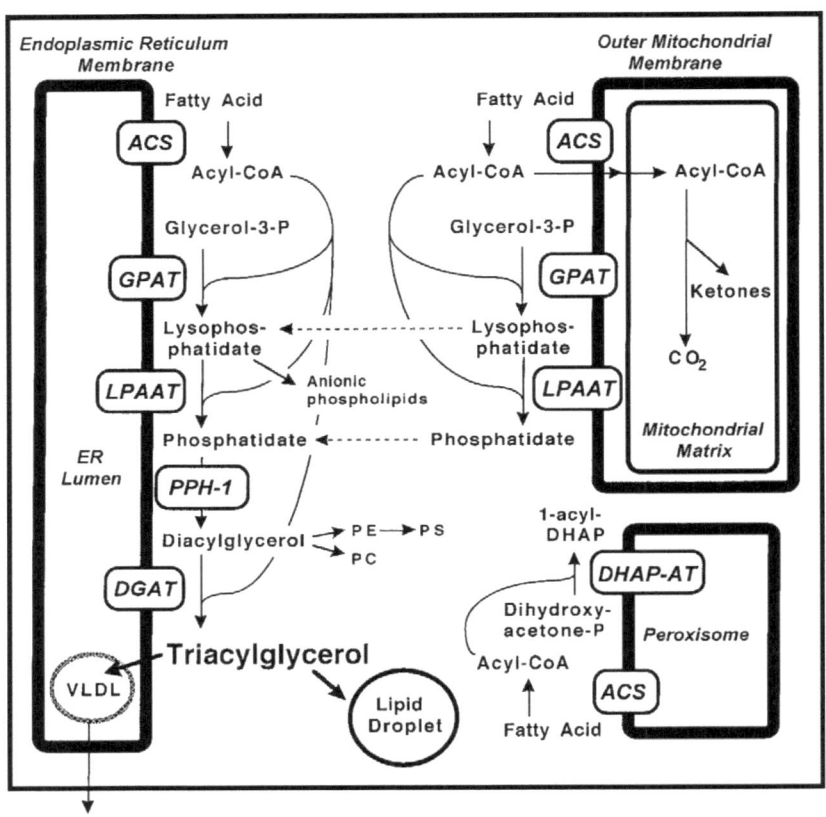

**Schéma 17** : **Principales voies de synthèse des triacylglycérols dans les hépatocytes**
ACS, acyl-CoA synthetase ; DGAT, diacylglycerol acyltransferase ; DHAP, dihydroxyacetone-phosphate ; DHAPAT, dihydroxyacetone-phosphate acyltransferase ; GPAT, glycerol-3-phosphate acyltransferase ; LPAAT, lysophosphatidate acyltransferas ; PE, phosphatidylethanolamine ; PC, phosphatidylcholine ; PPH-1, phosphatidate phosphohydrolase ; PS, phosphatidylserine.

environ 50% des apports de NADPH pour la synthèse de palmitate dans le foie de rat [194] et l'isocitrate déshydrogénase extra-mitochondriale.

❖ **Origines de l'acétyl-CoA**

L'acétyl-CoA est formé à partir des sucres par oxydation du pyruvate au sein de la mitochondrie. Cependant, l'acétyl-CoA ne diffuse pas rapidement dans le cytosol, site principal de la synthèse des acides gras. Ainsi, la voie de biosynthèse implique la glycolyse, suivie par la décarboxylation oxydative du pyruvate en acétyl-CoA au sein de la mitochondrie, puis sa condensation avec l'oxaloacétate pour former le citrate. Ce dernier est transféré dans le cytosol via un transporteur tricarboxylique, ou en présence de CoA et d'ATP. Il subit alors un clivage en acétyl-CoA et oxaloacétate catalysé par l'ATP-citrate lyase. L'acétyl-CoA est alors disponible pour la formation du malonyl-CoA et la synthèse du palmitate. L'oxaloacétate résultant peut former du malate, via la malate déshydrogénase liée au NADH et peut être suivie par la génération de NADPH via l'enzyme malique. Alternativement, le malate peut être transporté dans la mitochondrie où il est capable de reformer l'oxaloacétate.

❖ **Elongation des chaînes d'acides gras**

Cette étape d'élongation se déroule dans le réticulum endoplasmique ; elle est également appelée « voie de biosynthèse microsomale ». Elle transforme les acyl-CoA gras en dérivés acyl-CoA possédant deux atomes de carbone supplémentaires. Elle utilise le malonyl-CoA comme donneur d'acétyl et le NADPH, comme équivalent réducteur. Cette réaction est catalysée par le système d'enzymes microsomal de l'élongase d'acides gras. Les groupements acyl jouant le rôle de molécules amorces sont des chaînes d'acides gras saturées comportant 10 atomes de carbone et plus, de même que des acides gras insaturés. Il semblerait exister également un système d'élongation mitochondrial, cependant ce dernier serait moins actif et mettrait en jeu d'autres enzymes. Sa fonction reste encore hypothétique.

❖ **Synthèse des triacylglycérols** (Schéma 17)

Les triacylglycérols sont synthétisés à partir d'acyl-CoA et de glycérol-3-phosphate ou de dihydroxyacétone phosphate. L'étape initiale est catalysée soit par la glycérol-3-phosphate acyltransférase dans les mitochondries ou dans le réticulum endoplasmique, soit par la dihydroxyacétone phosphate acyltransférase dans le réticulum endoplasmique ou les peroxysomes. Dans ce dernier cas, l'acyldihydroxyacétone formé est réduit en acide lysophosphatidique correspondant par une réductase à NADPH. L'acide lysophosphatidique est ensuite transformé en triacylglycérol grâce aux actions successives de la 1-acylglycérol-3-phosphate acyltransférase, de l'acide phosphatidique phosphatase, et de la diacylglycérol acyltransférase. Les acides phosphatidiques et diacylglycérols intermédiaires peuvent aussi être convertis en phospholipides. Les acyltransférases ne sont pas entièrement spécifiques pour des acyls-CoA particuliers, aussi bien pour ce qui est de la longueur de la chaîne que du degré d'insaturation.

### II.3.1.2.  Oxydation des acides gras

L'hypothèse de l'existence d'un phénomène de β-oxydation pour la dégradation des acides gras fut avancée très tôt, dès 1904 par F. Knoop, hypothèse qui fut confirmée dans les années 1950 avec la découverte et l'isolement des enzymes et du coenzyme A.

#### ❖ Activation des acides gras

Pour pouvoir être oxydés, les acides gras doivent être activés grâce à une réaction d'acylation ATP-dépendante qui forme un acyl-CoA. Ce processus d'activation est catalysé par une famille d'au moins trois acyl-CoA synthétases (appelées aussi thiokinases) différentes selon leur spécificité de longueur de chaîne. Ces enzymes sont associées soit au réticulum endoplasmique, soit à la membrane externe mitochondriale .

#### ❖ Transport à travers la membrane interne mitochondriale

Alors que l'activation des acides gras est localisée dans le cytosol, E. Kennedy et A. Lehninger ont montré en 1950 que leur oxydation se déroule dans la mitochondrie. Or, un acyl-CoA à longue chaîne ne peut traverser directement la membrane interne mitochondriale. Ainsi, le passage du compartiment cytosolique au compartiment mitochondrial nécessite la présence d'un système de transport.

Ce dernier fait intervenir une enzyme, la carnitine palmitoyltransférase I (CPT-1), enzyme présente dans la membrane externe de la mitochondrie qui transforme les acyls-CoA à longue chaîne en acylcarnitine. Celui-ci traverse la membrane externe mitochondriale pour rejoindre l'espace intermembranaire. Au niveau de la membrane interne est présente une deuxième enzyme, la carnitine-acylcarnitine translocase qui agit comme un transporteur de la membrane interne, échangeur de carnitine. L'acylcarnitine est importée, processus couplé à l'exportation d'une molécule de

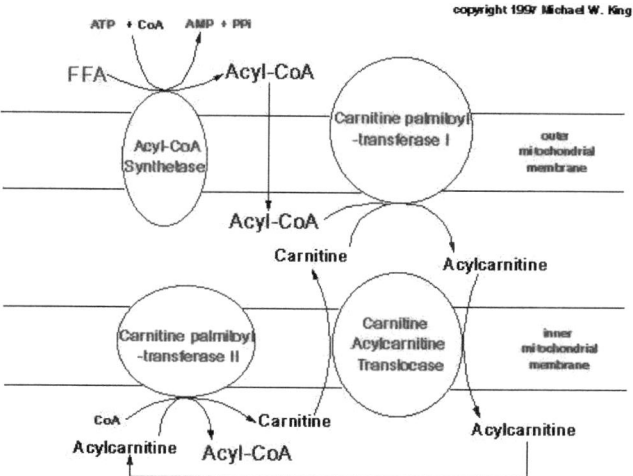

Schéma 18 : Transport des acides gras depuis le cytosol vers la matrice mitochondriale

carnitine, et réagit alors avec le CoA. Cette réaction est catalysée par la carnitine palmitoyltransférase II (CPT-2), localisée à l'intérieur de la membrane interne mitochondriale. Elle permet la reformation d'acyl-CoA dans la matrice mitochondriale (schéma 18).

Une autre enzyme, la carnitine acétyltransférase, présente à l'intérieur de la mitochondrie catalyse le transfert des groupes acyls à chaîne courte entre le CoA et la carnitine. Le rôle de cette enzyme n'est pas très bien défini, mais elle pourrait faciliter le transport des groupes acétyls à travers la membrane mitochondriale.

### ❖ La β-oxydation

Les acides gras sont dégradés par β-oxydation des acyls-CoA, un processus qui fait intervenir quatre réactions :

- Formation d'une double liaison trans entre les carbones $\alpha$ et $\beta$ grâce à une déshydrogénation assurée par une acyl-CoA déshydrogénase spécifique, une flavoprotéine à FAD (les mitochondries ont trois acylCoA déshydrogénases spécifiques des acyls-CoA à courte, moyenne et longues chaînes) ;

- Hydratation de la double liaison par l'enoyl-CoA hydratase qui donne un 3-L-hydroxyacyl-CoA ;

- Déshydrogénation $NAD^+$-dépendante de ce 3-L-hydroxyacyl-CoA par la 3-L-hydroxyacylCoA déshydrogénase pour former le β-cétoacyl-CoA correspondant ;

- Réaction de thiolyse qui provoque la rupture de la liaison $C\alpha - C\beta$, catalysée par la β-cétoacyl-CoA thiolase avec deux atomes de carbone de moins que celui de départ.

Le rôle de l'oxydation des acides gras est naturellement de fournir de l'énergie métabolique. Chaque tour de β-oxydation produit un NADH, un $FADH_2$ et un acétyl-CoA. L'oxydation de l'acétyl-CoA via le cycle de l'acide citrique forme d'autres $FADH_2$ et NADH qui sont oxydés par des oxydations phosphorylantes pour donner de l'ATP. L'oxydation d'un acide gras est donc un processus fortement exergonique qui assure la formation de nombreux ATP.

La plupart des acides gras ont un nombre pair d'atomes de carbone et sont par conséquent entièrement transformés en acétyl-CoA par la β-oxydation.

L'oxydation des acides gras à nombre impair de carbone conduit à la formation du propionyl-CoA au dernier tour de cycle de β-oxydation. Ce métabolite est aussi produit par l'oxydation des acides aminés tels que l'isoleucine, la valine et la méthionine. Il est transformé en succinyl-CoA via trois réactions successives catalysées respectivement par la propionyl-CoA carboxylase, la méthylmalonyl-CoA racémase et la méthylmalonyl-CoA mutase et peut ainsi rejoindre le cycle TCA.

Cependant, le cycle de l'acide citrique reforme tous ses intermédiaires en C4 de sorte que ces composés sont réellement des catalyseurs et non des substrats. Par conséquent, le succinyl-CoA ne peut être dégradé par les seules enzymes du cycle. De ce fait, pour qu'un métabolite soit oxydé par le cycle de l'acide citrique, il doit préalablement être transformé en pyruvate ou directement en acétyl-CoA. La dégradation nette du succinyl-CoA commence par sa transformation via le cycle de l'acide citrique, en malate. A fortes concentrations, le malate est transporté par l'intermédiaire d'une protéine transporteur spécifique, dans le cytosol où il peut subir une réaction de décarboxylation oxydative pour donner du pyruvate et du $CO_2$ par l'enzyme malique (malate déshydrogénase, décarboxylante). Le pyruvate entre dans la mitochondrie où il est entièrement oxydé par la pyruvate déshydrogénase et le cycle de l'acide citrique.

### II.3.1.3. La cétogenèse

L'acétyl-CoA produit par l'oxydation des acides gras dans les mitochondries du foie peut être oxydé par le cycle de l'acide citrique, cependant une fraction non négligeable entre dans la voie de la cétogenèse. Celle-ci se déroule principalement dans les mitochondries du foie. L'acétyl-CoA est transformé en acétoacétate ou en D-β-hydroxybutyrate. Ces composés avec l'acétone sont appelés communément corps cétoniques. Ils représentent des « carburants » métaboliques importants pour de nombreux tissus périphériques, en particulier le cœur et les muscles squelettiques. En cas de jeûne prolongé, ils peuvent être utilisés comme source énergétique par le cerveau.

### ❖ Formation des corps cétoniques

La formation d'acétoacétate est réalisée par trois réactions : Deux molécules d'acétyl-CoA se condensent pour former l'acétoacétyl-CoA grâce à la thiolase aussi appelée acétyl-CoA acyltransférase ; la condensation de l'acétoacétyl-CoA avec une troisième molécule d'acétyl-CoA par la HMG-CoA synthase donne le β-hydro-β-méthylglutaryl-CoA (HMG-CoA). Ce métabolite est dégradé en acétoacétate et en acétyl-CoA au cours d'une réaction de clivage d'ester de Claisen mixte catalysée par la HMG-CoA lyase.

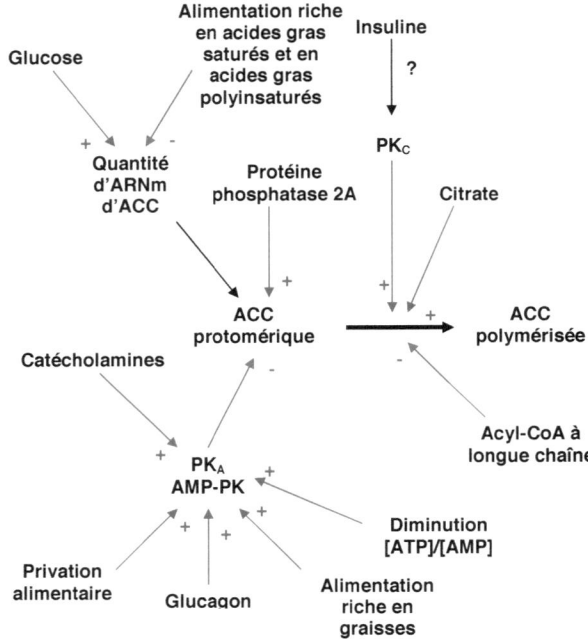

Schéma 19 : Régulation de l'acétyl-CoA carboxylase (ACC) à court et long terme

L'acétoacétate peut être réduit en D-β-hydroxybutyrate par la β-hydroxybutyrate déshydrogénase ou être décarboxylé de façon non enzymatique en acétone et $CO_2$.

Ces corps cétoniques sont ensuite transférés dans la circulation afin d'être utilisés comme carburants alternatifs par les tissus périphériques possédant la 3-cétoacyl-CoA transférase, enzyme nécessaire à leur utilisation. Son absence dans le foie fait de cet organe le fournisseur exclusif de corps cétoniques pour les cellules.

### II.3.2. Hétérogénéité du foie pour le métabolisme lipidique

Bien que présente, la zonation métabolique des acides gras semble être moins prononcée que celle décrite pour les glucides. Chez le rat, à l'état post-absorptif, la synthèse hépatique de VLDL apparaît intervenir préférentiellement dans la zone périveineuse alors que dans l'état post-absorptif, la β-oxydation et la cétogenèse semblent prendre place de façon prédominante dans la zone périportale.

### II.3.3. Régulation du métabolisme des lipides

Toutes les enzymes intervenant dans la lipogenèse sont régulées par le statut nutritionnel et hormonal. Nous ne développerons que certaines d'entre elles.

#### II.3.3.1. Au niveau de l'acétyl-CoA carboxylase (ACC)
(Schéma 19)

ACC joue un rôle clé dans le contrôle de la synthèse et l'oxydation des acides gras grâce à des interactions complexes de mécanismes à court et long terme. Deux formes d'ACC co-existent dans le foie, ACC-1 et -2. Elles se distinguent essentiellement par leur extrémité N-terminale, ACC-2 possédant 150 acides aminés supplémentaires. Leur rôle spécifique reste encore hypothétique ; ACC-1 interviendrait dans le contrôle de la synthèse des AG alors qu'ACC-2 serait impliquée préférentiellement dans celui de l'oxydation des acides gras. Cette isoforme (ACC-2) serait accrochée à la membrane mitochondriale, à proximité de la carnitine palmitoyltransférase-1 et l'inhiberait via la formation de malonyl-CoA, puissant inhibiteur de l'entrée des acides gras dans la mitochondrie. Les études récentes sont en accord avec cette hypothèse [195].

ACC est régulée à court terme via des mécanismes allostériques et covalents. L'ACC s'associerait en dimère ; cette forme est aussi appelée forme protomérique et est catalytiquement inactive. La polymérisation de l'enzyme conduit à son activation. Ainsi, les métabolites affectant cet état d'équilibre vont contrôler son activité.

Parmi les effecteurs allostériques, deux semblent avoir une importance physiologique. Le citrate joue un rôle d'activateur d'ACC ; il apparaît stabiliser la conformation carboxylée active de l'enzyme et entraîne sa polymérisation. Cependant, sa concentration ne semble pas être modifiée avec les modifications du statut nutritionnel, conduisant à une incertitude sur sa signification physiologique. Les acyl-CoA à longue chaîne sont des inhibiteurs potentiels d'ACC, notamment le palmityl-CoA mais là encore, la question de son rôle reste posée.

Les deux isoformes sont également des phosphoprotéines. L'analyse de la séquence d'acides aminés prédite de ACC-1 montre au moins huit sites de phosphorylation sur l'enzyme dont six dans la région N-terminale. La forme polymérisée est résistante à la phosphorylation. Plusieurs protéines kinases peuvent phosphoryler l'ACC *in vitro* mais seules la $PK_A$ et l'AMP-PK produisent des changements significatifs de l'activité de l'enzyme purifiée. Ces deux protéines kinases ont certaines préférences pour l'une ou l'autre de ces isoformes et agissent soit en augmentant la constante d'association (Ka) pour le citrate, soit en diminuant la vitesse maximale de réaction. Une diminution du rapport [ATP]/[AMP] entraîne une cascade de protéines kinases et, à terme, l'activation de l'AMP-PK et l'inactivation de l'enzyme [196]. Il existerait également un contrôle nutritionnel et hormonal de ces mécanismes, une privation alimentaire de longue durée, une alimentation riche en graisse ou encore le glucagon sont associés à une phosphorylation de ACC et à son inactivation dans le foie de rat, résultats aussi observés dans les hépatocytes isolés. De même, le jeûne se traduit au niveau de l'AMP-PK par une augmentation de son activité alors qu'une réalimentation produit un effet inverse. L'insuline entraînerait une inactivation de l'AMP-PK dans les cellules Fao et est associée à une augmentation de l'activité d'ACC et à sa polymérisation chez le rat. Cependant, le traitement d'hépatocytes isolés par cette hormone entraîne une augmentation du contenu en phosphate de l'ACC. Ainsi, une des hypothèses proposée est que l'insuline, via une protéine kinase C, phosphoryle ACC ; cette phosphorylation entraînerait la déphosphorylation de l'enzyme et sa polymérisation. La phosphorylation des sites a été proposée comme étant un mécanisme de contrôle pour l'association potentielle de ACC-2 sur la membrane mitochondriale. Leur phosphorylation et leur fonction nécessitent cependant d'être confirmées [196].

L'activation d'ACC est réalisée par déphosphorylation, catalysée par une protéine phosphatase 2A. De récentes études ont identifié une protéine phosphatase 2A activée par le glutamate et responsable de l'activation d'ACC dans les hépatocytes de rat [197].

Les mécanismes de régulation d'ACC *in vivo* sont encore mal connus du fait de l'existence d'études contradictoires. Le contrôle de son activité serait du dans un premier temps à des modifications de l'état de phosphorylation et de la conformation de l'enzyme puis à des mécanismes à plus long terme intervenant sur la quantité de protéines via des modifications du taux de transcription du gène codant pour ACC.

L'existence de deux promoteurs P1 et P2 sur le gène d'ACC ainsi que des mécanismes d'épissage alternatif sont à l'origine de plusieurs types d'ARNm dont l'expression est tissu-spécifique et dépendante du statut physiologique du tissu. Leur signification physiologique est encore inconnue mais pourrait constituer un *nouveau* mécanisme de régulation. De même, l'activité de P2 semble être tissu spécifique contrairement à P1 et inductible par une alimentation riche en glucides après trois jours de jeûne. Le glucose active également P2 via l'activation d'une protéine phosphatase 1 qui déphosphoryle un facteur de transcription sp1 ; Celui-ci peut alors se fixer sur son élément de réponse et augmente la transcription du gène codant pour ACC. D'autres facteurs nutritionnels interviennent dans cette régulation à plus long terme (pour revue [184,196,198]).

### II.3.3.2. Au niveau de la synthase des acides gras (FAS)

La régulation de FAS à court terme est essentiellement représentée par la disponibilité en substrat et en équivalents réducteurs apportés par la voie des pentoses phosphates et l'activité de l'enzyme malique. Cependant, il semble que cette enzyme soit régulée principalement au niveau de son gène par le statut nutritionnel et hormonal, en modifiant la quantité de protéine [199,200]. Jeûne, alimentation riche en graisses, stérols, acides gras polyinsaturés et glucagon ont été rapportés comme diminuant l'expression du gène codant pour FAS alors qu'une alimentation riche en carbohydrate, le glucose, l'insuline ou les hormones thyroïdiennes produisent un effet inverse. Ces variations interviennent au niveau transcriptionnel mais aussi via la modulation de la stabilité des ARNm. C'est le cas notamment des hormones thyroïdiennes, des glucocorticoïdes et du glucose. L'insuline, quant à elle, possède des effets complexes. Elle stimulerait la transcription du gène, potentialiserait les effets des hormones thyroïdiennes sur l'expression de FAS et augmenterait la traduction des ARNm. De plus, cette hormone a été rapportée comme restaurant l'expression des gènes codant pour les enzymes lipogéniques chez les rats diabétiques. Cependant, son rôle principal serait d'induire un facteur, probablement la glucokinase nécessaire à l'effet du glucose [201]. En effet, ce dernier est incapable de stimuler l'expression de FAS à lui seul et nécessite la présence d'insuline [202,203]. Pour cela, il doit être métabolisé et agir via un métabolite « signal ». Plusieurs candidats ont été proposés principalement le glucose-6-phosphate [200,204,205] et le xylulose-5-phosphate [156,206]. Son action passerait par un mécanisme de phosphorylation/déphosphorylation via l'AMP-PK [207].

La structure du promoteur de FAS ainsi que les mécanismes transcriptionnels et les facteurs de transcription proposés pour moduler l'action des nutriments et des hormones ont fait l'objet de nombreuses publications [92,107,184,208,209].

### 4. Métabolisme de la glutamine

La glutamine appartient à la famille des $\alpha$-aminoacides. Son squelette carboné est formé de cinq atomes de carbone et possède une fonction amide. Sa structure est la suivante :

$$NH_2 - \underset{\underset{O}{\|}}{C} - CH_2 - CH_2 - \underset{\underset{NH_3^+}{|}}{CH} - COO^-$$

Elle est classée dans le groupe des acides aminés non essentiels puisque sa synthèse est possible dans de nombreux tissus comme les muscles squelettiques, le foie et le tissu adipeux. Cependant, certains travaux tendent a montrer que la glutamine prend un caractère essentiel lorsque la demande métabolique surpasse le pool de glutamine libre et lorsque la synthèse *de novo* est insuffisante [210]. C'est le cas notamment au cours de l'exercice ou lors d'un stress métabolique sévère (jeûne, maladie, …) où la glutamine est rapidement mobilisée [211], cet acide aminé représentant la principale source d'énergie de nombreuses cellules du système immunitaire comme les lymphocytes et les macrophages [212]. La glutamine est également un composé obligatoire des milieux de culture afin d'assurer la survie et la prolifération cellulaire *in vitro* [213,214]. Mais cet acide aminé est surtout le transporteur d'azote quantitativement le plus important entre les tissus alors que le glutamate est présent en intracellulaire de façon prépondérante avec de faibles échanges entre les tissus.

### II.4.1. Description générale des voies métaboliques
#### II.4.1.1. Entrée de la glutamine

Le transport de la glutamine dans les hépatocytes est réalisé grâce à un système $Na^+$-dépendant appelé « système N » [215,216]. L'efflux de glutamine à partir des

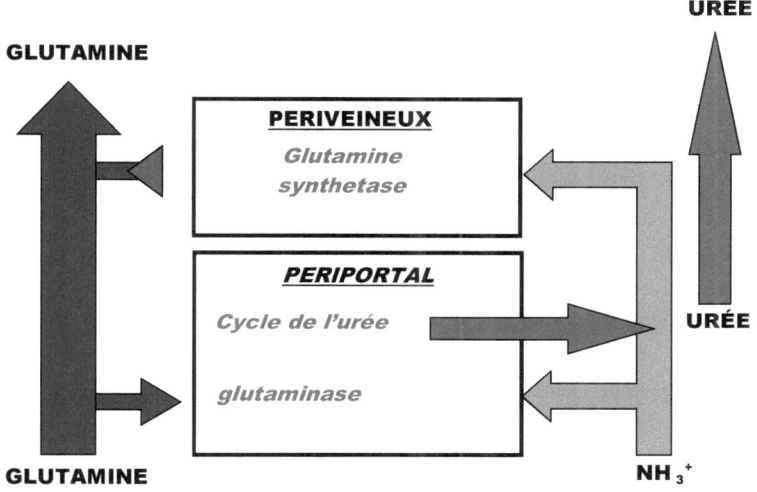

Schéma 20 : Cycle intercellulaire de la glutamine

hépatocytes péricentraux ferait intervenir quant à lui un mécanisme indépendant du sodium. Cependant, un second transporteur bidirectionnel indépendant du sodium appelé « système n » a été décrit dans certaines études [217,218] et serait probablement localisé dans les cellules périveineuses.

### II.4.1.2. Utilisation de la glutamine

La principale enzyme du catabolisme de la glutamine est la glutaminase [219]. Elle catalyse la dégradation de la glutamine en glutamate et en ions ammonium. Le foie possède une isoenzyme unique de la glutaminase décrite pour la première foie par Krebs [220]. Cette hydrolyse de la glutamine dans les hépatocytes permet l'apport de substrats nécessaires à la synthèse d'urée et de glucose. Meijer [221] a montré que les ions ammonium libérés par la glutaminase hépatique sont dirigés préférentiellement vers la première enzyme de la synthèse d'urée, la carbamoylphosphate synthétase I.

Le glutamate formé est métabolisé dans le foie via la glutamate déhydrogénase ou par transamination avec l'oxaloacétate pour donner de l'aspartate et de l'$\alpha$-cétoglutarate. Il est par conséquent dirigé vers la synthèse d'urée et de glucose [215,222].

### II.4.1.3. Synthèse de la glutamine

La synthèse de glutamine est réalisée à partir de glutamate, d'ions ammonium et d'ATP par la glutamine synthétase dont l'activité est retrouvée dans les cellules parenchymateuses périveineuses de foie adulte.

## II.4.2. Hétérogénéité hépatique du métabolisme de la glutamine

Le foie présente une grande hétérogénéité pour le métabolisme de la glutamine. En effet, comme nous l'avons déjà remarqué, la glutamine synthétase est présente dans les cellules périveineuses du foie alors que la glutaminase est située dans les cellules périportales. Un schéma a été développé à partir d'études utilisant principalement le foie perfusé de rat dans les directions ortho- et rétrograde (Schéma 20).

Les cellules périportales et périveineuses proximales convertissent le $NH_3$ libéré par l'utilisation des acides aminés en urée. Le $NH_3$ qui échappe à l'uréogenèse dans la zone périportale est éliminé dans les hépatocytes périveineux via la conversion en glutamine. Celle-ci est libérée dans la circulation et transportée dans les cellules périportales où le $NH_3$ provisoirement « neutralisé » est dirigé vers la voie de l'uréogenèse. La détoxification de $NH_3$ nécessite ainsi la synthèse de glutamine dans la zone en aval.

Gebhardt et Mecke [223] ont montré que la glutamine synthétase est localisée dans une petite couche de cellules (1-3 assises cellulaires) entourant la sortie veineuse. Haussinger a, quant à lui, établi une localisation fonctionnelle périportale de la glutaminase [216]. Les modèles d'hépatocytes isolés périveineux et périportaux [224,225] ont confirmés ces résultats.

### II.4.3. Régulation du métabolisme de la glutamine

Une stimulation à court terme de la glutaminase [226] est observée en réponse aux hormones comme le glucagon ou l'adrénaline, agissant via l'AMPc, et la vasopressine agissant via le calcium. Ces variations sont maintenues dans les mitochondries isolées à partir du foie après un traitement *in vivo* ou *in vitro* mais sont perdues lors de la destruction des mitochondries. De même, à partir des travaux réalisés sur des foies isolés et perfusés ou sur des hépatocytes, les agents comme l'ammoniac ou le bicarbonate, ainsi qu'une augmentation de pH stimulent la dégradation de la glutamine et la synthèse d'urée. L'activité de la glutaminase hépatique n'est pas affectée par de nombreux agents qui apparaissent la réguler dans les cellules intactes ou les mitochondries [227]. McGivan [228] a proposé que la forte association de l'enzyme avec la membrane interne de la mitochondrie serait responsable des nombreuses caractéristiques cinétiques *in vivo*.

Il y a également beaucoup d'incertitudes quant à l'existence d'une régulation aiguë de l'activité de la glutamine synthétase dans les cellules intactes ou les préparations tissulaires avec une augmentation du flux au cours de l'acidose et une diminution du flux à des niveaux de pH élevés [216,229]. Les mécanismes impliqués n'ont pas été définis et certains changements n'ont pas été démontrés *in vivo*.

La régulation à long terme de la glutaminase hépatique de rat est bien documentée [219]. Une augmentation de l'activité intervient dans le diabète, le jeûne et lors d'une alimentation riche en protéines alors qu'une diminution de l'activité est observée lors d'une alimentation pauvre en protéines. Pour l'instant, tous ces changements suggèrent une régulation transcriptionnelle du gène de la glutaminase comme point de contrôle majeur.

L'activité de la glutamine synthétase hépatique apparaît être insensible aux changements physiologiques et physiopathologiques *in vivo* (inchangée dans le diabète, l'acidose et après des modifications alimentaires liées à la prise protéique) bien qu'une légère augmentation ait été reportée lors du jeûne [230].

Le transport de la glutamine par le système N a été proposé comme étant le site principal de contrôle pour l'utilisation de la glutamine hépatique. Une sur-régulation du système N dans les conditions d'augmentation de la synthèse d'urée comme le diabète et des brûlures [215,231] est en accord avec cette hypothèse. Certains travaux montrent également que le système "n" indépendant du sodium serait sur-régulé chez les rats porteurs de tumeurs [217].

### II.4.4. Régulation du métabolisme par la glutamine

La glutamine peut jouer un rôle régulateur sur le métabolisme hépatique du glucose en agissant soit sur les activités enzymatiques, soit au niveau de l'expression des gènes.

### II.4.4.1. Action sur le métabolisme du glycogène

Les premiers travaux ont été initiés par Katz *et al.* [232]. Ils montrent que l'addition d'acides aminés (glutamine, alanine ou asparagine) stimule la formation de glycogène à partir des substrats néoglucogéniques (lactate, fructose, dihydroxyacétone phosphate) dans les hépatocytes de rats à jeun. De plus, Lavoinne *et al.* ont observé que cette stimulation de la synthèse était plus importante pour des concentrations de glucose inférieures à 10 mM [233].

Les études réalisées dans les hépatocytes de rats à jeun depuis 16 heures tendent à montrer que la glutamine ne serait pas une source de carbone pour la synthèse de glycogène [233]. Cependant, pour des durées de jeûne plus étendues (72 heures) où une synthèse de glycogène intervient [234,235], le taux d'incorporation des carbones de cet acide aminé est plus élevée que dans les hépatocytes de rats à jeun depuis 24 heures. Ce rôle est renforcé par l'observation selon laquelle le 3-mercaptopicolinate, un inhibiteur de PEPCK inhiberait totalement la synthèse de glycogène à partir de glutamine 10 mM.

Il semblerait que la glutamine agirait sur les enzymes intervenant dans sa synthèse [233,236-239].

Le flux de la glucose-6-phosphatase, de même que l'activité de la la glycogène synthase kinase (GSK-3) ne semblent pas être inhibés par la glutamine [233] dans les hépatocytes de rats à jeun pendant 16 heures. Ainsi, la stimulation de la synthèse de glycogène par cet acide aminé serait attribuée uniquement à l'activation de la glycogène synthase [233], et ce, quelle que soit la durée du jeûne [240]. En effet, en présence de glucose 20 mM, la glutamine 10mM est capable d'entraîner une grande activation de la glycogène synthase par rapport au glucose seul [233]. Des résultats identiques ont été obtenus avec d'autres concentrations de glucose. Cependant, l'activité totale de la synthase n'est pas augmentée par un traitement à la glutamine [233,240] contrairement à l'activité de la glycogène synthase phosphatase (PP-1G$_L$) [233].

Mouterde *et al.* [240] ont également rapporté que l'activation de la glycogène synthase est deux fois plus importante dans les hépatocytes à jeun depuis 72h par rapport à 24h avec des concentrations de glutamine de 5mM et 10mM. Au contraire, la glutamine 5mM active la phosphorylase dans les hépatocytes de rats à jeun depuis 24h mais pas à 72h. Une forte activation de la glycogène synthase associée à une faible activation de la glycogène phosphorylase contribueraient à un taux d'incorporation élevé de la glutamine dans le glycogène dans les hépatocytes de rats à jeun depuis 72h. A l'inverse, l'activation de la phosphorylase par la glutamine 5mM dans les hépatocytes de rat à jeun depuis 24h contribuerait au faible taux d'incorporation observé de la glutamine dans glycogène dans les hépatocytes à partir de rats à jeun depuis 24h.

### II.4.4.2. Action sur la voie des lipides et de la cétogenèse

Outre son rôle dans la stimulation de la synthèse de glycogène, la glutamine interviendrait dans la voie des lipides et de la cétogenèse. En effet, en absence de glucose, la cétogenèse est au moins trois fois supérieure en absence d'acides aminés. Elle est inhibée de façon la plus importante en présence d'alanine [241] et d'asparagine. Ces deux acides aminés sont suivis en terme d'efficacité par la proline et la glutamine [242]. Lavoinne *et al.* [233] ont montré également que la glutamine renforçait la diminution liée au glucose, de la production de corps cétoniques et que cet effet était maximum pour des concentrations faibles en glucose, comme pour la synthèse de glycogène. De même, contrairement à la proline, la glutamine diminue la synthèse de β-hydroxybutyrate dans les mêmes proportions que l'acétoacétate [242]. Cet effet pourrait refléter l'inhibition de l'oxydation des acides gras.

Contrairement à la cétogenèse, la glutamine stimule la lipogenèse [233] et entraîne une augmentation de la concentration de malonyl-CoA [242] suggérant une activation de l'acétyl-CoA carboxylase (ACC), enzyme clé de la lipogenèse. De même, le malonyl-CoA est un puissant inhibiteur de l'entrée carnitine-dépendante des acides gras à longue chaîne dans les mitochondries et de leur oxydation [243].

Enfin, Baquet *et al.* [242] ont montré que l'activation de l'ACC ne peut pas être liée à la concentration de citrate, stimulateur de l'ACC puisque sa concentration diminue en présence de glutamine.

### II.4.4.3. Mécanisme d'action de la glutamine

Baquet et Hue [244] ont cherché à comprendre le mécanisme d'action de la glutamine. Ils ont montré que l'incubation d'hépatocytes en présence de cet acide aminé induisait un gonflement cellulaire et qu'il existait une relation directe entre cet effet et la stimulation de la synthèse de glycogène. De même, l'incubation d'hépatocytes en absence d'acides aminés, dans un milieu hypo-osmotique conduit à l'activation de la glycogène synthase [244,245] et à l'inhibition de la dégradation du glycogène [246]. Enfin, un milieu hyper-osmotique entraîne une abolition partielle de ce gonflement cellulaire induit par la glutamine et un blocage total de la stimulation de la glycogène synthase. Ainsi, même si d'autres mécanismes existent, il semblerait que le gonflement cellulaire soit un élément de contrôle essentiel.

Bien que le métabolisme des acides aminés ne soit pas indispensable pour l'augmentation du volume cellulaire, l'accumulation des produits issus de leur catabolisme augmenterait l'osmolarité intracellulaire, ce qui accentuerait cet effet [245,247]. Cette hypothèse est confortée par deux observations ; d'une part, l'alanine et la glutamine sont plus efficaces que les analogues des acides aminés non métabolisables pour induire le gonflement cellulaire ; d'autre part, le 3-mercaptopicolinate connu pour augmenter la concentration intracellulaire d'aspartate et de glutamate accroît le gonflement cellulaire et la synthèse de glycogène [244].

Mouterde *et al.* [240] ont montré également que l'augmentation du volume cellulaire était plus important dans les hépatocytes de rats à jeun depuis 72 heures par rapport à 24 heures sans qu'il y ait pour autant un transport de la glutamine plus grand. Cette augmentation pourrait être liée à une plus grande accumulation de catabolites. En effet, en présence de glutamine 5mM, la concentration intracellulaire de glutamate est 1.5 fois supérieure dans les hépatocytes de rats à jeun depuis 72h vs 24h, de même que la production d'ammoniac et d'urée. L'amplitude de la stimulation de la synthèse de glycogène semble aussi être fonction de l'augmentation de l'importance du gonflement cellulaire qui est lui-même le résultat d'une augmentation du métabolisme intracellulaire. Ces observations pourraient expliquer pourquoi la glutamine est un bon substrat à 72h de jeûne sans changement dans la production de lactate ou de glucose.

L'augmentation du volume cellulaire est associée à un mécanisme régulateur correspondant essentiellement à un efflux de KCl. Or, les ions Cl⁻ inhibent l'activité de la synthase phosphatase et exercent un effet permissif de la phosphorylase (a) pour inhiber la glycogène synthase phosphatase. D'autre part le glutamate et l'aspartate qui s'accumulent dans les cellules, stimulent la glycogène synthase phosphatase. Ainsi, la chute de la concentration de Cl⁻ intracellulaire associée à une augmentation de glutamate et d'aspartate sont en faveur d'une activation de la glycogène synthase via la glycogène synthase phosphatase sans affecter la phosphorylase [248].

Le mécanisme proposé est le suivant : L'entrée de la glutamine via un co-transport Na⁺/acide aminé associée à une accumulation d'acides aminés chargés négativement (glutamate, aspartate) entraîne un gonflement cellulaire. Une réponse compensatrice est alors mise en jeu. Elle correspond à l'extrusion des ions Cl⁻ donc à une diminution de sa concentration intracellulaire et par conséquent à la levée de l'inhibition exercée sur la glycogène synthase phosphatase. De même, le glutamate stimule cette même enzyme. Cependant, la chute de Cl⁻ apparaît être l'étape régulatrice principale pour la stimulation de la synthèse de glycogène [248] puisque cet effet persiste même dans les conditions hypo-osmotiques, en absence d'acides aminés, où il n'y a pas d'accumulation de glutamate ou d'aspartate.

Le mécanisme ionique serait commun entre l'activation de ACC et de la glycogène synthase dans le foie [249].

Le gonflement cellulaire des hépatocytes active également la phosphatidylinositol-3-kinase et la P70S6 kinase. La phosphatidylinositol-3-kinase semble être un composant essentiel à la voie d'activation de ACC et la glycogène synthase [154].

Il existe cependant quelques différences du mécanisme d'action. En effet, lorsque les hépatocytes sont incubés dans un milieu hypo- osmotique, la stimulation de la synthèse de glycogène est aussi multipliée par 4 alors que la lipogenèse est moins affectée (2 fois). De même, l'utilisation d'AIB, un analogue des acides aminés non métabolisable connu pour augmenter le volume cellulaire et stimuler la synthèse de glycogène, ne stimule pas la lipogenèse et n'a pas d'effet sur la cétogenèse.

Ainsi, bien que l'augmentation du volume cellulaire offre une explication pour l'effet glycogénique de la glutamine, elle n'est pas suffisante pour expliquer l'effet lipogénique de cet acide aminé [250].

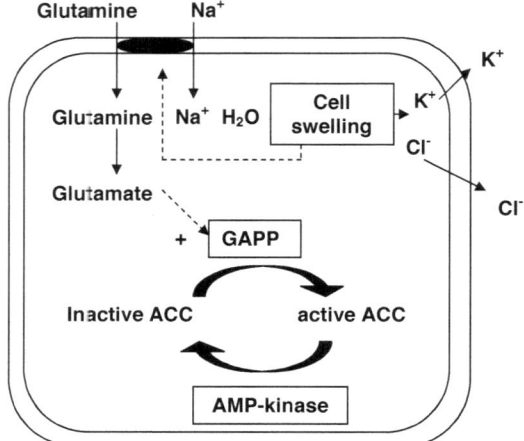

**Schéma 21 : Mécanisme d'action de la glutamine sur l'acétyl-CoA carboxylase**
La glutamine est transportée par un système de transport couplé au sodium et est convertie en glutamate. L'accumulation de glutamine et de glutamate entraîne un gonflement cellulaire qui favorise le transport de glutamine. Le glutamate entraîne la déphosphorylation de la Ser-79 par GAPP (Glutamate activated protein phosphatase) conduisant à l'activation de l'enzyme et à la stimultation de la lipogenèse. Il a été proposé que l'effet de GAPP est antagonisé par la protéine kinase AMPc-dépendante. (Schéma tiré de l article de Gaussin *et al.* (1996) [198])

Une hypothèse récente suggère que l'activation de ces deux enzymes, la glycogène synthase et ACC, pourrait être médiée par la stimulation de protéines phosphatases résultant du gonflement cellulaire. En effet, la microcystine, inhibiteur des phosphatases, diminue l'activation de ACC et la glycogène synthase.

Récemment, une protéine phosphatase-2A dépendante du glutamate a été purifiée dans le foie [197]. L'incubation d'hépatocytes dans un milieu en présence de glutamine et de wortmannin induit une inhibition de l'accumulation du glutamate et ACC est complètement bloquée contrairement à la glycogène synthase. Ainsi, cette phosphatase agirait principalement sur ACC (Schéma 21) plutôt que sur la glycogène synthase [154]. Le mécanisme pourrait être un régulateur commun des différentes phosphatases agissant respectivement sur ACC et sur la glycogène synthase [250].

### II.4.4.4.   Action sur l'expression des gènes impliqués dans le métabolisme du glucose

Le premier travail étudiant l'effet de la glutamine sur un gène spécifique apparaît seulement en 1991 [251]. Depuis, d'autres gènes ont été découverts comme étant régulés par la glutamine. Cet acide aminé diminuerait ou augmenterait les taux d'ARNm selon le gène et le modèle expérimental utilisé [252]. Ainsi, les effets régulateurs de la glutamine ne sont pas restreints à l'activité enzymatique mais sont également étendus à l'expression des gènes.

En 1992, Théodoropoulos et al. furent les premiers à rapporter que la glutamine stimule la polymérisation de l'actine avec une augmentation du taux d'ARNm de la β-actine [253]. En 1996, Husson et al. [254] ont montré que la glutamine augmente la transcription de ce gène dans le modèle d'hépatocytes isolés. Ainsi, l'action de la glutamine sur l'expression du gène de la β-actine se fait via un mécanisme transcriptionnel ; cependant, une augmentation de la stabilité des ARNm n'est pas à exclure.

Quillard et al. [255] ont montré que la glutamine, à des concentrations physiologiques, régule positivement l'expression du gène codant pour l'argininosuccinate synthétase. Ce changement dans les taux d'ARNm est associé à une augmentation de l'activité enzymatique. L'hypothèse d'une signification physiologique a été avancée. En effet, un rapport insuline/glucagon faible est le principal inducteur de ce gène. Or ce rapport diminue graduellement durant la phase post-absorptive. Ainsi, l'augmentation de la concentration de glutamine observée juste après un repas (de 0.6 à 1.11 mM dans la veine portale) pourrait préparer le foie aux conditions uréogéniques via un effet positif sur l'expression du gène codant pour l'argininosuccinate synthétase [255].

De même, Newsome *et al.* [256] ont observé que la glutamine à la concentration de 10mM augmente les taux d'ARNm codant pour la phosphoénolpyruvate carboxykinase dans le foie perfusé de rat. Cependant, ces mêmes auteurs ont montré une diminution le taux d'ARNm de la phosphoénolpyruvate carboxykinase dans les cellules d'hépatomes H4IIE. Des différences dans le métabolisme de la glutamine entre les deux modèles pourraient contribuer à cet effet opposé [256].

Dans les hépatocytes isolés de rats à jeun depuis 24 heures, la glutamine semble exercer un effet biphasique sur les ARNm de la phosphoénolpyruvate carboxykinase [257]. Pour des faibles concentrations de glutamine, on observe une diminution des ARNm de phosphoénolpyruvate carboxykinase. Au contraire, une augmentation du taux de ces ARNm est observée pour des concentrations élevées de glutamine. Son action passerait par la stabilisation des ARNm, aucun changement n'ayant été mis en évidence sur le taux de transcription et ce, quelle que soit la concentration de glutamine. Enfin, les premiers résultats montrent qu'une synthèse protéique est impliquée dans le mécanisme de régulation du taux d'ARNm de la phosphoénolpyruvate carboxykinase par le gonflement cellulaire [258].

La signification physiologique de cette régulation est plus difficile à comprendre. En effet, la concentration d'insuline qui est le principal régulateur négatif de l'expression du gène codant pour la phosphoénolpyruvate carboxykinase, augmente immédiatement après un repas. Ainsi, l'insuline en conjonction avec l'augmentation de la concentration circulante de glucose (un autre régulateur négatif du gène de la phosphoénolpyruvate carboxykinase) est suffisante pour expliquer la diminution de la phosphoénolpyruvate carboxykinase [259].

### II.4.4.5. Mécanisme d'action

Le gonflement cellulaire semble être le mécanisme principal par lequel la glutamine exerce son action cependant, ce mécanisme est encore peu connu. En effet, une hypo-osmolarité augmente le taux d'ARNm de l'argininosuccinate synthétase et diminue le taux d'ARNm codant pour la phosphoénolpyruvate carboxykinase [256]. Au contraire, l'hyperosmolarité provoque des changements opposés au niveau de ces ARNm. De même, le gonflement cellulaire a été montré comme augmentant la transcription du gène codant pour la β-actine [254] indiquant qu'il pourrait agir sur la transcription de différents gènes dans le foie [260].

Krause *et al.* [154] ont montré sur des hépatocytes isolés de rat que le gonflement cellulaire induit l'activation de la phosphatidylinositol-3-kinase et de la P70S6K. La phosphatidylinositol-3-kinase permettrait l'activation de la glycogène synthase et de l'ACC via le gonflement cellulaire mais serait également impliquée dans la modulation de l'expression de la phosphoénolpyruvate carboxykinase via le gonflement cellulaire, au moins dans ce modèle. Cependant, le groupe de Haüssinger n'a pas été capable de mettre en évidence de changements dans les effets de l'osmolarité sur l'ARNm de la phosphoénolpyruvate carboxykinase en présence de wortmannin (inhibiteur spécifique de la phosphatidylinositol-3-kinase) dans les cellules d'hépatomes H4IIE [261]. De même, ils ont identifié une voie de signalisation sensible à l'osmolarité impliquant l'activation des MAP kinases (mitogen-activated protein kinases) [262] dans ce même modèle ; une telle activation n'a pas été retrouvée dans le modèle d'hépatocytes isolés [154]. Il existerait ainsi des différences dans la voie de signalisation entre les cellules d'hépatome H4IIE et les hépatocytes isolés.

Enfin, l'étude sur le gène codant pour la phosphoénolpyruvate carboxykinase laisse supposer qu'il existerait un mécanisme supplémentaire de l'action de la glutamine sur le métabolisme hépatique. En effet, la glutamine bloque totalement l'effet inhibiteur du glucose sur l'expression du gène codant pour la phosphoénolpyruvate carboxykinase au niveau transcriptionnel, indiquant une interaction entre le glucose et la glutamine [114]. L'implication du groupe amide de la glutamine a été suggérée [257]. Pour exercer leur effet, le métabolisme du glucose et de la glutamine sont requis mais la voie métabolique impliquée n'a pas été encore identifiée. Il semblerait cependant que l'addition de glucosamine sans autre substrat mimerait les effets du glucose associé à la glutamine sur le taux d'ARNm codant pour la phosphoénolpyruvate carboxykinase dans les hépatocytes isolés. Ainsi, la production de glucosamine-6-phosphate serait impliquée dans la régulation de l'expression de la phosphoénolpyruvate carboxykinase [257].

| Modèles d'étude | Avantages | Inconvénients |
|---|---|---|
| **Cultures primaire d'hépatocytes** | • Bien établies et caractérisées et utilisation intense<br>• Longévité augmentée (24 à 48heures, plus longue en co-culture) ;<br>• Récupération possible après dommages lors de l'isolement ;<br>• Rétention de plusieurs fonctions différenciées du foie ;<br>• Utiles pour les études chroniques et aiguë *in vitro* et pour les études métaboliques<br>• Etudes sur les interactions des types cellulaires possibles<br>• Possibilité d'enrichissement par des cellules viables | • Perte significative des cytochromes p-450 durant les 24 premières heures ;<br>• Perte de plusieurs autres fonctions dans les sous-cultures (lignées cellulaires d'hépatocytes fonctionnels difficiles a obtenir)<br>• Seules les cellules pré-sélectionnées sont etudiées<br>• Dommages cellulaires lors de l'isolement<br>• Interactions cellulaires difficiles a etudier<br>• Etudes généralement sur support solide |
| **Hépatocytes fraîchement isolés** | • Facilité d'isolement ;<br>• capacité de métabolisation similaire à celle du foie intact ;<br>• capacité d'évaluer la toxicité et le métabolisme des xénobiotiques dans un même système | • Perte des contacts cellule-cellule ; viables pendant quelques heures ;<br>• dommages membranaires lors de la procédure d'isolement ;<br>• fuite des cofacteurs et des enzymes ;<br>• altération du métabolisme intermédiaire |
| **Lignées cellulaires de foie** | • Période de viabilité augmentée ;<br>• Maintient plus facile que les cultures primaires | • Perte des fonctions différenciées du foie ;<br>• Caractéristiques de cellules transformées |
| **Foie perfusé** | • Rétention de l'intégrité structurale ;<br>• Maintien des inter-relations cellules-cellules | • Viable seulement quelques heures ;<br>• Perfusion complexe ;<br>• Grande variabilité inter-laboratoire |
| **Tranches tissulaires coupées avec précision** | • Comparaison plus simple entre espèces et entre différents organes<br>• Facilité d'obtention et reproductibilité<br>• Conserve la complexité de l'organe intact<br>• Conservation d'une architecture tissulaire normale<br>• Maintien des interactions cellules-cellules<br>• Possibilité de réaliser des co-cultures à partir de différents organes<br>• Etudes histologiques possibles | • De nouvelles technologies restent à être développées, incluant l'optimisation des conditions d'expression phénotypique de chaque type cellulaire<br>• Enrichissement de cellules viables impossible<br>• Absence de marqueurs spécifiques pour mesurer la toxicité cellulaire ciblée |

<u>Tableau 4</u> : Les différents modèles expérimentaux pour l'étude du foie –

Avantages et inconvénients

# III. Les différents modèles d'étude

## 1. Introduction

Plusieurs modèles expérimentaux existent pour l'étude du métabolisme hépatique. Tous ont en commun de réaliser *in vitro*, au moins théoriquement, toutes les fonctions normalement exprimées *in vivo*.

Parmi eux, nous pouvons citer les cultures cellulaires – cultures primaires d'hépatocytes, lignées cellulaires – les cellules fraîchement isolées, le système de foie perfusé et les tranches de foie coupées avec précision. Chacun de ces systèmes d'étude comporte des avantages et des inconvénients présentés dans le tableau 4.

La principale limite liée aux cellules isolées est l'utilisation d'enzymes protéolytiques comme la collagénase et une agitation mécanique nécessaire à la dissociation des tissus qui provoquent des effets délétères sur le fonctionnement cellulaire via des altérations des récepteurs membranaires et sur l'intégrité cellulaire. De plus, certaines fonctions et régulations propres aux différents types cellulaires ne sont maintenues que pendant une période limitée voire absentes. C'est notamment le cas pour la glucose-6-phosphate déshydrogénase dont la régulation est perdue dans les lignées d'hépatomes H4IIE [186].

Un autre point important est l'architecture du tissu. Or, la dissociation cellulaire entraîne la perte de cette caractéristique.

Nous pouvons cependant mentionner l'existence d'une technique utilisant conjointement la digitonine et la collagénase qui permet d'isoler les hépatocytes périveineux des périportaux. Cependant, l'étude des deux populations conjointement dans un même système n'est pas possible et les interactions cellule-cellule sont perdues.

Seuls les modèles de tranches tissulaires et de foie perfusé, méthode complexe, maintiennent une structure cellulaire semblable à celle retrouvée *in vivo*.

## 2. Modèle de tranches tissulaires

L'utilisation de tranches tissulaires a été rapportée pour la première fois par Otto Warburg en 1923. Ces dernières étaient obtenues de façon manuelle ou à l'aide d'un microtome « Stadie-Riggs » [263], cependant nombreux étaient les inconvénients liés à ce modèle : manque de reproductibilité causée par une épaisseur de tranches inégale, libération d'enzymes protéolytiques par les cellules endommagées lors de la coupe, mauvaise diffusion de l'oxygène et des nutriments dans les cellules centrales

| Systèmes de coupe | Avantages | Inconvénients |
|---|---|---|
| **Free-hand slicers** | • Peu cher<br>• Accessible<br>• Nécessite une certaine expérience des expérimentateurs | • Peu reproductible<br>• Tranches épaisses |
| **Stadie-Riggs** | • Peu cher<br>• Accessible<br>• Nécessite une certaine expérience des expérimentateurs | • Peu reproductible<br>• Tissus compressés |
| **McIwain chopper** | • Relativement peu cher<br>• Rapide et reproductible<br>• Pour cerveau et poumons | • Tissus compressés<br>• Epaisseur des tranches<br>• Taille des tranches généralement non consistantes |
| **Precision-cut slicers** | • Epaisseur des tranches reproductible<br>• Coupe dans un tampon physiologique et oxygéné<br>• Compression tissulaire moins importante<br>• Paramètres de production des tranches facilement contrôlée<br>• Permet des cultures plus longues | • Plus coûteux<br>• Travail plus intensif |

<u>Tableau 5</u> : **Les différents systèmes de coupes pour l'obtention de tranches tissulaires**

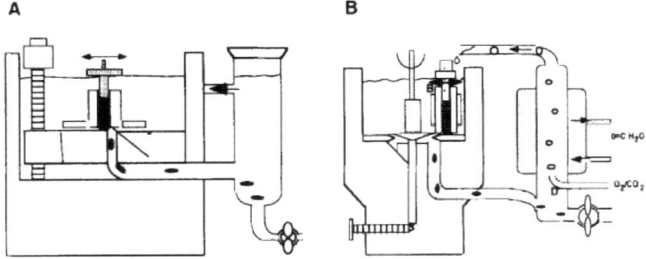

<u>Schéma 22</u> : Schéma du « Krumdieck slicer » (A) et le « Brendel-Vitron slicer » (B)

<u>Tableau 6</u> : Comparaison entre le « Krumdieck slicer » et le « Brendel-Vitron slicer »

|  | Krumdieck slicer | Brendel-Vitron slicer |
|---|---|---|
| **Coût** | > $10,000 | < $5,000 |
| **Lame** | Oscillation | Rotation |
| **Mécanique** | Complexe | Simple |
| **Maintenance** | Complexe | Simple |
| **Taux d'automatisation** | Complètement automatique | Semi-automatique |
| **Sterilisation** | Autoclave et à froid | A froid seulement |

provoquant la survenue de phénomènes de nécrose et des altérations morphologiques et fonctionnelles.

L'émergence de nouvelles techniques d'isolement et de mise en culture d'hépatocytes associées à ces multiples défauts ont conduit à l'abandon de ce modèle comme outil expérimental pendant plusieurs années au profit des cellules isolées [264].

### III.2.1. Aspects pratiques des tranches
#### III.2.1.1. Systèmes de coupes

Dans les années 1980, plusieurs améliorations techniques ont mené à un regain d'intérêt pour ce modèle, en particulier le développement de nouveaux systèmes de coupes. Ces derniers sont présentés dans le tableau 5, chacun possédant ses avantages et ses inconvénients.

Le concept de coupes de foie de précision est attribué à Krumdieck qui, en 1980, a décrit un microtome capable de réaliser des tranches suffisamment fines [265] pour permettre une diffusion adéquate des nutriments et des gaz au niveau des cellules centrales en limitant les effets traumatisants lors de la préparation des tranches. Un autre système de coupe a été mis au point dans la même période. Il s'agit du microtome « Brendel-Vitron » qui reprend le concept de son prédécesseur tout en ayant certaines caractéristiques propres (Schéma 22 et tableau 6). Des études ont comparé ces deux appareils [266]. Aucune différence n'a été montrée dans les taux de potassium, de gluthation total, de glutathion réduit (GSH), de CYP total et des activités de la 7-éthoxyrésorufin O-dééthylase (EROD) et de la 7-benzoxyresurufin O-debenzylase (BROD). Cependant, les taux de glutathion oxydé (GSSG) sont significativement plus élevés dans les tranches de foie fraîches produites par le « Brendel-Vitron tissue slicer » par rapport au « Krumdieck tissue slicer ».

#### III.2.1.2. Systèmes d'incubation

Le succès d'une étude à partir des tranches de foie requiert la sélection d'un système d'incubation approprié, de la composition en gaz et du milieu de culture (Figure 4).

Pour les études à court terme (< 3 heures), les tranches de foie sont maintenues dans un système d'incubation élémentaire comme des Erlenmeyer ou des boites de culture, dans une solution saline ou un milieu de culture (comme le milieu Leibovitz) supplémentés avec une source d'énergie et sans conditions de gaz particulières

Figure 4 : Les différents systèmes d'incubation [271]

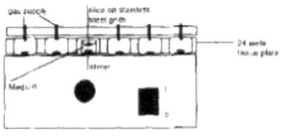

**Stirred Well :**

Gaz : 95% $O_2$ – 5% $CO_2$
Température : 37℃
Volume de milieu : 1,4 ml

**Shaken flask**

Gaz : 95% $O_2$ – 5% $CO_2$
Température : 37℃
Volume de milieu : 5 ml

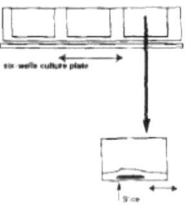

**6 wells shaker**

Gaz : 95% $O_2$ – 5% $CO_2$
Température : 37℃
Volume de milieu : 3,2 ml

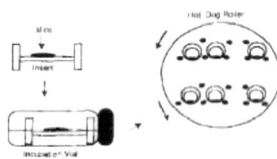

**Roller system**

Gaz : 40% $O_2$ – 5% $CO_2$
Température : 37℃
Volume de milieu : 2 ml

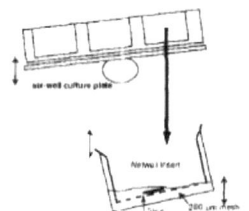

**Rocker platform**

Gaz : 40% $O_2$ – 5% $CO_2$
Température : 37℃
Volume de milieu : 3,25 ml

(généralement 95% air – 5% $CO_2$). Ces conditions sont souvent utilisées pour des études métaboliques.

Les études à plus long terme requièrent des systèmes plus sophistiqués comme un système dynamique de culture d'organe, un milieu de culture riche en nutriments et aussi une plus haute tension en oxygène pour prévenir l'hypoxie. Parmi les systèmes dynamiques, il existe le système Roller qui permet aux tranches de foie d'être successivement dans la phase gazeuse et dans le milieu de culture. Enfin, tous ces systèmes, quels qu'ils soient, sont placés à 37°C soit dans un incubateur, soit dans un bain-marie avec une tension en oxygène appropriée.

Le développement de milieux de culture appropriés et de systèmes d'incubation dynamiques, l'amélioration des apports d'oxygène aux tranches [267,268] font des tranches coupées avec précision un modèle de choix pour de nombreuses études pharmacologiques, toxicologiques et méthodologiques [269].

# Chapitre II

# Matériels et Méthodes

| | RAT 1 Wistar | RAT 2 Wistar | RAT 3 Wistar | RAT 4 Wistar | RAT 5 Wistar | Moyenne | SEM |
|---|---|---|---|---|---|---|---|
| Poids (g) | 393 | 413 | 420 | 425 | 430 | **416** | **6** |
| Glycémie (mM) | | 8,9 | 6,8 | 8,4 | 7,4 | **7,88** | **0,47** |

<u>Tableau 7</u> : Caractéristiques des animaux utilisés pour l'étude de caractérisation du modèle de tranches de foie sur 24 heures

| | RAT 1 Wistar | RAT 2 Wistar | RAT 3 Wistar | RAT 4 Wistar | RAT 5 Wistar | Moyenne | SEM |
|---|---|---|---|---|---|---|---|
| Poids (g) | 480 | 425 | 505 | 445 | 460 | **463** | **14** |
| Glycémie (mM) | 11,9 | 7,2 | 7,3 | 8,7 | 8,1 | **8,64** | **0,86** |

<u>Tableau 8</u> : Caractéristiques des animaux utilisés pour l'étude de caractérisation du modèle de tranches de foie sur 48 heures

| | RAT 1 Wistar | RAT 2 Wistar | RAT 3 Wistar | RAT 4 Wistar | RAT 5 Wistar | RAT 6 Wistar | Moyenne | SEM |
|---|---|---|---|---|---|---|---|---|
| Poids (g) | 450 | 420 | 415 | 420 | 435 | 433 | **429** | **5** |
| Glycémie (mM) | 7,1 | 7,6 | 8,5 | 6,9 | 6,9 | 7,1 | **7,40** | **0,30** |

<u>Tableau 9</u> : Caractéristiques des animaux utilisés pour l'étude de l'action de la glutamine sur le métabolisme du glucose

106

# I. Matériel biologique

## 1. Les animaux

### I.1.1. Caractérisation du modèle : Métabolisme hépatique du glucose

Les expériences de caractérisation du modèle de tranches ont été réalisées sur des rats Wistar mâles (Iffa Credo, L'Arbresle, France) nourris *ad libitum* avec une alimentation standard jusqu'au sacrifice. Leur poids est de 416 ± 16 g pour l'étude de menée sur 24 heures (Tableau 7) et de 463 ± 14 g pour l'étude sur 48 heures (Tableau 8). La glycémie mesurée avant le sacrifice n'est pas significativement différente entre les deux études. Elle est de 8,3 ± 0.5 mM.

### I.1.2. Etude de l'action de la glutamine sur le métabolisme hépatique du glucose

Cette étude a été menée sur des rats Wistar mâles (Iffa Credo, L'Arbresle, France) nourris ad libitum avec une alimentation standard jusqu'au sacrifice. Leur poids est alors de 428 ± 6 g et leur glycémie de 7,4 ± 0,3 mM (Tableau 9).

## 2. Préparation du matériel biologique

L'animal est anesthésié par l'injection intrapéritonéale de pentobarbital sodique (60 mg/ml, SANOFI) à raison de 1,5 ml/kg. Une large laparotomie est pratiquée. La peau et les muscles sont dégagés jusqu'aux côtes et les intestins réclinés sur la gauche de façon à découvrir la veine porte. Celle-ci est cathétérisée à l'aide d'un cathéter (Introcan®- W Certo, B.Braun, Melsungen) préalablement hépariné. Le foie est alors perfusé à l'aide d'un système de pompe péristaltique assurant un débit de 32 ml/min avec un tampon Krebs-Henseleit froid (NaCl 9 $^o/_{oo}$, KCl 11,5 $^o/_{oo}$, MgSO$_4$, 7 H$_2$O 38 $^o/_{oo}$, KH$_2$PO$_4$ 21,1 $^o/_{oo}$, NaHCO$_3$ 13 $^o/_{oo}$ gazé pendant 20 minutes avec du dioxyde de carbone pur, CaCl$_2$, 2 H$_2$O 16,2 $^o/_{oo}$) oxygéné avec un mélange 95% O$_2$ - 5% CO$_2$. Ce tampon a été préalablement filtré sous une hotte à flux laminaire au moyen d'une pompe péristaltique et d'un système de filtration "Sartolab P20" (Sartorius AG, Göttingen, Allemagne). La perfusion est réalisée dans le sens rétrograde par rapport à la circulation afin d'éliminer toutes traces de sang et autres métabolites. Afin d'éviter tout phénomène de recirculation et de surpression, la veine cave inférieure est sectionnée immédiatement après le début de la perfusion (Figure 5). Une fois bien décoloré, le foie est dégagé rapidement de la cavité abdominale et récupéré délicatement pour être placé dans une solution Krebs-Henseleit, pH 7,4 à

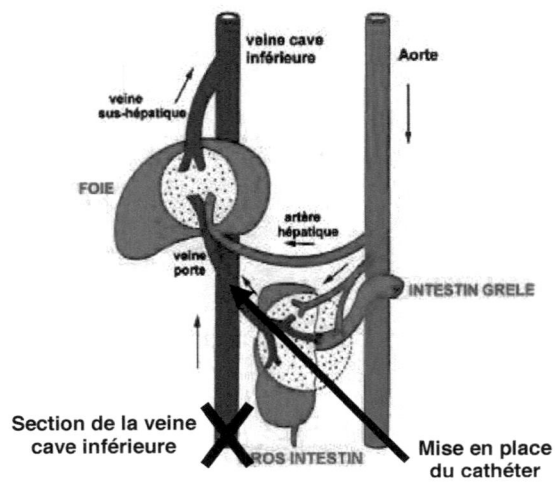

**Figure 5** : Schéma de vascularisation du foie.

Avant le prélèvement du foie, celui-ci est perfusé avec un tampon Krebs-Henseleit froid via la cathétérisation de la veine cave inférieure. La veine porte est alors sectionnée afin d'éviter toute surpression délétère pour les cellules hépatiques

**Figure 6** : « Tissue coring tool » – Emporte pièce

Ces emporte-pièces sont fixés sur une presse afin de permettre la réalisation de petits cylindres de tissu. Le diamètre est fonction du tissu. Pour le foie, il est de 8 mm

4°C oxygénée avec 95% $O_2$, 5% $CO_2$. Les lobes hépatiques sont alors séparés et oxygénés. Le tissu frais est utilisé immédiatement.

### I.2.1. Préparation des tranches, mise en roller et incubation

Des petits cylindres de tissu sont réalisés à l'aide d'un emporte-pièce (tissue coring tool) adapté à une presse (Figure 6) et placés dans un récipient stérile contenant une solution de Krebs-Henseleit, pH 7,4 froid où ils sont oxygénés. Les tranches de foie sont réalisées à l'aide d'un « Krumdieck tissue slicer » (Figure 7, Schéma 23) (ALABAMA RESEARCH & DEVELOPMENT, Munford, Alabama). L'appareil est rempli avec 400 ml de tampon Krebs-Henseleit froid préalablement oxygéné avec 95% $O_2$, 5% $CO_2$, régulièrement changé afin de conserver une température de +4°C, réduisant ainsi le métabolisme cellulaire et la production d'espèces d'oxygène potentiellement toxiques.

Une fois les tranches obtenues, elles sont incubées à température ambiante dans du milieu William's E oxygéné avec 95% $O_2$, 5% $CO_2$ pendant une période de 20 à 30 minutes. La composition de ce milieu est détaillée dans le Tableau 10. Elles sont ensuite disposées sur la grille de rollers (Figure 8), deux par deux puis placées dans des fioles à scintillation en verre contenant 2 ml de milieu. Ces fioles sont fermées par un bouchon percé en son centre, ce qui permet aux gaz de pénétrer dans le flacon.

Certaines fioles ne contiennent pas de tranches : elles constitueront les "témoins" pris comme référence pour les différents calculs.

Les fioles sont placées sur un agitateur à rouleaux "Stovall Low Profile Roller" (STOVALL, Grensboro, USA) (Figure 9) permettant la rotation des rollers à la vitesse de 5 tours par minute. Ce système permet ainsi le passage successif des tranches dans l'air et dans le milieu de culture. L'ensemble est placé dans un incubateur multigaz à 37°C sous une atmosphère 5% $CO_2$, 40% $O_2$, la teneur en humidité étant de 100 %.

Selon les études, la durée d'incubation et la composition du milieu sont variables, entre 24 et 48 heures.

**Figure 7** : **Krumdieck tissue slicer**®
Le Krumdieck tissue slicer® (Alabama Research and Development Corp., Munford, AL) est composé
de trois parties principales : Le microtome, le réservoir et la partie électrique.

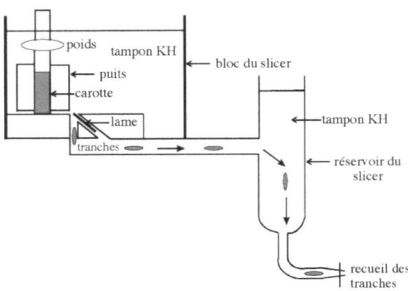

**Schéma 23** : **Schématisation du fonctionnement du Krumdieck tissue slicer**®

**Figure 8** : **Photographie d'un roller**
Un roller est un petit élément cylindrique en téflon composé d'une grille en acier inoxydable sur
laquelle sont disposées les tranches (2 tranches/roller)

**Figure 9** : **Photographie d'un agitateur à rouleaux "Stovall Low Profile Roller"**
Les fioles sont placées sur un agitateur à rouleaux (STOVALL, Grensboro, USA) permettant la
rotation des rollers à la vitesse de 5 tours par minu

### I.2.2. Conditions d'incubation

#### I.2.2.1. Incubation pour la caractérisation des tranches sur 24 heures

Pour cette étude, les tranches sont incubées dans un milieu William's E modifié (Invitrogen, Cergy Pontoise, France) dépourvu de glucose et de glutamine. Ce dernier est supplémenté en [2-$^{13}$C]glucose à différentes concentrations : 5,5 mM, 11 mM et 27,5 mM en absence ou en présence d'insuline 0,1$\mu$M (Sigma, l'Isle d'Abeau Chesnes, France).

#### I.2.2.2. Incubation pour la caractérisation des tranches sur 48 heures

Pendant les 24 premières heures, les tranches de foie sont incubées dans un milieu William's E modifié (dépourvu de glucose et de glutamine) supplémenté avec 27,5 mM de glucose froid et 1$\mu$M d'insuline. Au bout de 24 heures, le milieu est remplacé par un milieu William's E modifié supplémenté en [2-$^{13}$C] glucose à différentes concentrations : 5,5 mM, 11 mM et 27,5 mM en absence ou en présence d'insuline 0,1$\mu$M.

#### I.2.2.3. Régulation du métabolisme du glucose par la glutamine

Pour cette étude, les tranches sont incubées 24 heures dans un milieu William's E modifié (absence de glucose et de glutamine) supplémenté en [2-$^{13}$C] glucose 27,5 mM, en absence ou en présence de glutamine 2 mM ou 10 mM et en absence ou en présence d'insuline 1$\mu$M.

A la fin de l'incubation, les tranches sont rapidement rincées dans un tampon Krebs-Henseleit froid puis congelées dans l'azote liquide ; les milieux sont récupérés à raison de 1,5ml par fiole. Les protéines sont précipitées par l'ajout de 75 $\mu$l d'acide perchlorique 40%. Le culot est éliminé après une centrifugation à 3000 rpm pendant 5 minutes et le surnageant est neutralisé avec une solution de KOH 20% (p/v) additionnée de $H_3PO_4$ 1% (p/v) qui joue le rôle de tampon.

## II. Dosages enzymatiques

Les dosages sont réalisés dans des microplaques de 96 puits à fond plat (GREINER). Les mesures sont effectuées grâce à un lecteur de plaques SPECTAMAX 340 PC (MOLECULAR DEVICES, St Grégoire, France). Les dosages sont réalisés en point final. Les substrats et métabolites sont dosés par des

| Composants | Quantité en mg/l | Composants | Concentration en mmoles/l |
|---|---|---|---|
| **Sels inorganiques :** | | **Acides aminés :** | |
| $CaCl_2$, 2 $H_2O$ | 264,00 | L-Alanine | 1 |
| $CuSO_4$, 5 $H_2O$ | 0,0001 | L-Arginine | 0,287 |
| $Fe(NO_3)_3$, 9 $H_2O$ | 0,0001 | L-Asparagine, $H_2O$ | 0,133 |
| KCl | 400,00 | L-Acide aspartique | 0,226 |
| $MgSO_4$, 7 $H_2O$ | 200,00 | L-Cystéine | 0,331 |
| $MnCl_2$, 4 $H_2O$ | 0,0001 | L-Cystine | 0,083 |
| NaCl | 6800,0 | L-Acide glutamique | 0,34 |
| $NaHCO_3$ | 2200,0 | Glycine | 0,667 |
| $NaH_2PO_4$, 2 $H_2O$ | 158,00 | L-Histidine | 0,097 |
| $ZnSO_4$, 7 $H_2O$ | 0,0002 | L-Isoleucine | 0,382 |
| **Vitamines :** | | L-Leucine | 0,572 |
| Acide ascorbique | 2,00 | L-Lysine HCl | 0,596 |
| Biotine | 0,50 | L-Méthionine | 0,101 |
| D-Pantothénate de calcium | 1,00 | L-Phénylalanine | 0,152 |
| Chlorure de choline | 15,0 | L-Proline | 0,261 |
| Ergocalciférol | 0,10 | L-Sérine | 0,095 |
| Acide folique | 1,00 | L-Thréonine | 0,336 |
| Inositol | 2,00 | L-Tryptophane | 0,049 |
| Bisulphate ménadione de sodium | 0,01 | L-Tyrosine | 0,193 |
| Nicotinamide | 1,00 | L-valine | 0,427 |
| Pyridoxal HCl | 1,00 | **Autres composés :** | **Quantité en mg/l** |
| Riboflavine | 0,10 | | |
| $\alpha$-Tocophérol phosphate isodique | 0,01 | Glutathion | 0,05 |
| Thiamine HCl | 1,00 | Méthyl linoléate | 0,03 |
| Vitamine A (acétate) | 0,10 | Rouge phénol | 10,0 |
| Vitamine $B_{12}$ | 0,20 | Pyruvate de sodium | 25,0 |

Tableau 10: Composition du milieu de culture William's medium E

méthodes enzymatiques. Leur concentration est déterminée à partir de la loi de Beer-Lambert.

Deux lectures de la densité optique (DO) sont réalisées, avant et après ajout de l'enzyme. On détermine ainsi une différence de DO ($\Delta$DO) pour chaque échantillon, corrigée par la $\Delta$DO d'un "blanc" réalisé à partir d'eau ultra-pure, et traité dans les mêmes conditions. La concentration des différents métabolites est déterminée indirectement : on quantifie en fait la concentration en coenzyme (NADH ou NADPH)

## 1. Dosage des protéines

Une tranche de 200 $\mu$m d'épaisseur (ou environ 2 mg de protéines) est dissoute dans 4 ml de NaOH 0,1 N pendant 1 heure à 53°C ou une nuit à 37°C afin de solubiliser les protéines. Le dosage est réalisé par la méthode colorimétrique de Lowry [270], à la longueur d'onde de 590 nm. Le tampon est composé de carbonate disodique dissous dans de la soude 0,1 N, de tartrate de sodium et de potassium et de sulfate de cuivre. La lecture des échantillons se fait par comparaison à une gamme étalon de sérum albumine bovine.

## 2. Dosage du glucose

Ce dosage est effectué selon la méthode de Kunst, Draeger et Ziegenhorn [271].

$$\text{D-glucose + ATP} \xrightarrow{HK} \text{Glucose-6-phosphate + ADP}$$

$$\text{Glucose-6-phosphate + NADP}^+ \xrightarrow{G6PDH} \text{D-glucono-}\delta\text{-lactone 6-phosphate + NADPH + H}^+$$

En pratique, il est effectué dans un volume final de 300 $\mu$l, dans un tampon (Tris-HCl 50 mM, pH 8,1, MgCl$_2$ 2 mM, ATP 1 mM, NADP 1 mM, glucose-6-phosphate déshydrogénase 0,35U/ml) en présence de 3,75 U/ml d'hexokinase. La lecture est réalisée après une incubation de 20 minutes à température ambiante.

## 3. Dosage du lactate

Le lactate est dosé selon la méthode de Gutmann et Wahlefeld [272].

$$\text{L-(+)-Lactate + NAD}^+ \text{ + Hydrazine} \xrightarrow[\text{pH 9.0}]{LDH} \text{Pyruvate Hydrazone + NADH + H}_3\text{O}^+$$

En pratique, le dosage est réalisé dans un volume final de 300 $\mu$l, dans un tampon (Glycine 250mM-Hydrazine 500mM, pH 9,5, NAD 2mM, tween 0,1 %). L'hydrazine permet de déplacer la réaction vers la droite en piégeant le pyruvate sous forme de pyruvate hydrazone et les protons sont neutralisés par un milieu alcalin. La LDH est ajoutée à raison de 13,75 U/ml et la lecture est effectuée à la longueur d'onde de 340 nm au bout de 20 minutes d'incubation à température ambiante. On mesure ainsi la formation de NADH.

### 4. Dosage du glutamate

Le dosage du glutamate est réalisé selon la méthode de E. Bernt et H.U.Bergmeyer [273].

$$\text{L-glutamate} + \text{NAD}^+ + \text{H}_2\text{O} \underset{}{\overset{GLDH}{\rightleftharpoons}} \text{2-oxoglutarate} + \text{NADH} + \text{H}^+ + \text{NH}_4^+$$

En pratique, le dosage est effectué dans un volume final de 300 $\mu$l, dans un tampon [Tris (65 mM)-hydrazine(650mM)], pH 9,5 ADP 1 mM, NAD 3 mM, tween 0,1 %. La réaction est dirigée préférentiellement vers la production de L-glutamate, cependant, en capturant le cétoacide avec de l'hydrazine et en utilisant un large excès de NAD et un milieu alcalin (pH 9), le L-glutamate peut être quantitativement oxydé en 2-oxoglutarate. L'ADP est également ajouté afin d'activer et de stabiliser l'enzyme. La glutamate déshydrogénase (GLDH) est utilisée à 15 U/ml et la lecture de la densité optique est réalisée à la longueur d'onde de 340 nm après 45 minutes d'incubation à température ambiante. Nous mesurons l'augmentation de la concentration de NADH, proportionnelle à la quantité de glutamate présent dans le milieu.

### 5. Dosage de la glutamine

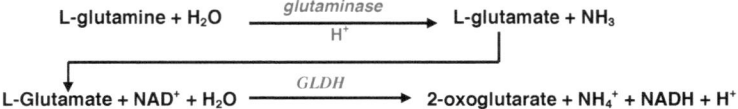

Le dosage de la glutamine repose sur la méthode de P. Lund [274]. La glutamine est hydrolysée à 37°C pendant 1heure30 par la gluta minase 0,16 U/ml dans un tampon acétate pH 5 (pH optimum). Le dosage du glutamate est ensuite réalisé tel qu'il a été décrit précédemment. La quantité de glutamine est ainsi déterminée par différence entre la quantité de glutamate dans les échantillons ayant subi l'hydrolyse et les échantillons non hydrolysés.

### 6. Dosage de l'alanine

Le dosage repose sur la méthode de Williamson [275].

$$\text{L-Alanine} + \text{NAD}^+ + \text{H}_2\text{O} \xrightarrow{\textit{L-alanine DH}} \text{Pyruvate} + \text{NH}_4^+ + \text{NADH}$$

Le dosage est effectué dans un volume final de 300 $\mu$l, dans un tampon [Tris (50 mM)-hydrazine (500mM)], pH 9, NAD 3 mM, tween 0,1 %. L'hydrazine est ajoutée afin de piéger le pyruvate formé dans la réaction sous la forme d'hydrazone. L'alanine déhydrogénase est utilisée à 1,4 U/ml. La lecture de la densité optique est réalisée à la longueur d'onde de 340 nm après une incubation de 60 minutes à température ambiante. La quantité d'alanine présente est proportionnelle à la quantité de NADH formé.

## 7. Dosage du glycogène

Le dosage de glycogène est précédé par son extraction. Cette dernière s'effectue selon la méthode de Davidson and Aoki [276]. Pour cela, plusieurs tranches (2-3 tranches pour les tranches non incubées et 6-8 tranches pour les tranches incubées) sont dissoutes dans un volume de 2ml de KOH 30% (saturé en $\text{Na}_2\text{SO}_4$) pendant une heure à 100°C. Le glycogène est alors précipité à froid en présence de 2 volumes d'éthanol absolu glacé [277]. Au bout de 3 heures d'incubation à + 4°C, les tubes sont centrifugés et le culot de glycogène est rincé avec 1ml d'éthanol absolu afin d'éliminer le KOH restant. Le glycogène est alors hydrolysé en unités glycosyls. L'enzyme catalysant cette réaction, l'amyloglucosidase (EC 3-2-1-3) issue d'*Aspergillus Niger*, est une glycoprotéine agissant comme une exoglucosidase. Pour obtenir une hydrolyse quantitative du glycogène avec cette enzyme, le pH doit être maintenu entre 4 et 5 le pH optimum étant à 4,5 (Sigma-Aldrich, L'Isle d'Abeau Chesnes, France). Le culot est donc repris dans 2 ml de solution acétate 200 mM pH 4,8 et l'enzyme est ajoutée à raison de 42 U. Après une incubation de 2 heures à 40°C, la réaction est stoppée par l'ajout de 50$\mu$l d'acide perchlorique 40% qui précipite les protéines et la solution est neutralisée avec une solution de KOH 20%, $\text{H}_3\text{PO}_4$ 1%. Cette dernière étape est importante car la mesure du glucose nécessite un pH neutre ou légèrement alcalin, le produit final mesuré, le NADPH n'étant pas stable à pH acide [278]. L'étape de dosage est alors réalisée. Elle correspond au dosage de glucose tel qu'il a été décrit précédemment. La quantité de glycogène est déterminée à partir d'une courbe standard linéaire construite à partir d'une solution pure de glycogène de concentration comprise entre 0,1 et 1,0 mg/ml préparée dans les mêmes conditions que les échantillons. De même, nous avons vérifié l'absence

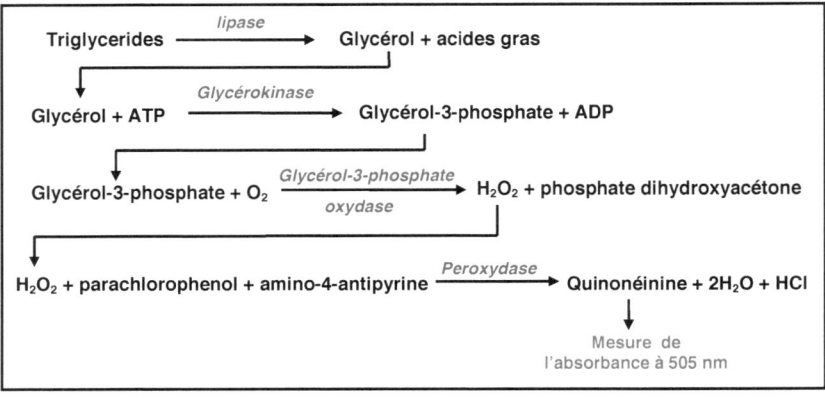

**Dosage des triglycérides**

de contamination par du glucose en effectuant ce dosage sur les échantillons n'ayant pas subi l'hydrolyse.

## 8. Dosage des triglycérides

### II.8.1. Extraction des lipides cellulaires

L'extraction des lipides est réalisée selon la technique de Folch [279]. Toutes les étapes sont réalisées à froid (+4°C), à l'abri de la lumière afin de limiter les phénomènes d'oxydation. Huit à dix tranches de foie sont broyées doucement à l'ultra-turrax dans 3 ml d'un mélange chloroforme : méthanol (C/M) 2:1 (v/v). La sonde est ensuite rincée deux fois avec 1,5 ml de ce même mélange. Les tubes sont alors incubés 20 minutes à + 4°C, à l'abri de la lumière, temps pendant lequel ils sont retournés régulièrement puis centrifugés 10 minutes à 3000 rpm et + 4°C. Le surnageant est récupéré et le culot rincé avec 1ml de C/M 2:1. Après une deuxième centrifugation dans les conditions identiques à la précédente, le surnageant est à nouveau récupéré et ajouté au précédent. Le volume est alors ajusté à 8ml avec le mélange C/M 2:1 et 2ml d'eau bidistillée sont ajoutés. Les tubes sont agités par retournement et centrifugé à froid 10 minutes à 3000 rpm. Deux phases se forment, une phase supérieure constituée d'un mélange méthanol/eau et une phase inférieure correspondant au chloroforme. La phase supérieure est éliminée et l'interphase est rincée avec 1 ml de méthanol/eau (v/v). Après une centrifugation à 4°C, 10 minutes à 3000 rpm, la phase supérieure est de nouveau éliminée. La phase inférieure est évaporée sous azote à l'abri de la lumière. Les culots secs sont conservés dans une atmosphère riche en azote à -20°C.

### II.8.2. Dosage enzymatique des triglycérides

Les culots sont repris dans un volume de 1 ml de propanol. Les triglycérides sont dosés à l'aide du kit « triglycérides enzymatiques PAP 150 » (Biomerieux, Marcy l'Etoile, France). Le dosage utilise la séquence lipase-glycérokinase-glycérol-3-phosphate oxydase-peroxydase-chromogène [280]. L'eau oxygéné formée est dosée selon une réaction de type Trinder [281]. L'intensité de la coloration de la quinonéimine mesurée est proportionnelle à la quantité de triglycerides présente dans l'échantillon. La quantité de triglycérides est déterminée à partir d'une courbe standard linéaire comprise entre 0 et 11,45 nmoles construite à partir d'une solution pure de glycérol 2,29 mM dosée dans les mêmes conditions que les échantillons.

## 9. Dosage du pyruvate

Le pyruvate est un métabolite peu stable en milieu acide ou neutre. De ce fait, son dosage est effectué immédiatement après la neutralisation du milieu. Le dosage est réalisé selon la méthode de Lamprecht et Heinz [282] :

$$\text{Pyruvate + NADH + H}^+ \xrightarrow{\quad LDH \quad} \text{L-(+)-Lactate + NAD}^+$$

En pratique, le dosage est réalisé dans un volume final de 300 $\mu$l, dans un tampon Soerensen ($KH_2PO_4$ 0,53%, $K_2HPO_4$ 1,40%) 50 Mm en présence de NADH 267$\mu$M et tween 0,1%. La lactate déshydrogénase (LDH) est ajoutée à raison de 13,75 U/ml. La lecture de la densité optique est réalisée à 340 nm immédiatement après ajout de l'enzyme puis 5 minutes et 10 minutes après.

## 10. Dosage de l'acétoacétate

Le dosage de l'acéto-acétate est réalisé selon la méthode de J. Mellanby et D.H. Williamson [283] :

$$\text{D-3-hydroxybutyrate + NAD}^+ \xrightleftharpoons{\quad 3\text{-}HBDH \quad} \text{Acétoacetate + NADH + H}^+$$

En pratique, le dosage est réalisé dans un volume final de 300 $\mu$l, dans un tampon Soerensen ($KH_2PO_4$ 0,53%, $K_2HPO_4$ 1,40%) 50 Mm en présence de NADH 267$\mu$M et tween 0,1%. L'enzyme, la 3-hydroxybutyrate déshydrogénase (3-HBDH) est ajoutée à raison de 0,0375 U/ml. La lecture de la densité optique est réalisée à la longueur d'onde de 340 nm après 60 minutes d'incubation à température ambiante. La diminution de l'absorbance à 340 nm est due à l'oxydation de NADH et est proportionnelle à la quantité d'acéto-acétate présent.

## 11. Dosage des ions ammonium

Le dosage des ions ammonium est réalisé par la méthode enzymatique mise au point par Bergmeyer et Beutler [284].

$$\alpha\text{- cétoglutarate + NH}_4^+ \text{ + NADH} \xrightarrow{\quad GLDH \quad} \text{L- Glutamate + NAD}^+ \text{ + H}_2\text{O}$$

En pratique, la réaction s'effectue dans un tampon Triéthanolamine 250mM, pH 8.0, en présence d'$\alpha$-cétoglutarate 10mM, de NADH 200 $\mu$M et d'ADP 500 $\mu$M, nécessaire à l'activation de l'enzyme, la glutamate déshydrogénase (GLDH). Cette dernière est ajoutée à raison de 15U/ml. La lecture de la densité optique est réalisée à la longueur d'onde de 340 nm après 20 minutes d'incubation à température ambiante. Les conditions optimales sont un pH à 8,0 (entre 20 et 25°C) avec un excès de NADH, d'$\alpha$-cétoglutarate et de glutamate déshydrogénase.

## 12.  Dosage de l'urée

Le dosage de l'urée est réalisé suivant deux étapes [285] :

$$\text{Urée} + H_2O \xrightarrow{\text{Uréase}} 2\ NH_3 + CO_2$$

$$\alpha\text{- cétoglutarate} + 2NH_4^+ + 2\ NADH \xrightarrow{GLDH} 2\ \text{L-glutamate} + 2NAD^+ + 2H_2O$$

En pratique, il est possible de doser l'urée dans les mêmes puits que ceux où ont été dosés les ions ammonium, si ces derniers ne sont pas en grande quantité. Dans ce cas, on ajoute l'uréase à la concentration de 2U/ml une fois le dosage des ions ammonium terminé. La lecture de la densité optique est réalisée à la longueur d'onde de 340 nm après 60 minutes d'incubation à température ambiante.

## 13.  Calculs et expression des résultats

L'utilisation de substrat et la production de métabolites ont été calculées en faisant la différence entre les quantités de métabolites présents dans les fioles incubées avec tranches et celles incubées sans tranche. Les valeurs obtenues sont exprimées en $\mu$moles de substrat utilisé ou de produit formé par gramme de protéines et pour 24 heures. Dans le cas de l'étude menée sur 48 heures, les résultats sont représentatifs des 24 dernières heures d'incubation.

Pour les dosages de glycogène et de triglycérides, la consommation et production sont déterminées par différence entre la quantité présente dans les tranches incubées et celle dans les tranches non incubées ou incubées 24 heures dans l'étude menée sur 48 heures.

Les résultats sont donnés sous la forme moyenne ± l'erreur standard à la moyenne (± SEM).

Pour chaque expérience, les bilans azoté et carboné ont été calculés afin de s'assurer qu'aucun produit, autres que ceux dosés, ne s'est accumulé en quantité importante. Ces calculs permettent aussi de s'assurer de la concordance des résultats des différents dosages avec les données concernant les voies métaboliques connues du substrat considéré.

### II.13.1. <u>Bilan carboné</u> ($\Delta C$)

Le bilan carboné consiste en la différence entre les produits carbonés consommés et les métabolites carbonés formés. Il est exprimé en $\mu$moles/g/24 heures d'unités C-3.

#### II.13.1.1. Lorsque le substrat est le glucose

Bien que le glucose soit le substrat principal, il nous faut tenir compte du fait que notre milieu de culture William's E contient également des acides aminés, principalement l'alanine et du pyruvate de sodium. De plus, les tranches de foie sont préparées à partir de rats nourris. Ainsi, elles contiennent du glycogène qui sera source de glucose lorsqu'il est dégradé. C'est pourquoi, le bilan carboné est sous la forme suivante :

$$\Delta C = |2\Delta Glc + \Delta Pyr + \Delta Ala + 2\Delta Glycogène| - |\Delta Lac + 2\Delta Gln + 2\Delta Glu + 2\Delta\beta OHBut +$$
$$2\Delta AcAc + \Delta Glycerol + 24\Delta AG|$$

\* $\Delta$ : Correspond à la différence entre les échantillons et les fioles témoins incubées sans tranche.

Le bilan carboné est ainsi égal à la différence entre la somme des produits consommés (glucose (Glc), pyruvate (Pyr), alanine (Ala), glycogène) et la somme des produits formés (lactate (Lac), glutamine (Gln), glutamate (Glu), $\beta$-hydroxybutyrate ($\beta$-OHBut), acetoacetate (AcAc) glycérol et acides gras (AG)).

#### II.13.1.2. Lorsque les substrats sont le glucose et la glutamine

Le glucose et la glutamine sont les principaux substrats. On retrouve, comme dans le cas précédent l'alanine, le pyruvate et le glycogène pour les mêmes raisons que celles énoncées précédemment. Nous pouvons cependant remarquer que la glutamine n'est plus multipliée par un facteur 2 car une mole de cet acide aminé consommé conduit à la formation d'une mole de PEP. Le bilan carboné est le suivant :

$$\Delta C = |2\Delta Glc + \Delta Pyr + \Delta Ala + \Delta Gln + 2\Delta Glycogène| - |\Delta Lac + 2\Delta Glu + 2\Delta\beta OHBut +$$
$$2\Delta AcAc + \Delta Glycerol + 24\Delta AG|$$

Deux cas se présentent :

Si $\Delta C > 0$, cela signifie que la quantité de substrats consommée est supérieure à la quantité de produits mesurés ; ce qui implique qu'il existe une oxydation des substrats sous forme de CO2.

Si $\Delta C < 0$, cela signifie que la quantité de substrats consommée est inférieure à la quantité de produits formés. Ceci témoigne d'une participation de l'endogène autre que le glycogène, l'alanine et le pyruvate au métabolisme du glucose.

### II.13.2. Bilan azoté ($\Delta N$)

Le bilan azoté ($\Delta N$) calcule la différence entre la quantité de fonctions azotées utilisées et la quantité de fonctions azotées présentes dans les différents produits accumulés.

#### II.13.2.1. Lorsque le substrat est le glucose

Lorsque le glucose est le principal substrat, le bilan azoté est donné par la relation suivante :

$$\Delta N = \Delta Ala - (\Delta Glu + 2\Delta Gln + 2\Delta Urée + \Delta NH_4)$$

Un facteur 2 est présent devant la glutamine et l'urée car ces deux produits portent 2 fonctions azotées.

#### II.13.2.2. Lorsque les substrats sont le glucose et la glutamine

Lorsque le glucose et glutamine sont les principaux substrats, le bilan azoté est donné par la relation suivante :

$$\Delta N = (\Delta Ala + 2\Delta Gln) - (\Delta Glu + 2\Delta Urée + \Delta NH_4)$$

L'interprétation des données obtenues se fait comme pour le bilan carboné.

## III. Etude du métabolisme par spectroscopie RMN du carbone 13

### 1. Introduction

Découvert par les physiciens Bloch et Purcell en 1946, la technique de résonance magnétique nucléaire s'est peu à peu étendue aux applications biologiques. La spectroscopie RMN présente l'énorme avantage de permettre l'analyse d'un mélange de produits (les produits du métabolisme par exemple) sans recourir à des préparations parfois longues et difficiles (isolement, purification et dégradation des produits).

La RMN du carbone 13 repose sur le fait que l'isotope du carbone est seul capable de donner un signal RMN. Cependant, son abondance naturelle est de

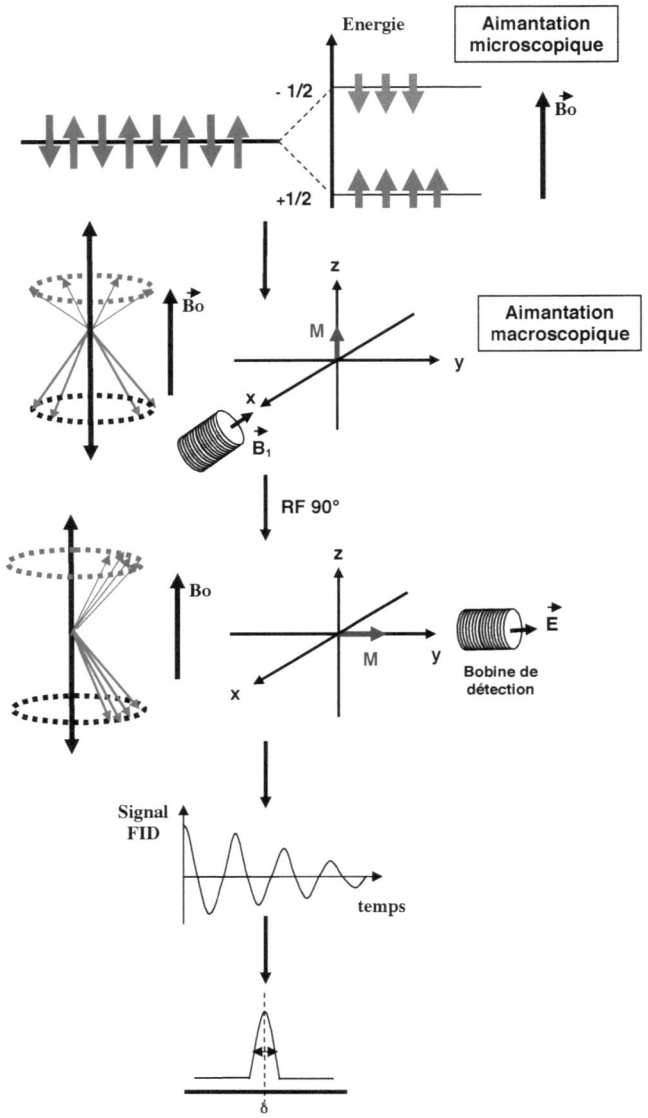

Schéma 24 : Principe de la RMN

1,11%. C'est pourquoi, la détection des métabolites en abondance naturelle se limite à des produits de réserve qui se sont accumulés.

Pour remédier à ce manque de sensibilité, nous avons procédé à un enrichissement isotopique en utilisant comme substrat du glucose marqué au carbone 13 en position $C_2$. Ainsi, il nous a été possible de détecter simultanément tous les carbones individuels des produits marqués dérivant du [2-$^{13}$C] glucose et de suivre le devenir des carbones dans notre modèle de tranches de foie.

Notre étude porte essentiellement sur trois paramètres :

- la dispersion spectrale ;
- la largeur de raie ;
- l'intensité

## 2. Principe

La RMN n'est décrite rigoureusement que par la mécanique quantique. Cependant, la mécanique classique permet, dans le cas d'expérience très simple et moyennant des approximations, de décrire globalement le phénomène.

Le spin est une grandeur caractéristique de la particule en rotation sur elle-même. Seul le cas de noyaux de spin nucléaire ½, le plus courant en biologie ($^1$H, $^{13}$C, $^{15}$N, $^{19}$F, $^{31}$P) sera traité.

Les noyaux de spin nucléaire normal réagissent dans un milieu comme des dipôles magnétiques. Placés dans un champ magnétique statique noté $B_0$, les moments magnétiques individuels des noyaux de spin ½ vont alors tourner sur deux cônes de précession autour de l'axe de ce champ $B_0$ et se répartissent en deux groupes d'états énergétiques différents – conformation « up » (+ ½ ), privilégiée et « down » (- ½ ), position la moins stable. Ce déséquilibre est infime (« up »/« down » = 1-7.$10^{-6}$) mais permet aux phénomènes de transition d'avoir lieu. Cette transition énergétique correspond à un changement d'orientation du moment magnétique du noyau par rapport au champ magnétique. L'intensité de la transition entre ces deux niveaux est proportionnelle à l'excès de population dans le plus bas niveau d'énergie. Ainsi, le faible nombre de noyaux pouvant subir la transition explique la faible sensibilité de la technique de spectroscopie RMN. Cette dernière pourra être augmentée en appliquant un champ magnétique $B_0$ intense généralement crée au moyen d'une bobine supraconductrice.

Une des originalités de la RMN tient au fait que la fréquence à laquelle a lieu la transition, appelée aussi fréquence de Résonance ou fréquence de Larmor, est proportionnelle au champ appliqué.

Une autre approche plus phénoménologique consiste à considérer l'excès de spins orientés parallèlement au champ $B_0$, ce qui se traduit par l'apparition d'une aimantation nucléaire macroscopique M alignée avec $B_0$.

On peut l'écarter de cette position (dite position d'équilibre) par une perturbation appropriée à l'issue de laquelle M est animée d'un mouvement de précession autour de $B_0$. Il s'agit de la précession de Larmor qui se justifie par des simples considérations de mécanique classique (Théorème du mouvement cinétique) et dont la fréquence est précisément égale à la fréquence de résonance aussi appelée fréquence de Larmor ($\omega_o$).

Une bobine d'émission est placée dans le plan (xoy) aussi appelé plan transversal (schéma 23) le long de l'axe x et envoie une onde radiofréquence de 90° créant ainsi un champ magnétique $B_1$. Le transfert d'énergie aux noyaux se traduit par une refocalisation des moments magnétiques et un basculement de 90° de l'aimantation macroscopique qui se retrouve perpendiculaire à l'axe Z portant Bo. Elle rejoint ensuite progressivement cet axe Z, c'est-à-dire à sa position d'équilibre par rapport à B0 en décrivant une trajectoire en hélice de rayon décroissant.

Ce retour à l'équilibre est appelé « relaxation ». Il correspond à la diminution progressive de l'aimantation transversale jusqu'à sa disparition totale. Son évolution au cours du temps est caractérisée par la constante T2. Une deuxième constante T1 correspond à la relaxation longitudinale, le long de l'axe Z. Elles varient selon les fonctions chimiques portées par les carbones.

La détection de l'aimantation nucléaire est effectuée de façon optimale en plaçant dans le plan perpendiculaire à Bo, appelé plan de mesure, une « bobine de détection » ou « antenne ». Le mouvement de rotation de l'aimantation transversale crée dans l'antenne un courant électrique induit, que l'on peut mesurer après amplification, et qui constitue le signal de RMN.

Le signal RMN obtenu expérimentalement est appelé « Free induction Decay » (FID) ou signal de précession libre. Il apparaît sous la forme d'oscillations amorties car l'aimantation transversale, qui est la seule à induire un courant, décroît de façon exponentielle au cours du temps.

La mesure du courant induit permet la détermination des 3 observables caractéristiques du signal de RMN :

- **Le glissement ou déplacement chimique** : il correspond à la fréquence du signal RMN. Sa mesure précise apporte des informations sur la structure moléculaire. Le champ magnétique appliqué extérieurement à l'échantillon ne présente pas nécessairement la même valeur au niveau des différents noyaux (et de leur spin) qui appartiennent à une même molécule ; le « nuage électronique » local peut apporter un effet perturbateur qui se traduit au niveau du noyau, par une valeur du champ légèrement différente de Bo et qui s'écrit Bo $(1-\sigma)$. $\sigma$ est appelée constante d'écran. Celle-ci correspond à la somme de la constante d'écran diamagnétique qui est reliée à la charge portée par l'atome considéré et à la constante d'écran paramagnétique, dépendante du nuage électronique. La fréquence de résonance n'est plus exactement égale à $\gamma \ \omega_o$ mais à $\omega_o(1-\sigma)$.

- **la largeur de raie** : la largeur de raie à mi-hauteur correspond à l'inverse du temps de relaxation transversale T2. La largeur à mi-hauteur d'un pic est d'autant plus faible que la décroissance du signal est lente.

- **l'intensité** : Elle correspond à la valeur du premier point de la FID. Elle est directement proportionnelle au nombre de spins présents dans le volume de détection de l'antenne, c'est-à-dire à la concentration. Une référence interne est présente dans ce même volume et permet de déterminer les quantités présentes

Les paramètres caractéristiques du signal ne sont mesurés qu'après une opération mathématique appelée "transformation de Fourier". Celle-ci permet de décrire l'évolution du signal, non plus en fonction du temps mais en fonction de la fréquence. La transformée de Fourier du signal périodique amorti apparaît, en fonction de la fréquence, sous forme d'un pic, dont la largeur, la position et la forme sont fonction des paramètres du signal.

## 3. Mode opératoire expérimental

### III.3.1. Préparation des échantillons

Chaque condition expérimentale est réalisée en dix exemplaires (nécessaires pour obtenir un nombre de tranches suffisant). Après avoir dosés les différents métabolites, les volumes restants pour chaque condition sont poolés. Un standard

**Schéma 25** : Principe d'un Aimant Supra-Conducteur

Ces aimants sont constitués d'une bobine d'un fil conducteur très fin en alliage spécial plongée dans un dewar contenant de l'hélium liquide à -269℃, lequel est entouré d'un second dewar contenant de l'azote liquide à -196℃. A cette température la résistance du fil conducteur est nulle, l'ampérage circulant dans la bobine peut donc être important (de 30 à 90 ampères suivant le type d'aimant) avec une perte par effet joule nulle.

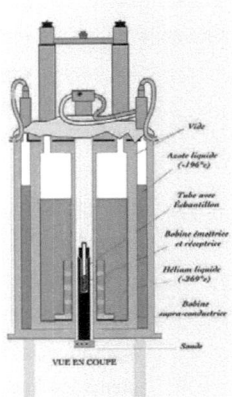

**Figure 10** : Photographies du spectromètre RMN Avance 500

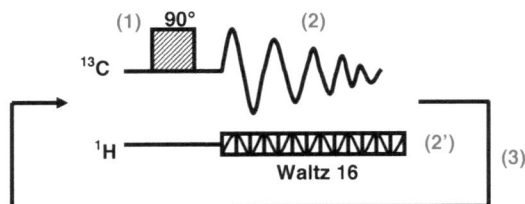

**Schéma 26** : Représentation d'une séquence RMN

Cette séquence se décompose en trois parties (1) Impulsion de 90°dans le canal $^{13}$C ; (2) phase d'acquisition du signal et (2') impulsions de 90° en continue (Waltz 16) dans le canal protons afin d'obtenir un découplage protons ; (3) Délai de recyclage. Les phases 2 et 3 correspondent au retour des atomes à leur position d'équilibre.

126

interne, la [2-$^{13}$C] glycine est ajouté dans chaque pool en fonction des quantités mesurées enzymatiquement, en particulier pour le glycogène et le tout est lyophylisé. Le résidu sec est alors repris dans un volume d'eau deutérée (D$_2$O). La reprise du culot se fait en deux fois : le lyophilisat est remis en suspension, centrifugé 5 minutes à 3000 rpm afin d'éliminer les sels non dissous. Le culot est ensuite rincé avec un deuxième volume et centrifugé. Les deux surnageants sont regroupés dans des tubes RMN de 5 mm de diamètre. Le volume final varie selon les échantillons (500μl pour le glycogène, 650 μl pour les milieux de culture). Concernant les lipides, le résidu sec obtenu après évaporation sous azote est repris avec une solution de [2-$^{13}$C] éthanol 2 mM préparé en chloroforme deutéré (CDCl$_3$). La procédure de reprise du culot sec est la même que celle décrite précédemment.

### III.3.2. Caractéristiques du spectromètre RMN

Les mesures ont été réalisées sur un spectromètre RMN Avance 500 (figure 10) équipé d'un aimant vertical de 11,7 teslas, large accès (89mm) et d'une sonde haute résolution 5mm BBO large bande, optimisée pour la détection directe des hétéro-noyaux ($^{13}$C et $^{31}$P) et permettant le découplage $^1$H. Cette sonde est équipée du système automatique d'accord (ATMA : Automatic Tuning and Matching) des fréquences. L'homogénéité du champ magnétique est ajustée en utilisant le signal de lock du deutérium pour les échantillons de milieux et de glycogène et du choroforme deutéré pour les échantillons de lipides.

### III.3.3. Conditions de mesure

Les conditions de mesure de $^{13}$C ont été choisies afin de permettre la meilleure quantification possible des métabolites. Pour cela, les effets nucléaires Overhauser de saturation ont été minimisés et la résolution a été optimisée. Le coefficient de remplissage spécifique de la sonde a été respecté. Les mesures de $^{13}$C ont été réalisées avec un temps de répétition entre chaque impulsion égal à cinq fois au moins le temps de relaxation le plus long. Ce dernier correspond à celui des carbones porteurs d'une fonction carboxylique. La détermination des temps de relaxation T1 des composés présents dans nos échantillons a été effectuée au préalable selon la méthode d'inversion-recouvrement. Les mesures ont été effectuées à la fréquence de résonance du carbone pour le spectromètre, soit 125.78 MHz. La largeur spectrale a été également choisie en fonction des échantillons : 16339.869 Hz pour les échantillons glycogène et 26455.027 Hz pour les échantillons Milieux et lipides.

Les mesures ont été réalisées après accumulation d'un certain nombre de scans ou séquences RMN. Cette séquence se décompose en trois parties (Schéma 25) :

1. Impulsion de 90° dans le canal $^{13}C$
2. Phase d'acquisition au cours de laquelle le signal est enregistré. Elle correspond au début du retour des atomes à leur position d'équilibre. Pendant toute cette phase, des impulsions de 90° so nt envoyées en continu dans le canal protons (Waltz 16) afin d'obtenir un découplage protons.
3. Délai de recyclage au cours duquel la quasi-totalité des noyaux reviennent à leur position d'équilibre

Le nombre de scans varie en fonction des échantillons :

- milieux de culture : 420 scans correspondant à une durée de 6h ; la durée entre deux scans est de 50 secondes ;
- Lipides : 420 scans correspondant à une durée de 7h20 ; la durée entre deux scans est de 60 secondes ;
- Glycogène :
  o Pour des concentrations de glucose 5,5 mM et 11 mM : 1680 scans correspondant à une durée de 12h30 ; la durée entre deux scans est de 25 secondes ;
  o Pour des concentrations de glucose 27,5 Mm : 840 scans correspondant à une durée de 6h15 ; la durée entre deux scans est de 25 secondes.

### III.3.4. Traitements des données de RMN

Toutes les opérations suivantes sont réalisées à l'aide du logiciel xWinNMR (Bruker). Une fois l'acquisition achevée, le signal est multiplié une fonction exponentielle de 1Hz afin d'optimiser le rapport signal/bruit. Cette opération est suivie par la transformation de Fourrier qui aboutie à l'obtention d'un spectre. Le signal est ensuite phasé et référencé sur le standard interne utilisé à 42.7 ppm pour la [2-$^{13}C$]glycine présente dans les échantillons préparés en $D_2O$ et à 18 ppm pour le [2-$^{13}C$]éthanol présent dans les échantillons préparés en $CDCl_3$.

Le seuil minimum de détection des pics est déterminé avant le calcul de déconvolution. La déconvolution permet, à partir des données expérimentales (dispersion spectrale, largeur de raie, intensité), de calculer l'aire sous la courbe de chaque pic.

### III.3.5. Calculs à partir des données de RMN

Les déplacements chimiques sont exprimés en ppm (parties par million) par rapport à la fréquence de résonance de la référence interne.

L'attribution des pics a été effectuée par référence aux déplacements chimiques données dans la littérature ainsi que par des expériences de RMN en deux dimensions et par l'ajout de produit chimique. Le spectre obtenu pour chaque échantillon permet d'identifier les différents produits marqués et les carbones portant le marquage.

Dans nos conditions de mesure, la surface de chaque pic est proportionnelle à la quantité de produit $^{13}$C correspondant.

La quantité de standard interne ajouté étant connu ainsi que la surface du pic correspondant, la quantification des produits marqués accumulés est alors possible.

Pour chaque produit $^{13}$C, la quantité (Q) est obtenue par la formule suivante :

$$Q = (L_m - I_m)$$

où   Lm est la quantité de produit $^{13}$C mesurée (Lm=aire sous le pic X quantité de glycine par unité de surface)

Lm est l'abondance naturelle en $^{13}$C (1.1%) multiplié par la quantité de produit considéré déterminée enzymatiquement

La quantité de produit $^{13}$C produite ou consommée correspond à la différence entre la quantité mesurée dans les échantillons et celle dans les fioles témoins incubées en absence de tranches.

### III.3.5.1. Bilan carboné 13C (ΔC)

Le bilan carboné consiste en la différence entre les produits carbonés consommés et les métabolites carbonés formés. Il est exprimé en $\mu$moles/g/24 heures.

ΔC = ΔGlc - (ΔLac + ΔPyr + ΔAla + ΔGln + ΔGlu + Δβ OHBut + ΔAcAc + ΔGlycosyl + ΔGlycerol + ΔAG)

Il faut cependant signaler que le pyruvate et l'acétoacétate ne sont pas retrouvés en RMN car ils sont dégradés lors de la lyophilisation. Cependant, il est possible de les estimer de la manière suivante :

- ΔPyr = ΔLac x ([Lactate/Pyruvate]enz)
- ΔAcAc = Δβ OHBut x ([β OHBut/acétoacétate] enz)

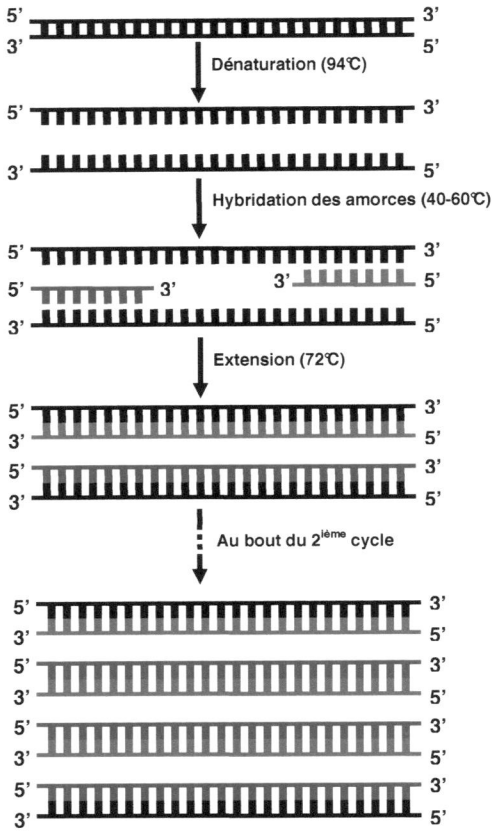

**Schéma 27 : Principe de la PCR (polymerase chain reaction)**

La réaction de polymérisation en chaîne est utilisée pour amplifier sélectivement des séquences de gènes. Son principe repose sur la succession de cycles, chacun étant constitué de trois étapes : Dénaturation -Hybridation des amorces – Extension. Elle aboutie à une amplification théorique de $2^n$ pour n cycles.

# IV. Biologie moleculaire

## 1. Les échantillons

Les échantillons utilisés en biologie moléculaire correspondent à des tranches de foie de rats nourris incubées pendant 24 heures. Deux protocoles ont été utilisés :

- Incubation en présence d'insuline 0,1$\mu$M et de différentes concentrations de glucose : 5,5 mM, 11 mM et 27,5 mM ;
- Incubation en présence de glucose 11 mM et 27,5 mM en absence ou en présence d'insuline 1$\mu$M

La procédure d'incubation est semblable à celle présentée précédemment.

## 2. Extraction des ARN messagers

Les ARNm sont extraits grâce à la technologie des Dynabeads® (Dynal Biotech France S.A, Compiègne, France) à partir de tranches de foie réalisées au préalable. Il s'agit de billes de polystyrène superparamagnétiques sur lesquelles sont fixées de façon covalente des oligo(dT)$_{25.}$

### IV.2.1. Principe

Le principe repose sur l'appariement des résidus polyA situés en 3' des ARNm avec les résidus oligodT couplés aux billes. Les autres populations d'ARN qui ne possèdent pas de queue polyA ne sont pas retenues et sont éliminées. De même, la forme sphérique et la surface hydrophile des Dynabeads® limitent les groupements et les fixations aspécifiques. Les ARNm capturés sont lavés avec deux tampons de stringence croissante afin d'éliminer les fixations aspécifiques puis élués à partir de la phase solide à l'aide d'un tampon pauvre en sels.

Toutes les solutions et matériels sont traités afin d'éliminer le risque de contamination par des RNAses.

### IV.2.2. Protocole

Quatre tranches de foie sont broyées à l'aide d'un potter dans 1ml de tampon de lyse (Tris-HCl 20mM, pH 7,5 – LiCl 1M – EDTA 2mM) auquel sont ajoutées 4U de RNAsin (RNasin® Ribonuclease inhibitor, Promega, Charbonnières, France).

Après une centrifugation de 2 minutes à 12000 g, la phase supérieure est prélevée, passée plusieurs fois dans une seringue afin de casser l'ADN génomique puis mise en contact avec les billes.

Ces dernières ont subi un traitement préalable : 250 $\mu$l de billes sont placées sur le portoir magnétique. La phase liquide est éliminée et la phase solide est rincée deux fois avec 200 $\mu$l de tampon de lyse. La phase liquide est à chaque étape éliminée.

L'ensemble est incubé 10 minutes à température puis la phase liquide est éliminée. Les billes sont lavées deux fois avec 1 ml de tampon A (10 mM Tris-HCl, pH 7.5, 0,15 M LiCl, 1 mM EDTA, 0,1% LiDS), deux fois avec 500 $\mu$l de tampon B (10 mM Tris-HCl, pH 7.5, 0,15 M LiCl, 1 mM EDTA), puis une fois avec 250$\mu$l de tampon B. A chaque étape, la phase liquide est éliminée.

Les billes sont reprises dans 50$\mu$l d'eau traitée au DEPC (diéthylpyrocarbonate, Sigma, l'Isle d'Abeau, France) et incubées 5 minutes à 65°C afin que les ARNm sont élués. 50$\mu$l d'eau DEPC supplémentés de 4U de RNAsin sont ajoutés et la phase liquide est prélevée rapidement.

### IV.2.3. Concentration et pureté des préparations d'ARNm

La concentration d'ARNm de nos préparations est déterminée en mesurant la densité optique à 260nm à l'aide du spectrophotomètre (Eppendorf Biophotometer). Une deuxième mesure est réalisée à 280nm. Le rapport entre les densités optiques mesurées à 260 nm et 280 nm est un bon indice de la pureté de l'échantillon. L'absence de contamination protéique est confirmée lorsque le rapport est compris entre 1,8 et 2. La pureté des ARN totaux est un facteur primordial qui conditionne les étapes suivantes de rétrotranscription et de Polymérisation en chaîne (PCR).

## 3. RT-PCR semi-quantitative

### IV.3.1. Principe général de la PCR (schéma 27)

La réaction de polymérisation en chaîne (PCR) est une technique découverte par Kary Mullis pour laquelle il reçu le prix Robert-Koch en 1992 et le prix Nobel de chimie en 1993. Elle permet d'amplifier une séquence donnée d'ADN de façon sensible, sélective et extrêmement rapide *in vitro*.

La spécificité de cette réaction est basée sur l'utilisation de deux oligodésoxynucléotides appelés amorces qui s'hybrident avec les séquences complémentaires d'ADN sur des brins opposés, de part et d'autre de la séquence cible.

#### IV.3.1.1. Choix des amorces

Le choix des amorces est une étape clé de la PCR dont dépend la spécificité de la réaction d'amplification.

| Cibles | Taille (pb) | Séquence (5'→3') | T°C hybridation pour la PCR | Nombre de cycles PCR | Nombre de cycles pour l'actine | Volume de produit de RT | Taille du produit PCR (pb) |
|---|---|---|---|---|---|---|---|
| GLUT - 2 | 19 24 | GCAGAGCTGAGGACAGCTA GGAACCAGTCCTGAAATTAGCCCA | 60°C | 28 cycles | 26 cycles | 2,5 µl | 584 |
| GK | 20 21 | GAGAAGATCATCGGTGGGAA GTGAATCGCTTCCTTCAGCAA | 55°C | 23 cycles | 18 cycles | 2,5 µl | 309 |
| HK-1 | 19 21 | CACTCCAGATGGCACGAGA GTGAATCGCTTCCTTCAGCAA | 50°C | 30 cycles | 26 cycles | 5 µl | 373 |
| GKRP | 20 20 | GGATCGAGGAGCTGAAGAAG TCATCAGCGTGGCAATTTTG | 56°C | 26 cycles | 18 cycles | 2,5 µl | 477 |
| PFK-2 | 22 22 | CCAGCTCGAGGCAAGACCTACA GGTGGCTGTCCAATTCCTCATC | 53°C | 22 cycles | 14 cycles | 5 µl | 494 |
| L-PK | 20 20 | CTGCGGAGAAGGTTTTCTTG GATAGAAGCTGGGCTGAACG | 65°C | 21 cycles | 15 cycles | 2,5 µl | 421 |
| PEPCK | 20 20 | AGGATCGAAAGCAAGACGGT TGGGTGAACATACATGGTGC | 60°C | 26 cycles | 26 cycles | 1 µl | 171 |
| F-1,6BisPase | 20 20 | TGTTTTGATCCCCTCGATGG TCCAGCATGAAGCAGTTGAC | 60°C | 22 cycles | 20 cycles | 2,5 µl | 215 |
| G6Pase | 20 20 | TCCTCTTTCCCATCTGGTTC TATACACCTGCTGTGCCCAT | 60°C | 26 cycles | 26 cycles | 1 µl | 247 |
| GS | 20 20 | GAAGAGTTTGTCCGAGGCTG GAAAAGCCCTGCTCAGTGTC | 56°C | 25 cycles | 23 cycles | 2,5 µl | 370 |
| GP | 23 25 | GCAGGTAGAGGAGGCAGATGACT GGCTACCTGATCTGGAAAAGCATCA | 56°C | 25 cycles | 23 cycles | 2,5 µl | 481 |
| ACL | 25 24 | GCACCATGGAGACCATGAACTATGC CCGTTTCAGAAGCCTGGTTGGCAC | 56°C | 24 cycles | 24 cycles | 2,5 µl | 573 |
| FAS | 20 21 | TGCTGTGGACCTCATCACTA TGGATGATGTTGATGATAGAC | 56°C | 24 cycles | 18 cycles | 2,5 µl | 297 |
| ACC | 20 20 | ACAGTGAAGGCTTACGTCTG AGGATCCTTACAACCTCTGC | 56°C | 22 cycles | 20 cycles | 2,5 µl | 241 |
| β -actine | 24 24 | TTGTAACCAACTGGGACGATATGG GATCTTGATCTTCATGGTGCTAGG | | | | | 764 |
| γ actine | 24 24 | CACGATGCAGGGGCCGGACTCGTC CAAAGACCTGTACGCCAACACAGT | | | | | 241 |

**Tableau 11** : **Caractéristiques des amorces nucléotidiques utilisées pour l'amplification et conditions de co-amplification pour chaque cible**
(GLUT-2 : Glucose transporter 2, GK : glucokinase, HK : hexokinase de type 1, GKRP : glucokinase regulatory protein, PFK-2 : phosphofructokinase de type 2, L-PK : liver pyruvate kinase, PEPCK : phosphoenolpyruvate carboxykinase, F-1,6BisPase : fructose-1,6-bisphosphatase, G6Pase : glucose-6-phosphatase, GS : glycogène synthase, GP : glycogène phosphorylase, ACL : ATP-citrate lyase, FAS : fatty acid synthase, ACC : acetyl-CoA carboxylase.

Les amorces correspondent à des oligonucléotides d'une longueur comprise entre 19 et 25 nucléotides. Cette longueur est suffisante pour assurer un appariement spécifique. Celui-ci est, en outre, optimisé par une composition en guanine et cytosine comprise en 50-60 % lorsque cela est possible. De même, il est nécessaire de vérifier l'absence d'appariement intra- et inter-amorces. Le Tableau 11 présente les amorces mises au point et utilisées dans notre étude pour les différentes cibles.

### IV.3.1.2. <u>Déroulement de la PCR</u>

La réaction est représentée par une succession de cycles, chacun étant divisé en trois étapes :

- Une dénaturation de l'échantillon d'ADN qui est réalisée à haute température (94°C) ;
- Une étape d'hybridation des amorces ;
- Une étape d'extension pendant laquelle les brins sont copiés par une ADN polymérase en partant de l'amorce.

Chacun des brins de l'ADN sert ainsi de matrice pour la synthèse d'une nouvelle molécule d'ADN à partir de chacune des amorces. Des cycles répétés de dénaturation thermique, d'hybridation des amorces à leurs séquences complémentaires, suivis de l'extension des amorces préalablement hybridées conduisent à l'amplification exponentielle de segments d'ADN de taille définie. Grâce à la découverte de l'ADN polymérase thermostable isolée à partir de *Thermus aquaticus,* la procédure a pu être automatisée, la spécificité et le rendement en ADN, améliorés.

### IV.3.2. Principe de la RT-PCR semi-quantitative

La RT-PCR est une variante de la PCR. Elle associe deux réactions : une rétrotranscription ou transcription inverse et une PCR.

La rétrotranscription permet la synthèse d'ADN à partir d'une matrice d'ARN, cette réaction étant catalysée par une ADN polymérase-ARN dépendante. Pour fonctionner, cette enzyme nécessite la présence d'oligonucléotides complémentaires de l'ARN à rétrotranscrire. Les ARN messagers sont connus pour posséder une queue poly-A, c'est pourquoi, une amorce oligo(dT)$_n$ est souvent utilisée. La synthèse s'effectue dans le sens 5'-3'.

En pratique, après détermination des conditions optimales de transcription inverse, cette réaction est réalisée à partir de 100 ng d'ARNm, en présence de 12,5 ng/$\mu$l d'oligo(dT)$_{15}$ (Promega, L'Isle d'Abeau Chesnes, France), 125 ng/$\mu$l d'héxamères (Promega, L'Isle d'Abeau Chesnes, France), 1,25 mM de dNTP (Invitrogen, Cergy Pontoise, France). Après une courte incubation de 5 minutes à 70°C qui a pour effet de dénaturer les ARNm et de casser les structures secondaires et tertiaires, les échantillons sont rapidement transférés dans la glace. Le tampon de l'enzyme (Tris-HCl 50 mM, KCl 75 mM, MgCl$_2$ 3 mM) est ajouté après 5 minutes d'incubation à froid ainsi que 10 mM de DTT (Dithio-1,4-threitol), cofacteur de la réaction de transcription inverse, 1U/$\mu$l de RNasin (Promega) et 10U/$\mu$l de MMLV-RT (Moloney Murine Leukemia Virus reverse transcriptase) (Promega). Les échantillons sont incubés 3 heures à 37°C puis l'enzyme est inactivée par une incubation de 10 minutes à 70°C.

Une fois cette réaction terminée, la réaction de PCR peut avoir lieu. Au cours de cette dernière, une autre cible est amplifiée de manière simultanée. Elle correspond à l'ADNc d'un gène de ménage (« house keepping gene »), la β-actine, dont l'expression ne varie pas selon les conditions de notre étude. Cette co-amplification nous permet de corriger les valeurs obtenues pour les cibles étudiées en considérant non pas ces dernières mais le rapport ADNc cible/ADNc β-actine.

En pratique, plusieurs pré-requis sont nécessaires à la PCR semi-quantitative. Tous les produits initialement amplifiés ont été séquencés par Génome express (Meylan, France) afin de vérifier la spécificité de nos amorces. De plus, la quantité de produits de transcription inverse utilisée pour la PCR doit être déterminé ainsi que le nombre de cycles d'amplification afin de trouver les conditions adéquates pour lesquelles il n'y a pas de phénomène de saturation aussi bien pour le gène cible que pour le gène codant pour la β-actine. En effet, bien qu'en théorie, la relation d'amplification soit de type exponentielle, en pratique, une dégradation des réactifs (dNTPs, enzyme), une déplétion en réactifs (dNTPs, amorces), une inhibition de l'enzyme par les produits finaux de la réaction (formation de pyrophosphate) conduisent à l'apparition d'un plateau d'où l'importance de déterminer les conditions dans laquelle la réaction est linéaire.

En pratique, l'ADNc est mis en présence de 200 $\mu$M de dNTPs, 1$\mu$M de chaque amorce (sens et anti-sens), 1,5 mM de MgCl$_2$, de tampon de l'enzyme 1X (67 mM Tris-Hcl pH8,8, 16 mM (NH$_4$)$_2$SO$_4$, 0,01% tween 20) et de 40 mU/$\mu$l d'EuroblueTaq (Eurobio, Les Ulis, France). L'amplification est réalisée dans le MasterCycler Personal (Eppendorf, Le Pecq, France). Une phase d'extension finale de 10 minutes à 72 °C permet à l'enzyme de terminer les brins ina chevés. Un tube sans ADNc est également préparé dans les mêmes conditions que les échantillons afin de mettre en évidence la présence éventuelle d'une contamination.

La température d'hybridation des amorces, le volume de produit de rétro-transcription utilisé pour la PCR ainsi que le nombre de cycles déterminé à partir des gammes de cycles sont présentés dans le tableau 11.

### 4. Visualisation des produits d'amplification

Afin de pouvoir visualiser les produits PCR, une électrophorèse est réalisée. Les échantillons sont préparés selon la façon suivante : 2µl de solution de dépôt Bleu/Orange G 6X (15% Ficoll® 400, 0,03% de bleu de bromophénol, 0,03% de xylène cyanol FF, 0,4% orange G, 10mM Tris-HCl pH7.5 et 50mM EDTA) sont ajoutés à 12µl de produits PCR. Ce colorant est également utilisé comme marqueur de migration. Le xylène cyanol FF migre à environ 4 kb, le bleu de bromophénol à environ 300 pb et l'orange G à environ 50 pb dans un gel d'agarose de 0.5% à 1.4% dans un tampon TAE (Tris-Acetate-EDTA)1X.

Les échantillons sont déposés sur un gel d'agarose 1.5% préparé dans un tampon TAE 1X. La migration est réalisée dans ce même tampon à 100 mVolts.

Une fois la migration terminée, le gel est coloré avec une solution de Gel Star® 10% (TEBU, Le Perray-en-Yvelines, France) préparé en tampon TAE 1X pendant 30 minutes à l'abri de la lumière dans un récipient en polypropylène afin que le colorant ne soit pas adsorbé. Ce colorant est utilisé car il possède une sensibilité 4 à 16 fois plus grande pour les ADN double brin que le bromure d'éthidium.

Les acides nucléiques sont révélés au fluorimètre (FLUOROIMAGER®, MOLECULAR DYNAMICS) ; les données sont ensuite analysées grâce à un logiciel ImageQuant® (MOLECULAR DYNAMICS). Les résultats obtenus correspondent au rapport d'intensité de l'ADNc de la cible et de la β-actine.

## V. Enzymes, coenzymes et produits chimiques

La glutaminase (grade V) est fournie par Sigma Chemical Company. Les autres enzymes et coenzymes sont achetés chez Roche (Meylan, France).

Le [2-$^{13}$C]glucose (abondance isotopique 99%), le [2-$^{13}$C]éthanol (abondance isotopique 99%), et la [2-$^{13}$C]glycine (abondance isotopique 99%) provient de Euriso-top (Commissariat à l'Energie Atomique Saclay, Gif-sur-Yvette).

# Chapitre 3

# Résultats

*Résultats*

## Consommation (-) ou production de métabolites

|  | Glucose | Glycosyl | Pyruvate | Lactate | Alanine | Glutamate | Glutamine |
|---|---|---|---|---|---|---|---|
| 5,5 mM glucose | 1761 ± 106 | - 3791 ± 366 | - 36 ± 9 | 396 ± 62 | - 253 ± 23 | 133 ± 21 | 192 ± 18 |
| 5,5 mM glucose + Insuline 0,1µM | 1506 ± 172 | - 3792 ± 369 | - 39 ± 10 | 400 ± 60 | - 287 ± 32 | 129 ± 23 | 197 ± 33 |
| 11 mM glucose | 562 ± 142$ | - 3780 ± 367 | 3 ± 14 | 710 ± 90 | - 148 ± 34 | 122 ± 22 | 179 ± 22 |
| 11 mM glucose + Insuline 0,1µM | 395 ± 194$ | - 3781 ± 367 | - 10 ± 14 | 713 ± 74$ | - 191 ± 24* | 119 ± 16 | 183 ± 25 |
| 27,5 mM glucose | - 2131 ± 298$# | - 3709 ± 368 | 140 ± 27$# | 2487 ± 151$# | 152 ± 40$# | 106 ± 17 | 152 ± 16 |
| 27,5 mM glucose + Insuline 0,1µM | - 2739 ± 297$#* | - 3716 ± 370 | 132 ± 18$# | 2414 ± 88$# | 144 ± 35$# | 100 ± 13 | 132 ± 24 |

**Tableau 12 : Effets de l'insuline 0,1µM et de la concentration du glucose sur le métabolisme du glucose dans les tranches de foie de rat.**
Les tranches de foie de rat ont été incubées pendant 24 heures selon les conditions décrites dans le chapitre matériels et méthodes. La quantité de protéines est 3.20 ± 0.08 mg par fiole. Les résultats exprimés en µmoles/g de protéines/24heures de métabolites consommés (-) ou produits sont présentés sous la forme moyenne ± SEM pour 5 expériences. La quantité de glycogène présent dans les tranches de rats nourris non incubées est de 3814 ± 366 µmoles/g de protéines. La signification statistique a été testée avec un test ANOVA suivi d'un test PLSD de Fisher. *: p<0,05 pour les effets de l'insuline ; $, p<0,05 pour les comparaisons avec la concentration de glucose 5,5 mM et #, p<0,05 pour les comparaisons avec la concentration de glucose 11 mM.

# I. Caractérisation du modèle de tranches de foie de rats nourris coupées avec précision

Les études de caractérisation du modèle de tranches de foie de rat coupée avec précision se divisent en deux volets : incubation pendant 24 heures d'une part et 48 heures d'autre part. Dans ces deux cas, les conditions expérimentales sont identiques. Deux tranches sont placées sur la grille d'un roller, l'ensemble étant mis dans une fiole contenant un milieu William's E.

Ce dernier est un milieu complexe (« Matériels et Méthodes », Tableau 10) auquel nous avons ajouté différentes concentrations de [2-$^{13}$C] glucose – 5,5 mM, 11 mM et 27,5 mM – avec ou sans insuline 0,1$\mu$M.

La quantité de protéines a été déterminée pour chaque étude afin d'exprimer les résultats en $\mu$moles par gramme de protéines et pour 24 heures.

La consommation ou la production de métabolites dosés à partir du milieu d'incubation sont calculées par différence entre les fioles incubées en présence de tranches et les fioles incubées sans tranche.

En ce qui concerne le glycogène et les triglycérides extraits à partir du tissu, les résultats sont obtenus en faisant la différence entre le contenu des tranches en fin d'incubation et des tranches non incubées, congelées directement dans l'azote liquide.

La significativité statistique a été testée par une analyse de variance suivie d'un test PLSD de Fisher.

## 1. Caractérisation du métabolisme du glucose dans la période d'incubation 0-24 heures

### I.1.1. Données enzymatiques

Les résultats des dosages enzymatiques sont présentés dans les Tableaux 12 et 13. Au cours du métabolisme, en présence de glucose, plusieurs métabolites sont produits et/ou consommés – glucose, glycogène, pyruvate, lactate, alanine, glutamate, glutamine, corps cétoniques, triglycérides, urée et ammoniac. Des études antérieures ont montré que les intermédiaires du cycle de Krebs ne s'accumulent pas.

La première observation que nous pouvons faire concerne notre substrat, le glucose. Pour des concentrations de substrat de 5,5 mM et 11 mM, on observe une production nette de glucose en présence et en absence d'insuline. Cette dernière n'a, par ailleurs, pas d'effet significatif sur cette production. On note cependant

Consommation (-) ou production de métabolites

| | β-hydroxy-butyrate | Acéto-acétate | β-hydroxy-butyrate + Acéto-acétate | Tri-glycérides | Urée | NH$_4^+$ | Bilan carboné en unité C3 | Bilan azoté | β-hydroxy-butyrate / Acéto-acétate | Lactate/Pyruvate |
|---|---|---|---|---|---|---|---|---|---|---|
| 5,5 mM glucose | 342 ± 71 | 364 ± 26 | 633 ± 134 | - 8,3 ± 3,1 | 1163 ± 66 | 33 ± 7 | 2158 ± 622 | - 2623 ± 106 | 1,0 ± 0,2 | 11 ± 3 |
| 5,5 mM glucose + Insuline 0,1µM | 340 ± 72 | 341 ± 45 | 613 ± 136 | - 14,2 ± 4,2 | 1131 ± 132 | 30 ± 8 | 2914 ± 817 | - 2526 ± 195 | 1,2 ± 0,3 | 15 ± 5 |
| 11 mM glucose | 340 ± 48 | 358 ± 33 | 627 ± 109 | - 5,9 ± 5,2 | 1136 ± 122 | 39 ± 6 | 4057 ± 738 | - 2644 ± 218 | 1,0 ± 0,2 | 12 ± 2 |
| 11 mM glucose + Insuline 0,1µM | 349 ± 48 | 349 ± 19 | 629 ± 110 | - 9,6 ± 5,7 | 1052 ± 117 | 30 ± 5 | 4565 ± 889 | - 2429 ± 183 | 1,1 ± 0,2 | 16 ± 4 |
| 27,5 mM glucose | 459 ± 38 | 381 ± 43 | 764 ± 102 | 4,5 ± 4,1$ | 966 ± 58 | 46 ± 4 | 6586 ± 1080$ | - 2540 ± 89 | 1,3 ± 0,2 | 13 ± 1 |
| 27,5 mM glucose + Insuline 0,1µM | 438 ± 32 | 399 ± 53 | 758 ± 93 | 4,3 ± 5,1$ | 1072 ± 175 | 41 ± 4 | 8004 ± 1030$ | - 2693 ± 336 | 1,2 ± 0,2 | 13 ± 1 |

Tableau 13 : Effets de l'insuline 0,1µM et de la concentration du glucose sur le métabolisme du glucose dans les tranches de foie de rat (suite).
Les tranches de foie de rat ont été incubées pendant 24 heures selon les conditions décrites dans « Matériels et Méthodes ». La quantité de protéines est de 3,20 ± 0.08 mg par fiole. Les résultats exprimés en µmoles/g de protéines/24heures de métabolites consommés (-) ou produits sont présentés sous la forme moyenne ± SEM pour 5 expériences. La quantité de triglycérides mesurée dans les tranches de foie de rats nourris non incubées est de 59 ± 3 µmoles/g de protéines. La signification statistique a été testée avec un test ANOVA suivi d'un test PLSD de Fisher. *, p<0,05 pour les effets de l'insuline ; $, p<0,05 pour les comparaisons avec la concentration de glucose 5,5 mM #, p<0,05 pour les comparaisons avec la concentration de glucose 11 mM.

qu'entre ces deux concentrations, la production nette de glucose diminue significativement de 68%. En revanche, il existe une consommation nette de glucose pour la plus forte concentration de glucose et l'insuline la stimule (+28%).

Ainsi, on observe une relation dose-dépendante du glucose sur sa propre consommation. Cette dernière est parfaitement linéaire comme nous le montre la Figure 11 ci-dessous.

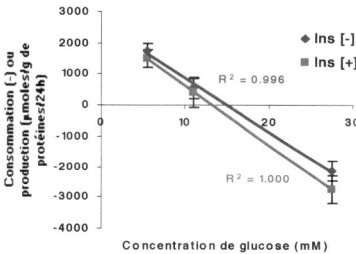

<u>Figure 11</u> : Relation dose-effet entre la concentration initiale de glucose présent dans le milieu et sa consommation lors d'une incubation de 24 heures en présence (Ins [+]) et en absence (Ins [-]) d'insuline.

Contrairement au glucose, le glycogène ne semble pas suivre une même évolution. En effet, les résultats nous montrent une glycogénolyse nette sans effet significatif du glucose ou de l'insuline. Il faut cependant remarquer l'importance de ce phénomène. Au bout de 24 heures d'incubation, la quasi-totalité du glycogène présent dans les cellules a disparu quelles que soient les conditions.

Le pyruvate, produit final de la réaction de la glycolyse est consommé pour les concentrations de glucose 5,5 mM en absence et en présence d'insuline ainsi qu'à 11 mM en présence d'insuline. Il faut remarquer que le milieu William's E contient du pyruvate de sodium à la concentration de 0,227 mM. En revanche, une production nette de pyruvate apparaît à 11 mM de glucose en absence d'insuline, ce phénomène étant beaucoup plus important à 27,5 mM en présence ou en absence d'insuline ; la production de pyruvate augmente significativement entre 11 mM et 27,5 mM mais l'insuline n'a pas d'effet significatif sur cette production. Ainsi, le glucose, lorsqu'il est présent dans le milieu, diminuerait la consommation ou augmenterait la production de pyruvate de façon dose-dépendante.

L'alanine, déjà présente dans le milieu d'incubation (1mM) mais pouvant aussi être obtenue par transamination du pyruvate, a un profil de réponse au glucose similaire à celui du pyruvate. En effet, pour les concentrations de glucose 5,5 mM et 11 mM, en présence ou en absence d'insuline, une consommation nette d'alanine est observée. A l'inverse, il existe une production nette à 27,5 mM de glucose en présence et en absence d'insuline. Cette dernière augmente significativement la consommation nette d'alanine (+29%) lorsque le glucose est présent à 11 mM.

Contrairement à l'alanine, le lactate issu de la réduction du pyruvate par la lactate déshydrogénase est produit en quantité nette, et ce, quelle que soit la concentration de glucose présent dans le milieu, en absence et en présence d'insuline. Cette production augmente significativement avec les concentrations croissantes de glucose présent dans le milieu d'un facteur 7 entre 5,5 mM et 27,5 mM. L'insuline, quant à elle, n'a pas d'effet significatif sur cette production. Le glucose stimule ainsi la production de lactate. Celle-ci est nettement supérieure à l'alanine issue également du pyruvate. Cependant, la présence du pyruvate et de l'alanine dans le milieu William's E masque potentiellement leur synthèse.

Une production nette de glutamate et glutamine est observée quelle que soit la concentration de glucose et sans effet significatif de ce dernier, ni de l'insuline.

Il en est de même pour les corps cétoniques, β-hydroxybutyrate et acéto-acétate. En revanche, on observe une dégradation nette des triglycérides pour les concentrations 5,5 mM et 11 mM en présence et en absence d'insuline et une production nette à 27,5 mM, cependant cette dernière est très faible et la variabilité importante. L'insuline n'a pas d'effet significatif quelle que soit la concentration de glucose.

On observe également une production nette d'urée et d'ions ammonium au cours de ces 24 heures d'incubation. Celle–ci ne varie pas significativement avec les concentrations croissantes de glucose en absence et en présence d'insuline $0,1\mu M$. Il faut toutefois remarquer que la production d'urée est importante par rapport à la synthèse d'ions ammonium.

Le bilan carboné correspond à la différence entre la quantité de substrats consommés et celle des produits formés. Il est calculé de la façon suivante :

$$\Delta C = |2\Delta Glc + \Delta Pyr + \Delta Ala + 2\Delta Glycogène| - |\Delta Lac + 2\Delta Gln + 2\Delta Glu + 2\beta OHBut + 2\Delta AcAc + \Delta Glycerol + 24\Delta AG|$$

| | Utilisation nette (-) ou formation de glucose | | Resynthèse apparente de glucose marqué | | | | | | | |
|---|---|---|---|---|---|---|---|---|---|---|
| | Total enzymatique | C-2 | C-1 | C-3 | C-4 | C-5 | C-6 | Total $^{13}$C | [C1-C6] | [C3-C4] |
| 5,5 mM glucose | 1761 ± 106 | - 512 ± 68 | 45 ± 4 | 38 ± 9 | 8 ± 2 | 33 ± 5 | 15 ± 3 | 138 ± 14 | 31 ± 6 | 30 ± 8 |
| 5,5 mM glucose + Insuline 0,1µM | 1506 ± 172 | - 707 ± 130 | 36 ± 3 | 24 ± 8 | 6 ± 3 | 27 ± 3 | 15 ± 5 | 107 ± 17 | 21 ± 6 | 19 ± 8 |
| 11 mM glucose | 562 ± 142$ | - 1473 ± 144$ | 60 ± 14 | 56 ± 15 | 8 ± 2 | 117 ± 7 | 34 ± 5$ | 274 ± 34 | 26 ± 9 | 48 ± 13 |
| 11 mM glucose + Insuline 0,1µM | 395 ± 194$ | - 1830 ± 133$* | 59 ± 13 | 68 ± 12 | 9 ± 3 | 100 ± 7 | 30 ± 5 | 267 ± 29$ | 30 ± 9 | 59 ± 9 |
| 27,5 mM glucose | - 2131 ± 298$# | - 4459 ± 296$# | 140 ± 28$# | 83 ± 35 | 58 ± 11$# | 494 ± 45$# | 68 ± 4$# | 843 ± 57$# | 71 ± 27 | 24 ± 43 |
| 27,5 mM glucose + Insuline 0,1µM | - 2739 ± 297$#* | - 5025 ± 445$# | 139 ± 32$ | 98 ± 28 | 71 ± 10$# | 466 ± 29$# | 80 ± 8$# | 854 ± 50$# | 59 ± 28 | 28 ± 33 |

**Tableau 14 : Effets de l'insuline 0,1µM et de la concentration du [2-$^{13}$C]glucose sur l'utilisation et la synthèse du glucose dans les tranches de foie de rat.**
Les tranches de foie de rat ont été incubées pendant 24 heures selon les conditions décrites dans le chapitre matériels et méthodes. La quantité de protéines est de 3,20 ± 0.08 mg par fiole. Les résultats exprimés en µmoles/g de protéines/24heures de métabolites consommés (-) ou produits sont présentés sous la forme moyenne ± SEM pour 5 expériences. La signification statistique a été testée avec un test ANOVA suivi d'un test PLSD de Fisher. *, p<0.05 pour les comparaisons avec les effets de l'insuline ; $, p<0.05 pour les comparaisons avec la concentration de glucose 5,5 mM et #, p<0.05 pour les comparaisons avec la concentration de glucose 11 mM.

où Δ correspond à la différence entre les échantillons et les fioles témoins incubées sans tranche.

En absence ou en présence d'insuline 0,1µM, et quelle que soit la concentration de glucose, le bilan carboné est positif, c'est-à-dire que la somme des produits accumulés mesurés ne suffit pas à expliquer les quantités de métabolites utilisés (principalement glucose et glycogène). Nous pouvons cependant noter une augmentation significative entre 5,5 mM et 27,5 mM et entre 11 mM et 27,5 mM respectivement de 174% et 57% en absence d'insuline et respectivement de 154% et 69% en présence d'insuline.

Le bilan azoté correspondant à la différence entre les produits azotés consommés et ceux produits. Il est calculé selon la formule suivante :

$$\Delta N = \Delta Ala - (\Delta Glu + 2\Delta Gln + 2\Delta Urée + \Delta NH4)$$

Ce bilan azoté est négatif et relativement constant quelle que soit la concentration de glucose, en présence ou en absence d'insuline. Cet excès d'azote pourrait provenir d'au moins deux sources (1) des acides aminés présents dans le milieu ; (2) de la protéolyse qui a lieu au cours des 24 heures. Cette dernière peut être estimée par différence entre la quantité de protéines avant et après incubation et serait de 1,504 ± 0,08 mg/roller et pour 24 heures.

L'état redox du NAD cytosolique et mitochondrial indiqué respectivement par les rapports β-hydroxybutyrate/acéto-acétate et lactate/pyruvate [286] ne varie pas avec les conditions expérimentales.

## I.1.2. Données obtenues par spectroscopie RMN du carbone 13

Afin de mieux caractériser le métabolisme du glucose dans ce modèle, nous avons utilisé la technique de spectroscopie RMN qui présente l'énorme avantage de pouvoir suivre le devenir du glucose dans les cellules et d'étudier les différentes voies impliquées simultanément. Le substrat utilisé dans notre étude est le [2-[13]C]glucose.

Le Tableau 14 nous montre à la fois les effets de l'insuline 0,1µM et de la concentration de [2-[13]C]glucose sur son utilisation et sa synthèse dans les tranches de foie de rat.

Alors que les résultats des dosages enzymatiques montraient une production nette de glucose pour les concentrations 5,5 mM et 11 mM, en présence ou en absence d'insuline et une consommation nette à 27,5 mM de [2-$^{13}$C]glucose, les résultats de spectroscopie RMN montrent une consommation de glucose dès la plus faible concentration. Celle-ci augmente de manière significative entre 5,5 et 11 mM et entre 11 mM et 27,5 mM respectivement de 188% et 203% en absence d'insuline et de respectivement 159% et 174,5% en présence de cette hormone. Cette dernière stimule significativement le captage de [2-$^{13}$C]glucose lorsqu'il est présent dans le milieu à la concentration de 11 mM. La consommation de glucose est parfaitement linéaire en fonction de la concentration initiale, comme nous montre la Figure 12.

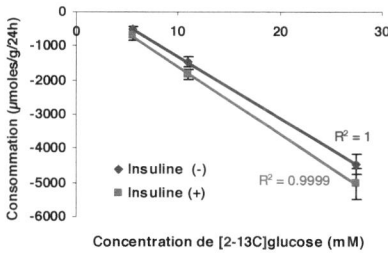

Concentration de [2-13C]glucose (mM)

**Figure 12 : Relation dose-effet entre la concentration de [2-$^{13}$C] glucose présent dans le milieu et sa consommation.**

Il est également important de remarquer que le captage de [2-$^{13}$C]glucose est toujours supérieur à celui mesuré par dosage enzymatique. Ce dernier reflète l'existence d'une consommation et d'une production concomitante de glucose. Compte tenu de l'importance de la glycogénolyse, cette synthèse de glucose non marqué proviendrait essentiellement du glycogène.

Les spectres obtenus à partir des milieux incubés avec tranches montrent qu'il existe également une synthèse de glucose marqué. Celle-ci est représentée par les marquages sur les carbones autres que le carbone initialement marqué. Nous pouvons remarquer que la plupart des carbones sont sous forme anomérique.

Il faut noter que le marquage sur le carbone 2 ne peut être pris en compte dans cette synthèse car il nous est impossible de faire la part apporté par le substrat de celui qui est resynthétisé. C'est pourquoi, nous parlerons de resynthèse apparente.

**Quantité de métabolite marqué accumulé**

| | Glycosyl | | | Lactate | | | | Alanine | | | |
|---|---|---|---|---|---|---|---|---|---|---|---|
| | Total $^{13}$C | C-2 | C-5 | Total $^{13}$C | C-1 | C-2 | C-3 | Total $^{13}$C | C-1 | C-2 | C-3 |
| 5,5 mM glucose | - | - | - | 35 ± 6 | 4 ± 3 | 27 ± 5 | 5 ± 2 | 20 ± 6 | 4 ± 1 | 14 ± 4 | 2 ± 2 |
| 5,5 mM glucose + Insuline 0,1µM | - | - | - | 33 ± 5 | 4 ± 3 | 27 ± 5 | 2 ± 1 | 21 ± 6 | 5 ± 2 | 14 ± 4 | 2 ± 2 |
| 11 mM glucose | - | - | - | 119 ± 16 | 8 ± 3 | 96 ± 15 | 15 ± 3 | 57 ± 3$^{\$}$ | 4 ± 1 | 43 ± 4$^{\$}$ | 11 ± 2$^{\$}$ |
| 11 mM glucose + Insuline 0,1µM | 6 ± 6 | 6 ± 6 | - | 99 ± 16$^{\$}$ | 6 ± 2 | 79 ± 15 | 14 ± 2$^{\$}$ | 55 ± 7$^{\$}$ | 7 ± 2 | 39 ± 5$^{\$}$ | 9 ± 2$^{\$}$ |
| 27,5 mM glucose | 29 ± 14$^{\$\#}$ | 29 ± 14$^{\#}$ | 0,4 ± 0,4 | 604 ± 58$^{\$\#}$ | 22 ± 6 | 523 ± 45$^{\$\#}$ | 60 ± 8$^{\$\#}$ | 160 ± 7$^{\$\#}$ | 3 ± 1 | 138 ± 6$^{\$\#}$ | 19 ± 3$^{\$\#}$ |
| 27,5 mM glucose + Insuline 0,1µM | 27 ± 13$^{\$\#}$ | 27 ± 13$^{\#}$ | - | 559 ± 40$^{\$\#}$ | 18 ± 2$^{\$\#}$ | 482 ± 38$^{\$\#}$ | 59 ± 4$^{\$\#}$ | 148 ± 8$^{\$\#}$ | 2 ± 2 | 130 ± 7$^{\$\#}$ | 16 ± 2$^{\$\#}$ |

**Tableau 15 : Effets de l'insuline 0,1µM et de la concentration du [2-$^{13}$C]glucose sur le métabolisme du [2-$^{13}$C]glucose dans les tranches de foie de rat.**
Les tranches de foie de rat ont été incubées pendant 24 heures selon les conditions décrites dans le chapitre matériels et méthodes. La quantité de protéines est de 3.20 ± 0.08 mg par fiole. Les résultats exprimés en µmoles/g de protéines/24heures de métabolites marqués produits sont présentés sous la forme moyenne ± SEM pour 5 expériences. La signification statistique a été testée avec un test ANOVA suivi d'un test PLSD de Fisher. *, p<0,05 pour les effets de l'insuline ; $, p<0,05 pour les comparaisons avec la concentration de glucose 5,5 mM et #, p<0,05 pour les comparaisons avec la concentration de glucose 11 mM.

Après quantification, nous observons que cette resynthèse de glucose est dépendante de la concentration de [2-$^{13}$C]glucose. Elle augmente significativement entre 5,5 et 11 mM en présence d'insuline (+149%) et entre 11 et 27,5 mM en absence d'insuline (+208%) et en présence d'insuline (+221%). Le Tableau 14 montre que cette synthèse est indépendante de la présence de l'insuline.

Nous pouvons remarquer également que la quantité de marquage sur tous les carbones, à l'exception du carbone 3, augmente de manière significative entre 5,5 et 27,5 mM de glucose et entre 11 et 27,5 mM. Par ailleurs, il existe une asymétrie dans les marquages des différents carbones. Celle-ci apparaît entre les carbones 1 et 6 et les carbones 3 et 4. Dans toutes les conditions, le carbone 1 est plus marqué que le carbone 6 et le marquage du carbone 3 est supérieur à celui du carbone 4. La différence [C1-C6] augmente significativement entre 5,5 mM et 27,5 mM et entre 11 mM et 27,5 mM respectivement de 444% et 147% en absence d'insuline et respectivement de 319% et 135% en présence d'insuline, cette dernière n'ayant pas d'effet significatif. Il en est de même pour la différence entre C3 et C4, cette augmentation étant respectivement de 641% et 172% en absence d'insuline et respectivement de 335% et 114% en présence de cette hormone.

Les Tableaux 15-17 présentent les différents produits marqués qui se sont accumulés au cours du métabolisme du glucose.

Alors que les dosages enzymatiques montrent une dégradation nette de glycogène, la spectroscopie RMN nous permet de montrer l'existence d'une synthèse de glycogène marqué. Celle-ci est faible et augmente significativement entre 5,5 mM et 27,5 mM et entre 11 mM et 27,5 mM respectivement de 386% et 127% en absence d'insuline et respectivement de 631% et 216% en présence de cette hormone. L'insuline stimule également de façon significative la synthèse de glycogène à 11 mM et 27,5 mM respectivement de 147% et 244%. Ainsi, elle pourrait agir de façon synergique avec le glucose lorsque ce dernier est présent à forte concentration.

Les spectres obtenus à partir du glycogène extrait à partir des tranches de foie et hydrolysé montrent que le marquage est essentiellement porté sur le carbone 2 du glycogène. Aucun autre carbone n'est marqué à l'exception du carbone 5 qui peut être faiblement marqué.

Le marquage du carbone 2 est absent pour la concentration 5,5 mM de glucose avec et sans insuline et pour la concentration 11 mM de glucose sans insuline. Ce

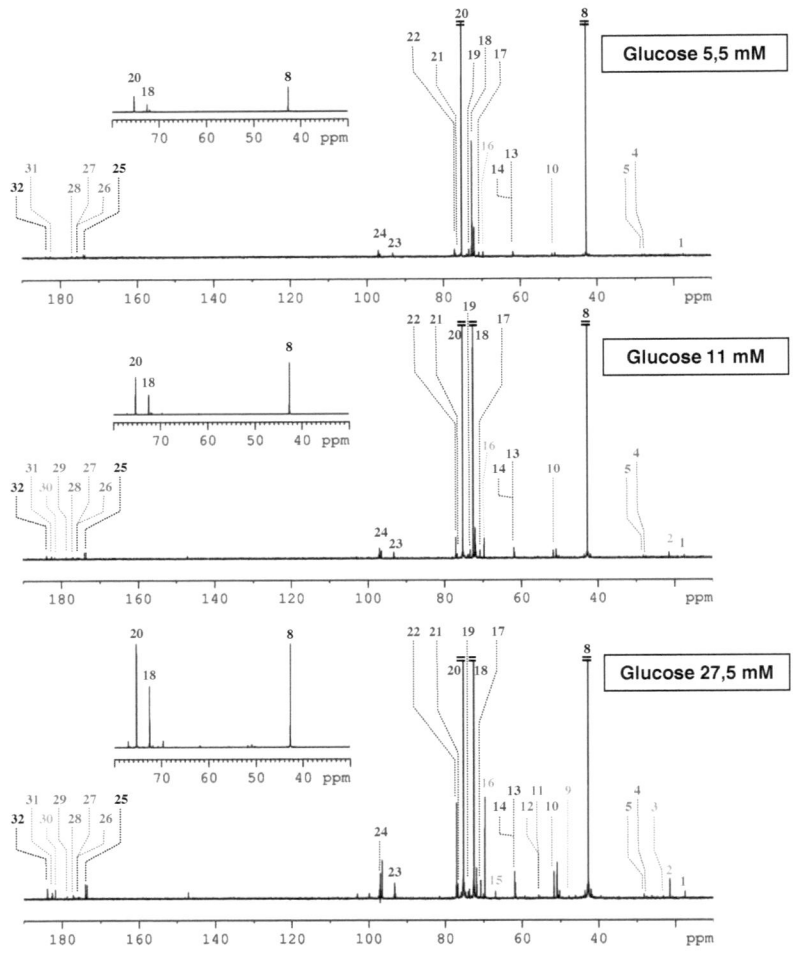

<u>Figure 13</u> : Spectres RMN $^{13}$C des milieux dans lesquels ont été incubées des tranches de foie de rats nourris coupées avec précision pendant 24 heures en présence de différentes concentrations de [2-$^{13}$C] glucose 5,5 mM, 11 mM et 27,5 mM en absence d'insuline.

(1) alanine-C3, (2) Lactate-C3, (3) β-hydroxybutyrate-C4, (4) glutamine-C3, (5) glutamate-C3, (6) glutamine-C4, (7) glutamate-C4, (8) glycine-C2, (9) β-hydroxybutyrate-C2, (10) alanine-C2, (11) glutamine-C2, (12) glutamate-C2, (13) glucose-C6α, (14) glucose-C6β, (15) β-hydroxybutyrate-C3, (16) lactate-C2, (17) glucose-C4αβ, (18) glucose-(C2 α+C5 α), (19) glucose-C3α, (20) glucose-C2β, (21) glucose-C3β, (22) glucose-C5β, (23) glucose-C1α, (24) glucose-C1β, (25) glycine-C1, (26) glutamine-C1, (27) glutamate-C1, (28) alanine-C1, (29) glutamine-C5, (30) β-hydroxybutyrate-C1, (31) glutamate-C5, (32) lactate-C1

148

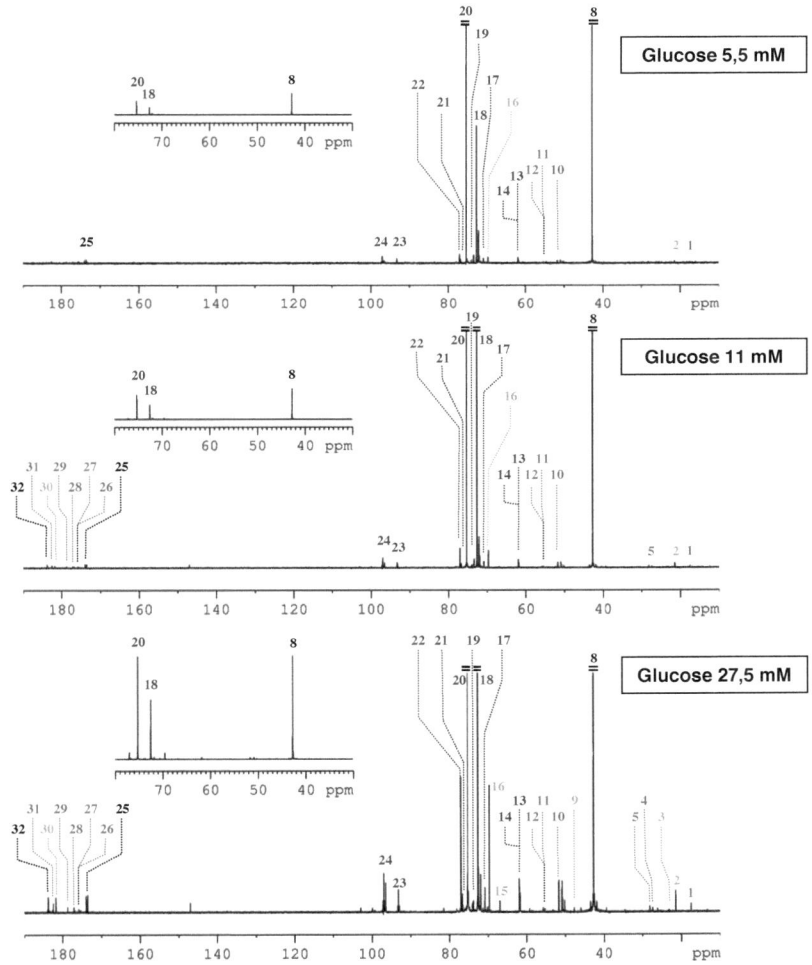

**Figure 14** : Spectres RMN $^{13}$C des milieux dans lequel ont été incubées des tranches de foie de rats nourris coupées avec précision pendant 24 heures en présence de différentes concentrations de [2-$^{13}$C] glucose 5,5 mM, 11 mM et 27,5 mM et d'insuline 0,1$\mu$M.

(1) alanine-C3, (2) Lactate-C3, (3) β-hydroxybutyrate-C4, (4) glutamine-C3, (5) glutamate-C3, (6) glutamine-C4, (7) glutamate-C4, (8) glycine-C2, (9) β-hydroxybutyrate-C2, (10) alanine-C2, (11) glutamine-C2, (12) glutamate-C2, (13) glucose-C6α, (14) glucose-C6β, (15) β-hydroxybutyrate-C3, (16) lactate-C2, (17) glucose-C4αβ, (18) glucose-(C2 α+C5 α), (19) glucose-C3α, (20) glucose-C2β, (21) glucose-C3β, (22) glucose-C5β, (23) glucose-C1α, (24) glucose-C1β, (25) glycine-C1, (26) glutamine-C1, (27) glutamate-C1, (28) alanine-C1, (29) glutamine-C5, (30) β-hydroxybutyrate-C1, (31) glutamate-C5, (32) lactate-C1

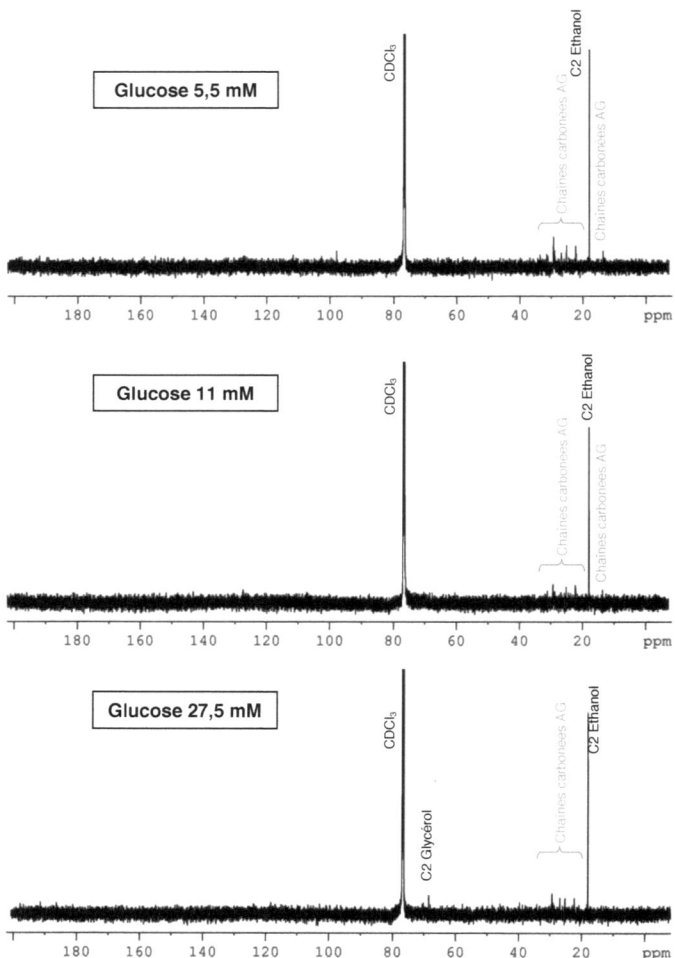

<u>Figure 15</u> : Spectres RMN $^{13}$C des lipides extraits à partir des tranches de foie de rats nourris coupées avec précision incubées pendant 24 heures en présence de différentes concentrations de [2-$^{13}$C] glucose 5,5 mM, 11 mM et 27,5 mM en absence d'insuline.

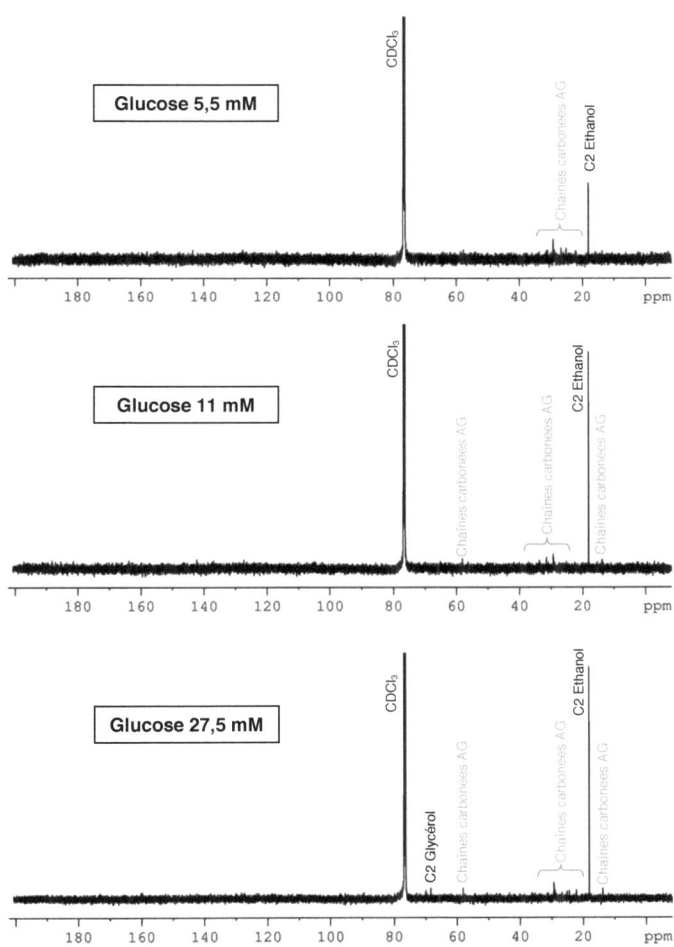

<u>Figure 16</u> : Spectres RMN 13C des lipides extraits à partir des tranches de foie de rats nourris coupées avec précision incubées pendant 24 heures en présence de différentes concentrations de [2-13C] glucose 5,5 mM, 11 mM et 27,5 mM et d'insuline 0,1µM.

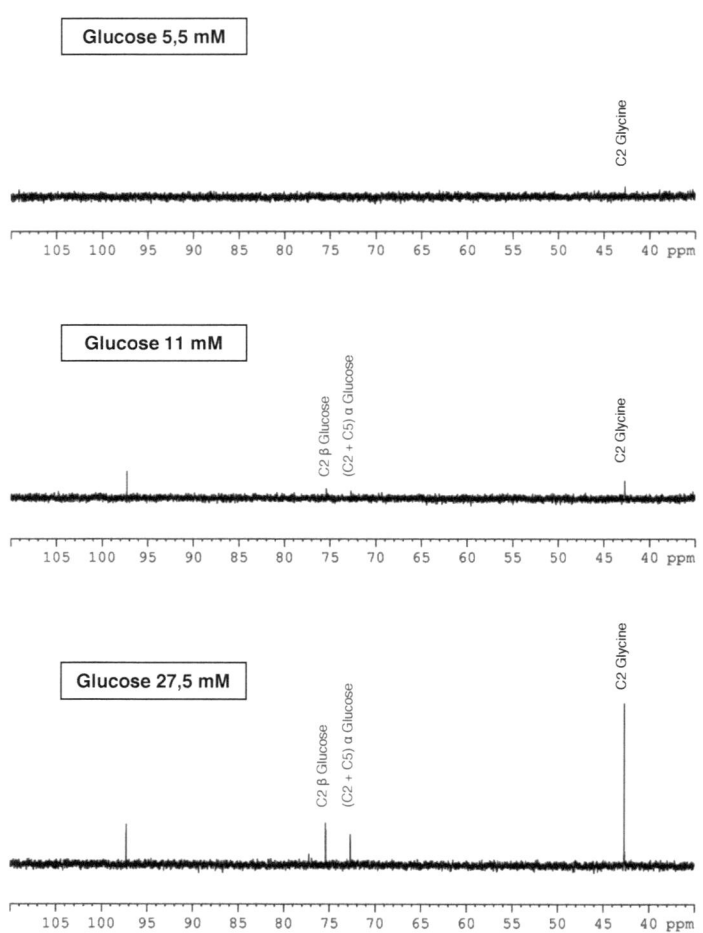

<u>Figure 17</u> : Spectres RMN $^{13}$C du glycogène extrait à partir des tranches de foie de rats nourris coupées avec précision incubées pendant 24 heures en présence de différentes concentrations de [2-$^{13}$C] glucose 5,5 mM, 11 mM et 27,5 mM en présence d'insuline 0,1$\mu$M et hydrolysé en unités glycosyl.

152

**Quantité de métabolite marqué accumulé**

| | Glutamate | | | | | | Glutamine | | | | | |
|---|---|---|---|---|---|---|---|---|---|---|---|---|
| | Total $^{13}$C | C-1 | C-2 | C-3 | C-4 | C-5 | Total $^{13}$C | C-1 | C-2 | C-3 | C-4 | C-5 |
| 5,5 mM glucose | 10 ± 2 | 1 ± 1 | 1 ± 1 | 6 ± 2 | - | 2 ± 1 | - | - | - | - | - | - |
| 5,5 mM glucose + Insuline 0,1µM | 7 ± 2 | 3 ± 1 | 2 ± 1 | 2 ± 1 | - | 1 ± 0 | 2 ± 1 | - | 1 ± 1 | - | - | - |
| 11 mM glucose | 20 ± 2$ | 3 ± 1 | 6 ± 3 | 9 ± 1 | - | 2 ± 1 | 7 ± 3 | - | 4 ± 2 | 2 ± 2 | - | - |
| 11 mM glucose + Insuline 0,1µM | 21 ± 6 | 3 ± 1 | 7 ± 2 | 6 ± 2 | - | 4 ± 2 | 7 ± 2 | - | 3 ± 1 | 3 ± 1 | - | 1 ± 1 |
| 27,5 mM glucose | 42 ± 3$# | 5 ± 1$ | 13 ± 2$# | 10 ± 1 | 2 ± 1$# | 11 ± 3$# | 11 ± 4$ | 2 ± 1$# | 2 ± 1 | 3 ± 1 | - | 3 ± 1$# |
| 27,5 mM glucose + Insuline 0,1µM | 43 ± 2$# | 4 ± 2 | 13 ± 2$# | 13 ± 3$# | 1 ± 0 | 12 ± 3$# | 19 ± 7$ | 2 ± 1 | 4 ± 2 | 6 ± 3$ | - | 6 ± 2$# |

**Tableau 16 : Effets de l'insuline 0,1µM et de la concentration du [2-$^{13}$C]glucose sur le métabolisme du [2-$^{13}$C]glucose dans les tranches de foie de rat.**
Les tranches de foie de rat ont été incubées pendant 24 heures selon les conditions décrites dans le chapitre matériels et méthodes. La quantité de protéines est de 3.20 ± 0.08 mg par fiole. Les résultats exprimés en µmoles/g de protéines/24heures de métabolites marqués produits sont présentés sous la forme moyenne ± SEM pour 5 expériences. La signification statistique a été testée avec un test ANOVA suivi d'un test PLSD de Fisher. * : p<0.05 pour les effets de l'insuline ; $: p<0.05 pour les comparaisons avec la concentration de glucose 5.5 mM et #, p<0.05 pour les comparaisons avec la concentration de glucose 11 mM.

153

# Quantité de métabolite accumulé

| | β-Hydroxybutyrate | | | | | Triglycérides : | | | | Bilan carboné |
| | Total $^{13}$C | C-1 | C-2 | C-3 | C-4 | Total | Acides gras | Glycérol | | |
| | | | | | | | | C-2 | C-1 + C-3 | |
| | | | | | | [$^{13}$C] | [$^{13}$C] | | | [$^{13}$C] |
|---|---|---|---|---|---|---|---|---|---|---|
| 5,5 mM glucose | 1 ± 1 | 1 ± 1 | - | - | - | 18 ± 13 | 18 ± 13 | - | - | 286 ± 74 |
| 5,5 mM glucose + Insuline 0,1µM | - | - | - | - | - | 40 ± 29 | 39 ± 29 | - | - | 494 ± 147 |
| 11 mM glucose | 3 ± 2 | 1 ± 1 | - | 1 ± 1 | 1 ± 1 | 21 ± 9 | 21 ± 9 | - | - | 957 ± 140$^{\$}$ |
| 11 mM glucose + Insuline 0,1µM | 12 ± 7 | 4 ± 1 | - | 2 ± 1 | 6 ± 5 | 11 ± 11 | 11 ± 11 | - | - | 1334 ± 137* |
| 27,5 mM glucose | 31 ± 6$^{\$\#}$ | 17 ± 3$^{\$\#}$ | 1 ± 0$^{\$\#}$ | 13 ± 3$^{\$\#}$ | - | 32 ± 10 | 24 ± 11 | 8 ± 5 | - | 2628 ± 296$^{\$\#}$ |
| 27,5 mM glucose + Insuline 0,1µM | 45 ± 11$^{\$\#}$ | 22 ± 6$^{\$\#}$ | 4 ± 1$^{\$\#}$ | 18 ± 4$^{\$\#}$ | 1 ± 1 | 20 ± 10 | 10 ± 10 | 10 ± 5$^{\$\#}$ | - | 3223 ± 448$^{\$\#}$ |

**Tableau 17 : Effets de l'insuline 0,1µM et de la concentration du [2-$^{13}$C]glucose sur le métabolisme du [2-$^{13}$C]glucose dans les tranches de foie de rat.**
Les tranches de foie de rat ont été incubées pendant 24 heures selon les conditions décrites dans le chapitre matériels et méthodes. La quantité de protéines est de 3,20 ± 0,08 mg par fiole. Les résultats exprimés en µmoles/g de protéines/24heures de métabolites marqués produits sont présentés sous la forme moyenne ± SEM pour 5 expériences. La signification statistique a été testée avec un test ANOVA suivi d'un test PLSD de Fisher. *, p<0,05 pour les effets de l'insuline ; $, p<0,05 pour les comparaisons avec la concentration de glucose 5,5 mM et #, p<0,05 pour les comparaisons avec la concentration de glucose 11 mM.

marquage augmente significativement avec la concentration de glucose et l'insuline à 11 mM et 27,5mM de [2-$^{13}$C]glucose. Le carbone 5 est virtuellement absent quelle que soit la concentration de glucose, avec ou sans insuline.

Les dosages enzymatiques montraient également une production de lactate dépendante de la concentration de glucose présent dans le milieu. La spectroscopie RMN montre une synthèse de lactate marqué inférieure à celle mesurée enzymatiquement. Les rapports entre la quantité de lactate marqué mesurée par RMN et la quantité de lactate total montrent que la proportion de lactate marqué augmente avec la concentration de [2-$^{13}$C]glucose. Ainsi le marquage concerne une molécule sur huit à 5,5 mM de glucose, une sur cinq à 11 mM et une sur trois à 27,5 mM. Une part non négligeable du lactate accumulé n'est donc pas marquée. La mesure des enrichissements spécifiques du glucose et du lactate (Tableau 18) montre que la diminution de l'enrichissement isotopique du glucose au cours de l'incubation ne pourrait expliquer qu'en partie la faible activité spécifique du lactate. Le fait que l'activité spécifique du lactate soit 4 à 5 fois plus faible que celle du glucose s'expliquerait par une synthèse de lactate à partir d'une source endogène sans passer par le glucose. Le seul métabolite endogène utilisé en quantité suffisante pour expliquer cette différence est le glycogène.

Lorsque l'on étudie la répartition du marquage sur les carbones du lactate, on observe que tous les carbones sont marqués et la quantité de marquage augmente avec la concentration de [2-$^{13}$C]glucose de manière significative entre 5,5 mM et 27,5 mM et entre 11 mM et 27,5 mM. Cependant, tous les carbones ne sont pas marqués avec la même intensité. Le carbone 2 est celui présentant le plus fort marquage. Il est suivi par le carbone 3, le carbone 1 étant le moins marqué. Cette augmentation du marquage sur les carbones individuels est également visible sur les spectres RMN obtenus à partir des milieux d'incubation. Alors que pour une concentration de [2-$^{13}$C]glucose de 5,5 mM, seul le carbone 2 est présent, on observe à 27,5 mM un marquage sur les carbones C-1, C-2 et C-3 en présence et en absence d'insuline.

Les dosages enzymatiques font également état d'une consommation nette d'alanine pour les concentrations de glucose 5,5 mM et 11 mM, en présence ou en absence d'insuline et d'une production nette à 27,5 mM. La spectroscopie RMN montre une production d'alanine marquée dès la plus faible concentration de glucose qui augmente de façon dose-dépendante, avec la concentration de [2-$^{13}$C]glucose. L'insuline n'a pas d'effet significatif sur la production de [$^{13}$C]alanine.

| | Enrichissement spécifique moyen (0 – 24 heures) | Enrichissement spécifique au bout de 24 heures d'incubation | |
|---|---|---|---|
| | Glucose | Lactate | Alanine |
| 5,5 mM glucose | 72 ± 2 | 11 ± 2 | 5 ± 1 |
| 5,5 mM glucose + Insuline 0,1μM | 71 ± 3 | 9 ± 2 | 6 ± 2 |
| 11 mM glucose | 81 ± 3 | 15 ± 1 | 11 ± 1 |
| 11 mM glucose + Insuline 0,1μM | 79 ± 3 | 13 ± 1 | 12 ± 2 |
| 27,5 mM glucose | 88 ± 3 | 23 ± 2 | 20 ± 1 |
| 27,5 mM glucose + Insuline 0,1μM | 88 ± 4 | 21 ± 1 | 18 ± 1 |

Tableau 18 : Mesures des enrichissements spécifiques du glucose, du lactate et de l'alanine

| | Enrichissement spécifique moyen (0 – 24 heures) | Enrichissement spécifique au bout de 24 heures d'incubation | |
|---|---|---|---|
| | Glucose | Glutamine | Glutamate |
| 5,5 mM glucose | 72 ± 2 | 0 ± 0 | 3 ± 1 |
| 5,5 mM glucose + Insuline 0,1μM | 71 ± 3 | 1 ± 1 | 2 ± 1 |
| 11 mM glucose | 81 ± 3 | 3 ± 1 | 6 ± 1 |
| 11 mM glucose + Insuline 0,1μM | 79 ± 3 | 4 ± 1 | 7 ± 2 |
| 27,5 mM glucose | 88 ± 3 | 6 ± 2 | 14 ± 1 |
| 27,5 mM glucose + Insuline 0,1μM | 88 ± 4 | 12 ± 4 | 14 ± 2 |

Tableau 19 : Mesures des enrichissements spécifiques du glucose, de la glutamine et du glutamate

Le spectre montre que le marquage concerne tous les carbones mais de façon différente ; le carbone 2 porte le marquage le plus important suivi du carbone 3 ; le carbone 1 est le moins marqué. De même, l'intensité du marquage ne dépend de la concentration du glucose ajouté que pour les carbones 2 et 3 de l'alanine. Lorsque l'on compare les rapports entre le marquage du carbone 2 et celui du carbone 3 de l'alanine et du lactate, aucune différence significative n'apparaît. Ainsi, ces deux métabolites dériveraient d'un même pool. Cette hypothèse est renforcée par le fait que les enrichissements spécifiques du lactate et de l'alanine sont très proches pour des concentrations de glucose 11 mM et 27,5 mM.

Les dosages enzymatiques montrent une production nette de glutamate et glutamine indépendante de la concentration de glucose ou de la présence d'insuline. La spectroscopie RMN montre qu'une partie de la glutamine et du glutamate synthétisés est marquée. Une production de glutamine marquée est observée à partir de 5,5 mM en présence d'insuline et augmente de manière significative entre 5,5 mM et 27,5 mM en présence ou en absence d'insuline, cependant elle reste très faible. Les spectres montrent que seuls les carbones 2 et 3 sont présents à 11 mM alors qu'à 27,5 mM de [2-$^{13}$C] glucose, tous les carbones à l'exception du C4 sont marqués. Du point de vue quantitatif, on observe l'apparition de [1-$^{13}$C]glutamine à partir de 27,5 mM de glucose. De même, la [5-$^{13}$C]glutamine est virtuellement absente à 5,5 mM et 11 mM et n'apparaît qu'à la plus forte concentration de glucose, avec ou sans insuline. Enfin, on observe une augmentation significative de [3-$^{13}$C]glutamine en présence d'insuline à 27,5 mM de glucose. Il faut cependant remarquer que tous ces marquages sont extrêmement faibles. Le marquage de la glutamine ne concerne qu'une molécule sur 9 à la plus forte concentration de [2-$^{13}$C]glucose, ainsi, cet acide aminé est synthétisé principalement à partir de substrats endogènes. Son enrichissement spécifique est beaucoup plus faible que celle du glucose (Tableau 19). Le glycogène pourrait participer de façon importante à la synthèse de glutamine.

On assiste également à une production de glutamate marqué qui augmente significativement avec la concentration de [2-$^{13}$C]glucose. Cette synthèse, bien que supérieure à celle de la glutamine, reste faible. Les spectres montrent un marquage présent sur tous les carbones dès la plus faible concentration de [2-$^{13}$C]glucose à l'exception du carbone 4 qui apparaît à partir de 27,5 mM de [2-$^{13}$C]glucose. Les carbones 2, 3 et 5 sont les plus marqués et leur marquage augmente significativement entre 5,5 mM et 27,5 mM et entre 11 mM et 27,5 mM de [2-$^{13}$C]glucose. Le carbone 4 est celui présentant le marquage le plus faible. La proportion de glutamate marqué par rapport à la production nette augmente avec la concentration de [2-$^{13}$C]glucose. Une molécule sur six est marquée à 11 mM alors que 2 sur 5 sont marquées à 27,5 mM. L'enrichissement isotopique du glutamate augmente avec la concentration de glucose mais reste cependant beaucoup plus faible que celle du [2-$^{13}$C] glucose indiquant que la synthèse de glutamate fait intervenir la participation de sources endogènes dont vraisemblablement le glycogène.

Les résultats enzymatiques montrent une production nette de corps cétoniques avec des quantités de β-hydroxybutyrate proches de celles de l'acétoacétate. La spectroscopie RMN du carbone 13 ne permet de visualiser que le β-hydroxybutyrate, l'acétoacétate étant dégradé en acétone et $CO_2$ au cours de la préparation qui fait intervenir une lyophilisation. Toutefois, le β-hydroxybutyrate étant obtenu par réduction de l'acétoacétate par la β-hydroxybutyrate déshydrogénase, réaction qui ne modifie pas la position des carbones, le profil de marquage et les activités spécifiques des carbones de ces deux métabolites sont vraisemblablement identiques. Les résultats de spectroscopie RMN montrent une synthèse de β-hydroxybutyrate marqué, présente à partir de 11 mM et augmentant significativement à 27,5 mM en présence ou en absence d'insuline ; cette dernière n'a pas d'effet significatif sur cette production. Il faut cependant remarquer que la synthèse de β-hydroxybutyrate est faible par rapport à la production nette mesurée enzymatiquement. On peut estimer la part du marquage à 1 molécule marquée sur 700 à 5,5 mM, 1/47 à 11 mM et 1/12 à 27,5 mM. Ainsi, une forte proportion de substrats endogènes participerait à la synthèse des corps cétoniques. Les spectres montrent un marquage sur tous les carbones uniquement à la concentration de [2-$^{13}$C]glucose la plus élevée. Le marquage le plus important est porté par les carbones 1 et 3.

Les dosages enzymatiques montrent une dégradation nette de triglycérides pour les concentrations 5,5 mM et 11 mM et une production nette à 27,5 mM. Les résultats obtenus par spectroscopie RMN nous montrent une synthèse de triglycérides marqués mais qui reste très faible. Celle-ci ne semble pas être dépendante significativement de la concentration de [2-$^{13}$C]glucose et l'insuline n'a pas d'effet sur cette biosynthèse. Les spectres RMN montrent différents pics correspondant aux chaînes carbonées d'acides gras et au glycérol. Nous n'avons pas retrouvé de marquage sur les carbones 1 et 3 du glycérol et le marquage sur le carbone 2 est visible uniquement à la concentration de 27,5 mM en présence ou en absence d'insuline.

Le bilan carboné $^{13}$C représente la différence entre la quantité de substrat marqué utilisé et la quantité de produits marqués qui se sont accumulés. Il est calculé à partir de la formule suivante :

$\Delta C$ = $\Delta$**Glc** - ($\Delta$**Lac** + $\Delta$**Pyr** + $\Delta$**Ala** + $\Delta$**Gln** + $\Delta$**Glu** + $\Delta\beta$**OHBut** + $\Delta$**AcAc** + $\Delta$**Glycosyl** + $\Delta$**Glycerol** + $\Delta$**AG**)

Nous pouvons tout d'abord remarquer que ce bilan est positif, c'est-à-dire que tous les carbones utilisés ne sont pas retrouvés dans les produits synthétisés. Ainsi, une partie du marquage a disparu, probablement sous la forme de $CO_2$. Ce bilan $^{13}$C augmente entre 11 mM et 27,5 mM respectivement de 176% et 142% en absence et en présence d'insuline et entre 5,5 mM et 27,5 mM, il est multiplié respectivement par un facteur 9 et 6,5 en absence et en présence d'insuline.

## 2. Caractérisation du métabolisme du glucose dans la période d'incubation 24-48 heures

Les tranches sont incubées dans un milieu William's E en présence de glucose 27,5 mM et 1$\mu$M d'insuline pendant les premières 24 heures puis le milieu est changé et remplacé par un milieu William's E supplémenté en [2-$^{13}$C]glucose à différentes concentrations – 5,5 mM, 11 mM et 27,5 mM – avec ou sans insuline 0,1$\mu$M. La quantité de protéines a été mesurée. Elle est de 3,05 ± 0,17 mg par fiole.

### I.2.1. Données enzymatiques

Les Tableaux 20 et 21 présentent les différents métabolites consommés ou produits au cours des dernières 24 heures d'incubation. Les résultats sont exprimés en $\mu$moles par gramme de protéines et pour 24 heures. La significativité statistique a été testée par une analyse de variance (ANOVA) suivie d'un test PLSD de Fisher.

On observe une production nette de glucose pour la plus faible concentration en présence ou en absence d'insuline ainsi qu'à 11 mM en absence d'hormone. Cette production diminue significativement entre 5,5 mM et 11 mM de 78%. Au contraire, une consommation nette de glucose est présente à 11 mM en présence d'insuline ainsi qu'à 27,5 mM. Elle augmente significativement d'un facteur 5-6 entre 11 mM et

27,5 mM en absence d'insuline. Cette dernière diminue significativement la production nette de glucose 5,5 mM alors qu'elle stimule son utilisation à 11 mM et 27,5 mM.

Ainsi, on observe une relation concentration dépendante de la consommation du glucose ; celle-ci apparaît parfaitement linéaire, sans phénomène de saturation, même en présence de concentration élevée de substrat comme nous le montre la figure 18 ci-dessous. L'insuline stimule également le captage net de glucose et/ou inhibe sa production nette pour des faibles concentrations.

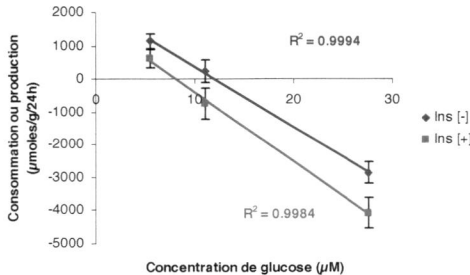

<u>Figure 18</u> : **Relation dose-effet entre la concentration de glucose présent dans le milieu et sa consommation lors d'une incubation de 48 heures.**

Le glycogène est mesuré après extraction et hydrolyse. Les résultats sont exprimés en unités glycosyl. La consommation et la production sont déterminées en faisant la différence entre la quantité retrouvée dans les tranches après une incubation de 48 heures et celle retrouvée dans les tranches incubées pendant 24 heures. Une dégradation nette de glycogène est observée à 5,5 mM de glucose, en présence et en absence d'insuline ainsi qu'à 11 mM et 27,5 mM en absence d'insuline. En revanche, on observe une production nette en présence d'insuline pour 11 mM et 27,5 mM de glucose. Il est important de noter (1) en absence d'insuline, la diminution significative de la dégradation nette entre 5,5 mM et 27,5 mM de 81% et (2) en présence d'insuline, la production nette est multipliée par un facteur 11 entre 11 mM et 27,5 mM de glucose. Par ailleurs, l'insuline a un effet significatif quelle que soit la concentration de glucose. Elle diminue significativement la dégradation nette observée à 5,5 mM et stimule la production de glycogène à 11 mM et 27,5 mM.

## Consommation (-) ou production de métabolites

| | Glucose | Glycosyl | Pyruvate | Lactate | Alanine | Glutamate | Glutamine |
|---|---|---|---|---|---|---|---|
| 5,5 mM glucose | 1153 ± 220 | - 275 ± 49 | -17 ± 10 | 428 ± 56 | -472 ± 38 | 117 ± 13 | 213 ± 47 |
| 5,5 mM glucose + Insuline 0,1µM | 629 ± 271* | - 162 ± 75* | -22 ± 7 | 391 ± 61 | - 513 ± 32 | 115 ± 13 | 188 ± 30 |
| 11 mM glucose | 245 ± 344$ | - 193 ± 49 | 52 ± 22 | 968 ± 69$ | - 388 ± 29 | 123 ± 7 | 229 ± 38 |
| 11 mM glucose + Insuline 0,1µM | - 725 ± 472* | 52 ± 76* | 47 ± 22 | 941 ± 74$ | - 450 ± 36* | 125 ± 9 | 203 ± 34 |
| 27,5 mM glucose | - 2861 ± 328$# | - 53 ± 32$ | 230 ± 45$# | 2496 ± 144$# | - 201 ± 27$# | 117 ± 10 | 213 ± 41 |
| 27,5 mM glucose + Insuline 0,1µM | - 4086 ± 456$#* | 582 ± 58$#* | 248 ± 41$# | 2648 ± 182$# | - 274 ± 27$#* | 129 ± 11 | 199 ± 30 |

**Tableau 20 : Effets de l'insuline 0,1µM et de la concentration du glucose sur le métabolisme du glucose et de la concentration du glucose dans les tranches de foie de rat.**
Les tranches de foie de rat ont été incubées pendant 48 heures selon les conditions décrites dans le chapitre matériels et méthodes. La quantité de protéines est de 3,05 ± 0,17 mg par fiole. Les résultats exprimés en µmoles/g de protéines/24heures de métabolites consommés (-) ou produits sont présentés sous la forme moyenne ± SEM pour 5 expériences. . La quantité de glycogène présent dans les tranches de rats nourris incubées pendant les 24 premières heures en présence de 27,5 mM de glucose et 1µM d'insuline est de 366 ± 56 µmoles/g de protéines.La signification statistique a été testée avec un test ANOVA suivi d'un test PLSD de Fisher . *, p<0,05 pour les effets de l'insuline ; $, p<0,05 pour les comparaisons avec la concentration de glucose 5,5 mM et #, p<0,05 pour les comparaisons avec la concentration de glucose 11 mM.

Ainsi, nos résultats montrent que le glucose et l'insuline pourraient soit stimuler la synthèse, soit inhiber la dégradation du glycogène. De plus, l'évolution du glycogène est parallèle à celle du glucose (diminution de la production nette de glucose concomitante de la diminution de la dégradation de glycogène).

Le glucose, une fois dans la cellule va pouvoir emprunter la voie de la glycolyse dont les produits finaux sont le pyruvate et le lactate. Le pyruvate est également présent dans le milieu d'incubation à la concentration de 0,227 mM. Les dosages enzymatiques de ce métabolite montrent une consommation nette à 5,5 mM en présence ou en absence d'insuline alors qu'une production nette est observée pour les deux autres concentrations. Elle augmente significativement entre 11 mM et 27,5 mM d'un facteur 4. L'insuline n'a pas d'effet significatif et ce, quelle que soit la concentration de glucose utilisée.

Le pyruvate peut être réduit en lactate. Le Tableau 20 montre une production nette de lactate quelles que soient les concentrations de substrat, en présence ou en absence d'insuline, cette dernière n'ayant pas d'effet significatif. Cette production augmente significativement entre 5,5 mM et 11 mM et entre 11 mM et 27,5 mM respectivement de 126% et 158% en absence d'insuline et de respectivement 141% et 181% en présence d'hormone.

L'alanine, produite également à partir du pyruvate mais présente aussi dans le milieu d'incubation à la concentration de 1 mM, montre un profil de réponse au glucose complètement différent. En effet, elle est consommée en quantité nette quelles que soient les conditions expérimentales. Cette consommation nette diminue significativement entre 5,5 mM et 27,5 mM et entre 11 mM et 27,5 mM respectivement de 57% et 48% en absence d'insuline et de respectivement 47% et 39% en présence d'insuline. Cette dernière stimule la consommation de cet acide aminé à 11 mM et 27,5 mM respectivement de 16% et 47%.

On observe une production nette de glutamine et de glutamate qui ne diffère pas significativement quelle que soient les concentrations de glucose, en présence ou en absence d'insuline, celle-ci n'ayant pas d'effet significatif sur cette production. Cependant, il est intéressant de noter que la production nette de glutamine est en moyenne 1,7 fois plus importante que celle du glutamate (1,8 en absence d'insuline et 1,6 en présence d'insuline).

## Consommation (-) ou production de métabolites

| | β-hydroxy-butyrate | Acéto-acétate | β-hydroxy-butyrate + Acéto-acétate | Tri-glycérides | Urée | $NH_4^+$ | Bilan carboné en unité C3 | Bilan azotée | β-hydroxy-butyrate / Acéto-acétate | Lactate/Pyruvate |
|---|---|---|---|---|---|---|---|---|---|---|
| 5,5 mM glucose | 132 ± 38 | 215 ± 33 | 347 ± 64 | - 33 ± 13 | 596 ± 46 | 28 ± 1 | - 2241 ± 863 | - 1229 ± 128 | 0,61 ± 0,12 | 8,17 ± 2,77 |
| 5,5 mM glucose + Insuline 0,1µM | 97 ± 25 | 190 ± 16 | 287 ± 33 | - 21 ± 6 | 561 ± 47 | 19 ± 1* | - 1474 ± 802 | - 1059 ± 121 | 0,50 ± 0,11 | 7,18 ± 1,94 |
| 11 mM glucose | 156 ± 25 | 213 ± 30 | 368 ± 35 | - 35 ± 10 | 653 ± 34 | 40 ± 3 | - 1330 ± 943 | - 1410 ± 168 | 0,76 ± 0,16 | 9,01 ± 2,92 |
| 11 mM glucose + Insuline 0,1µM | 121 ± 17 | 170 ± 24 | 292 ± 23 | 17 ± 10$* | 572 ± 46 | 19 ± 3* | - 896 ± 1014 | - 1126 ± 155 | 0,78 ± 0,21 | 8,94 ± 2,72 |
| 27,5 mM glucose | 211 ± 20 | 202 ± 29 | 413 ± 40 | - 12 ± 20 | 481 ± 24# | 43 ± 5 | 2088 ± 774$# | - 1337 ± 61 | 1,10 ± 0,20 | 9,10 ± 2,14 |
| 27,5 mM glucose + Insuline 0,1µM | 217 ± 20$# | 190 ± 27 | 407 ± 34 | 37 ± 9$ | 495 ± 6 | 42 ± 8$# | 1928 ± 865$ | - 1271 ± 59 | 1,18 ± 0,20 | 8,75 ± 1,72 |

**Tableau 21 : Effets de l'insuline 0,1µM et de la concentration du glucose sur le métabolisme du glucose dans les tranches de foie de rat.**
Les tranches de foie de rat ont été incubées pendant 48 heures selon les conditions décrites dans le chapitre matériels et méthodes. La quantité de protéines est de 3,05 ± 0,17 mg par fiole. Les résultats exprimés en µmoles/g/24heures de métabolites consommés (-) ou produits sont présentés sous la forme moyenne ± SEM pour 5 expériences. La quantité de triglycérides mesurée dans les tranches de rats nourris incubées 24 heures en présence de 27,5 mM de glucose et 1µM d'insuline est de 138 ± 17 µmoles/g de protéines. La signification statistique a été testée avec un test ANOVA suivi d'un test PLSD de Fisher. *, p<0,05 pour les effets de l'insuline ; $, p<0,05 pour les comparaisons avec la concentration de glucose 5,5 mM et #, p<0,05 pour les comparaisons avec la concentration de glucose 11 mM.

163

Le Tableau 21 montre une production nette de corps cétoniques – β-hydroxybutyrate et acétoacétate. Celle-ci semble indépendante de la concentration de glucose et d'insuline. Cependant, pris séparément, ces deux métabolites présentent des différences. En effet, la production nette de β-hydroxybutyrate augmente significativement entre 5,5 mM et 27,5 mM et entre 11 mM et 27,5 mM en présence d'insuline contrairement à l'acétoacétate.

Les triglycérides montrent une dégradation nette à 5,5 mM en présence et en absence d'insuline et à 11 mM et 27,5 mM en absence d'hormone alors qu'une production nette est observée en présence d'insuline à 11 mM et 27,5 mM. Le glucose semble avoir un effet uniquement en présence d'insuline, la différence étant significative entre 5,5 mM et 11 mM et entre 5,5 mM et 27,5 mM en augmentant la synthèse de triglycérides ou en diminuant leur dégradation. L'insuline montre un effet significatif uniquement à 11 mM entraînant le passage d'une dégradation nette à une production nette.

Nos résultats indiquent que l'urée est produite en grande quantité quelle que soit la concentration de glucose, en présence ou en absence d'insuline. La production d'urée diminue significativement entre 5,5 mM et 27,5 mM de 19% en absence d'insuline. Cette hormone n'entraîne pas de modifications significatives dans cette production.

Les ions ammonium ne s'accumulent qu'en très faible quantité et l'insuline diminue significativement la production d'ions ammonium à 5,5 mM et à 11 mM respectivement de 32% et 52,5%. De plus, la production d'ions ammonium augmente de 121% entre 5,5 mM et 27,5 mM et entre 11 mM et 27,5 mM en présence d'insuline.

Le bilan carboné, calculé comme précédemment, est négatif à 5,5 mM et 11 mM en absence et en présence d'insuline, c'est-à-dire que la somme des produits formés est supérieure à celle des produits consommés. Cela suggère l'intervention de métabolites endogènes. En revanche, le bilan est positif pour les concentrations 27,5 mM en présence et en absence d'insuline, cette dernière n'ayant pas d'effet significatif.

Le bilan azoté est lui aussi négatif et relativement constant quelles que soit les conditions expérimentales. Ainsi, comme nous l'avons déjà signalé pour l'incubation pendant 24 heures, cet excès d'azote pourrait avoir au moins deux origines (1) les acides aminés présents dans le milieu de culture et (2) la protéolyse estimée à 0,99 ± 0,13 mg/fiole/24H.

L'état du NAD cytosolique et mitochondrial indiqués respectivement par les rapports lactate/pyruvate et β-hydroxybutyrate/acéto-acétate [286] ne varie pas avec les conditions expérimentales et sont des témoins de la viabilité de notre modèle de tranches coupées avec précision au cours d'une incubation de 48 heures

### I.2.2. Données obtenues par spectroscopie RMN du carbone 13

Le Tableau 22 montre les effets de l'insuline 0,1µM et de la concentration de [2-$^{13}$C]glucose sur son utilisation et la resynthèse de glucose. Les résultats sont exprimés en µmoles par gramme de protéines et pour 24 heures.

La première observation porte sur la consommation de [2-$^{13}$C]glucose. Alors que les mesures enzymatiques montraient une production nette de glucose à 5,5 mM et 11 mM, la spectroscopie RMN nous permet de mesurer l'utilisation réelle de [2-$^{13}$C]glucose. Celle-ci est présente dès les plus faibles concentrations de [2-$^{13}$C]glucose. Elle augmente significativement avec les concentrations de substrat entre 5,5 mM et 11 mM et entre 11 mM et 27,5 mM respectivement de 146% et 148% en absence d'insuline et de respectivement 100% et 203% en présence d'insuline. Cette dernière stimule le captage de [2-$^{13}$C]glucose à 5,5 mM et 27,5 mM de 33%.

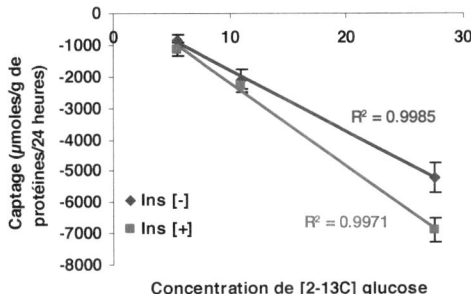

**Figure 19: Relation dose-effet entre la concentration de [2-$^{13}$C]glucose présent dans le milieu et son captage.**

| | Utilisation nette (-) ou formation de glucose | | Resynthèse apparente de glucose marqué | | | | | | | |
| --- | --- | --- | --- | --- | --- | --- | --- | --- | --- | --- |
| | Total enzymatique | C-2 | C-1 | C-3 | C-4 | C-5 | C-6 | Total $^{13}$C | [C1-C6] | [C3-C4] |
| 5,5 mM glucose | 1153 ± 220 | - 850 ± 161 | 32 ± 10 | 27 ± 4 | 3 ± 3 | 26 ± 3 | 4 ± 4 | 96 ± 20 | 25 ± 6 | 22 ± 5 |
| 5,5 mM glucose + Insuline 0,1µM | 629 ± 271* | - 1134 ± 222* | 48 ± 3 | 39 ± 7 | 4 ± 3 | 35 ± 6 | 5 ± 3 | 135 ± 15 | 42 ± 0 | 34 ± 9 |
| 11 mM glucose | 245 ± 344$ | - 2096 ± 305$ | 71 ± 18 | 75 ± 14 | 9 ± 6 | 112 ± 13 | 12 ± 7 | 270 ± 47 | 55 ± 9 | 60 ± 18 |
| 11 mM glucose + Insuline 0,1µM | - 725 ± 472* | - 2279 ± 189$ | 95 ± 11 | 86 ± 13 | 11 ± 6 | 120 ± 15 | 16 ± 5 | 320 ± 41 | 75 ± 10 | 69 ± 19 |
| 27,5 mM glucose | - 2861 ± 328$# | - 5209 ± 489$# | 195 ± 26$# | 209 ± 43$# | 35 ± 11$# | 459 ± 48$# | 54 ± 11$# | 989 ± 113$# | 136 ± 23$# | 163 ± 46# |
| 27,5 mM glucose + Insuline 0,1µM | - 4086 ± 456$#* | - 6897 ± 393$#* | 238 ± 23$# | 211 ± 30$# | 52 ± 23$# | 455 ± 56$# | 56 ± 14$# | 1047 ± 126$# | 176 ± 23$# | 148 ± 33$# |

**Tableau 22 : Effets de l'insuline 0,1µM et de la concentration du [2-$^{13}$C]glucose sur l'utilisation et la synthèse du glucose dans les tranches de foie de rat.** Les tranches de foie de rat ont été incubées pendant 48 heures selon les conditions décrites dans le chapitre matériels et méthodes. La quantité de protéines est de 3,05 ± 0,17 mg par fiole. Les résultats exprimés en µmoles/g de protéines/24heures de métabolites consommés (-) ou produits sont présentés sous la forme moyenne ± SEM pour 5 expériences. La signification statistique a été testée avec un test ANOVA suivi d'un test PLSD de Fisher. *, p<0,05 pour les effets de l'insuline ; $, p<0,05 pour les comparaisons avec la concentration de glucose 5,5 mM et #, p<0,05 pour les comparaisons avec la concentration de glucose 11 mM.

166

Ainsi, des concentrations croissantes de glucose et la présence d'insuline 0,1$\mu$M stimulent l'utilisation de glucose par les cellules.

Les spectres obtenus à partir des milieux incubés avec tranches montrent qu'il existe également une synthèse de glucose marqué. Celle-ci, tout comme pour 24 heures, est représentée par les marquages sur les carbones 1, 3, 4, 5 et 6.

Après quantification, nous observons que cette resynthèse de glucose est dépendante de la concentration de [2-$^{13}$C]glucose ; elle est multipliée par 10 entre 5,5 et 27,5 mM en absence d'insuline et par 8 en sa présence et augmente entre 11 et 27,5 mM de 208% en absence d'insuline et de 221% en présence de cette hormone. En revanche, cette synthèse est indépendante de la présence de l'insuline. De même, nous pouvons remarquer que la quantité sur chacun des carbones augmente de manière significative entre 5,5 et 27,5 mM de glucose et entre 11 et 27,5 mM. Lorsque l'on compare les marquages sur les carbones 1 et 6, on note que le marquage sur le C1 est significativement supérieur à celui du C6 (8x en absence d'insuline et 9.6x en présence d'insuline pour les concentrations 5,5 ; 6x en absence d'insuline et 6x en présence d'insuline à 11 mM ; 3.6x en absence d'insuline et 4.3x en présence d'insuline à 27,5 mM).

Le Tableau 22 nous montre une différence du marquage entre les carbones 1 et 6 du glucose néo-synthétisé. Cette asymétrie est caractéristique de la participation de la voie des pentoses phosphates. On observe une augmentation significative respectivement de 444% et de 147% entre 5,5 et 27,5 mM et entre 11 et 27,5 mM en absence d'insuline et respectivement de 319% et de 135% en présence d'insuline. Cette dernière ne semble pas avoir d'effet significatif sur cette différence.

La comparaison des marquages sur les carbones 3 et 4 du glucose montre qu'il existe une différence significative présente à toutes les concentrations de glucose avec C3 supérieur à C4 (facteur 9 en absence d'insuline et facteur 9,8 en présence d'insuline pour les concentrations 5,5 ; facteur 8,3 en absence d'insuline et facteur 7,8 en présence d'insuline à 11 mM ; facteur 6 en absence d'insuline et 4 en présence d'insuline à 27,5 mM). Lorsque l'on observe la différence de marquage entre les carbones 3 et 4, on note que le glucose entraîne une augmentation significative de cette différence entre 5,5 et 27,5 mM et entre 11 et 27,5 mM d'un facteur 7,4 et 2,7 en absence d'insuline et d'un facteur 4.3 et 2,1 respectivement en

**Quantité de métabolite accumulé**

| | Glycosyl | | | Lactate | | | | Alanine | | | |
|---|---|---|---|---|---|---|---|---|---|---|---|
| | Total $^{13}$C | C-2 | C-5 | Total $^{13}$C | C-1 | C-2 | C-3 | Total $^{13}$C | C-1 | C-2 | C-3 |
| 5,5 mM glucose | 7 ± 2 | 7 ± 2 | 1 ± 0 | 50 ± 6 | 3 ± 1 | 42 ± 6 | 5 ± 1 | 16 ± 6 | 4 ± 2 | 6 ± 2 | 5 ± 3 |
| 5,5 mM glucose + Insuline 0,1µM | 16 ± 5 | 12 ± 3 | 2 ± 0 | 50 ± 3 | 4 ± 1 | 41 ± 4 | 6 ± 1 | 21 ± 8 | 5 ± 2 | 8 ± 3 | 8 ± 5 |
| 11 mM glucose | 15 ± 4$ | 14 ± 4$ | 1 ± 0 | 179 ± 14$ | 9 ± 2 | 147 ± 12$ | 22 ± 2$ | 37 ± 6 | 4 ± 1 | 28 ± 3$ | 4 ± 2 |
| 11 mM glucose + Insuline 0,1µM | 37 ± 6$* | 33 ± 4$* | 3 ± 1* | 197 ± 19 | 14 ± 2 | 154 ± 15 | 28 ± 3 | 39 ± 6 | 6 ± 1 | 26 ± 3$ | 7 ± 2* |
| 27,5 mM glucose | 34 ± 4$# | 29 ± 4$# | 5 ± 2$# | 848 ± 35$# | 55 ± 5$# | 697 ± 31$# | 97 ± 8$# | 104 ± 10$# | 5 ± 3 | 83 ± 4$# | 15 ± 4$# |
| 27,5 mM glucose + Insuline 0,1µM | 117 ± 19$#* | 101 ± 15$#* | 15 ± 3$#* | 1057 ± 120$# | 85 ± 8$#* | 824 ± 101$# | 148 ± 14$#* | 103 ± 8$# | 7 ± 4 | 79 ± 6$# | 16 ± 2 |

**Tableau 23 : Effets de l'insuline 0,1µM et de la concentration du [2-$^{13}$C]glucose sur le métabolisme du [2-$^{13}$C]glucose dans les tranches de foie de rat.**
Les tranches de foie de rat ont été incubées pendant 48 heures selon les conditions décrites dans le chapitre matériels et méthodes. La quantité de protéines est de 3.05 ± 0,17 mg par fiole. Les résultats exprimés en $\mu$moles/g de protéines/24heures de métabolites marqués produits sont présentés sous la forme moyenne ± SEM pour 5 expériences. La signification statistique a été testée avec un test ANOVA suivi d'un test PLSD de Fisher. *, $p < 0.05$ pour les effets de l'insuline ; $, $p < 0.05$ pour les comparaisons avec la concentration de glucose 5,5 mM et #, $p < 0.05$ pour les comparaisons avec la concentration de glucose 11 mM.

présence d'insuline. Cette dernière n'a pas d'effet significatif quelle que soit la concentration de glucose.

Les Tableaux 23-25 présentent les différents métabolites marqués qui se sont accumulés au cours de ce métabolisme pendant les 24 dernières heures d'incubation.

Alors que les dosages enzymatiques montrent une dégradation nette de glycogène à 5,5 mM de glucose, en présence et en absence d'insuline ainsi qu'à 11 mM et 27,5 mM en absence d'insuline et une production nette en présence d'insuline pour 11 mM et 27,5 mM de glucose, la technique de spectroscopie RMN montre une synthèse de glycogène marqué au carbone 13. Celle-ci est faible et augmente significativement entre 5,5 mM et 11 mM et entre 11 mM et 27,5 mM respectivement de 114% et 127% en absence d'insuline et de 131% et 216% respectivement en présence de cette hormone. Cette dernière stimule également de façon significative la synthèse de glycogène à 11 mM et 27,5 mM respectivement de 147% et 244%. Ainsi, elle pourrait agir de façon synergique avec le glucose lorsque ce dernier est présent à forte concentration.

Les spectres obtenus à partir du glycogène extrait à partir des tranches de foie et hydrolysé pour le dosage montre que le marquage est essentiellement porté sur le carbone 2 du glycogène. Le carbone 5 est également marqué mais de façon beaucoup moins importante. Nous pouvons également remarquer la présence de [1-$^{13}$C]glycosyl sur les spectres en absence d'insuline et un marquage sur les carbones C-1, C-3, C-4 et C-6 en présence d'insuline. Ceux-ci correspondraient à l'abondance naturelle puisque, après calcul, ces derniers ne semblent pas marqués.

Le marquage du carbone 2 augmente significativement avec la concentration de glucose et avec l'insuline à 11 mM et 27,5mM de [2-$^{13}$C]glucose. Le carbone 5 présente la même évolution, l'effet concentration du glucose apparaissant significatif pour les fortes concentrations.

Les dosages enzymatiques montraient une production de lactate dépendante de la concentration de glucose présent dans le milieu. La spectroscopie RMN nous indique une synthèse de lactate marqué inférieure à celle mesurée enzymatiquement. Les rapports entre la quantité mesurée par RMN et celle déterminée enzymatiquement montre que la proportion de lactate marqué augmente avec la concentration de [2-$^{13}$C]glucose. Ainsi le marquage concerne une molécule sur huit à 5,5 mM de glucose, une sur cinq à 11 mM et une sur trois à 27,5 mM.

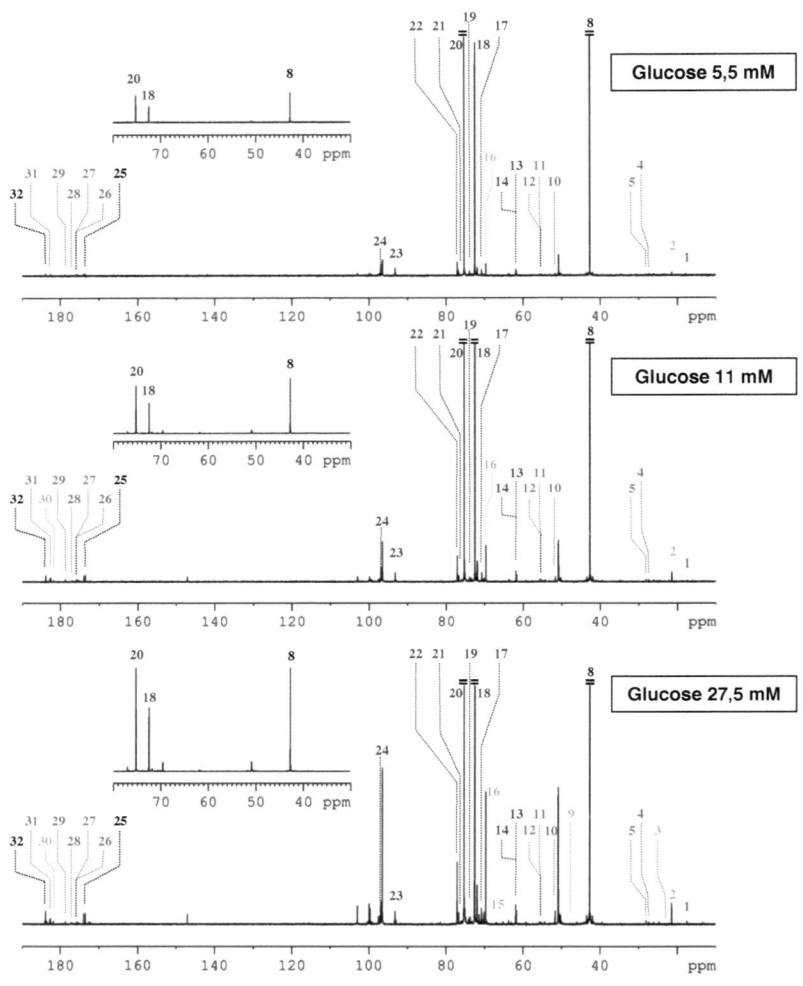

**Figure 20** : Spectres RMN $^{13}C$ des milieux dans lesquels ont été incubées des tranches de foie de rats nourris coupées avec précision pendant la période 24-48 heures en présence de différentes concentrations de [2-$^{13}C$] glucose 5,5 mM, 11 mM et 27,5 mM en absence d'insuline.

(1) alanine-C3, (2) Lactate-C3, (3) β-hydroxybutyrate-C4, (4) glutamine-C3, (5) glutamate-C3, (6) glutamine-C4, (7) glutamate-C4, (8) glycine-C2, (9) β-hydroxybutyrate-C2, (10) alanine-C2, (11) glutamine-C2, (12) glutamate-C2, (13) glucose-C6α, (14) glucose-C6β, (15) β-hydroxybutyrate-C3, (16) lactate-C2, (17) glucose-C4αβ, (18) glucose-(C2 α+C5 α), (19) glucose-C3α, (20) glucose-C2β, (21) glucose-C3β, (22) glucose-C5β, (23) glucose-C1α, (24) glucose-C1β, (25) glycine-C1, (26) glutamine-C1, (27) glutamate-C1, (28) alanine-C1, (29) glutamine-C5, (30) β-hydroxybutyrate-C1, (31) glutamate-C5, (32) lactate-C1

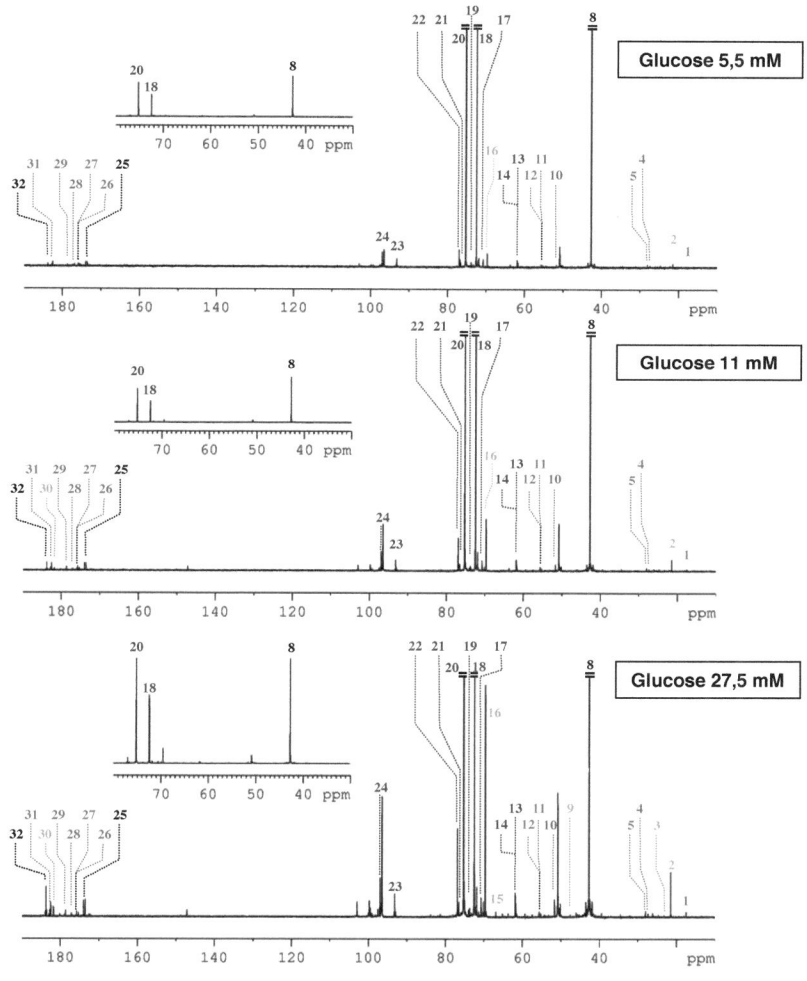

**Figure 21** : Spectres RMN $^{13}$C des milieux dans lequel ont été incubées des tranches de foie de rats nourris coupées avec précision pendant la période 24-48 heures en présence de différentes concentrations de [2-$^{13}$C] glucose 5,5 mM, 11 mM et 27,5 mM et d'insuline 0,1$\mu$M.

(1) alanine-C3, (2) Lactate-C3, (3) β-hydroxybutyrate-C4, (4) glutamine-C3, (5) glutamate-C3, (6) glutamine-C4, (7) glutamate-C4, (8) glycine-C2, (9) β-hydroxybutyrate-C2, (10) alanine-C2, (11) glutamine-C2, (12) glutamate-C2, (13) glucose-C6α, (14) glucose-C6β, (15) β-hydroxybutyrate-C3, (16) lactate-C2, (17) glucose-C4αβ, (18) glucose-(C2 α+C5 α), (19) glucose-C3α, (20) glucose-C2β, (21) glucose-C3β, (22) glucose-C5β, (23) glucose-C1α, (24) glucose-C1β, (25) glycine-C1, (26) glutamine-C1, (27) glutamate-C1, (28) alanine-C1, (29) glutamine-C5, (30) β-hydroxybutyrate-C1, (31) glutamate-C5, (32) lactate-C1

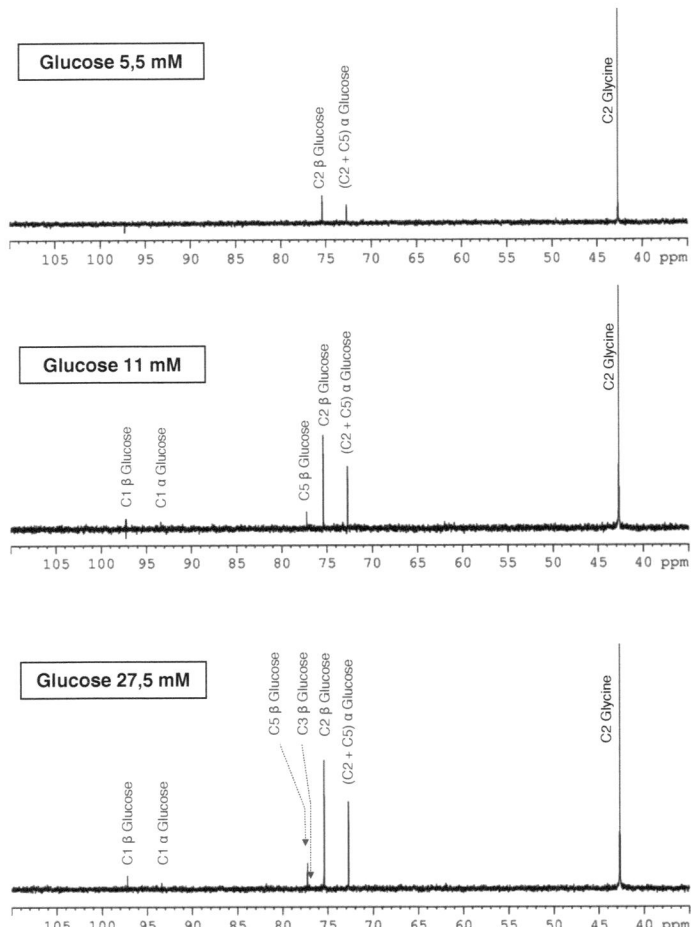

<u>Figure 22</u> : Spectres RMN $^{13}$C du glycogène extrait à partir des tranches de foie de rats nourris coupées avec précision incubées pendant la période 24-48 heures en présence de différentes concentrations de [2-$^{13}$C] glucose 5,5 mM, 11 mM et 27,5 mM en absence d'insuline et hydrolysé en unités glycosyl.

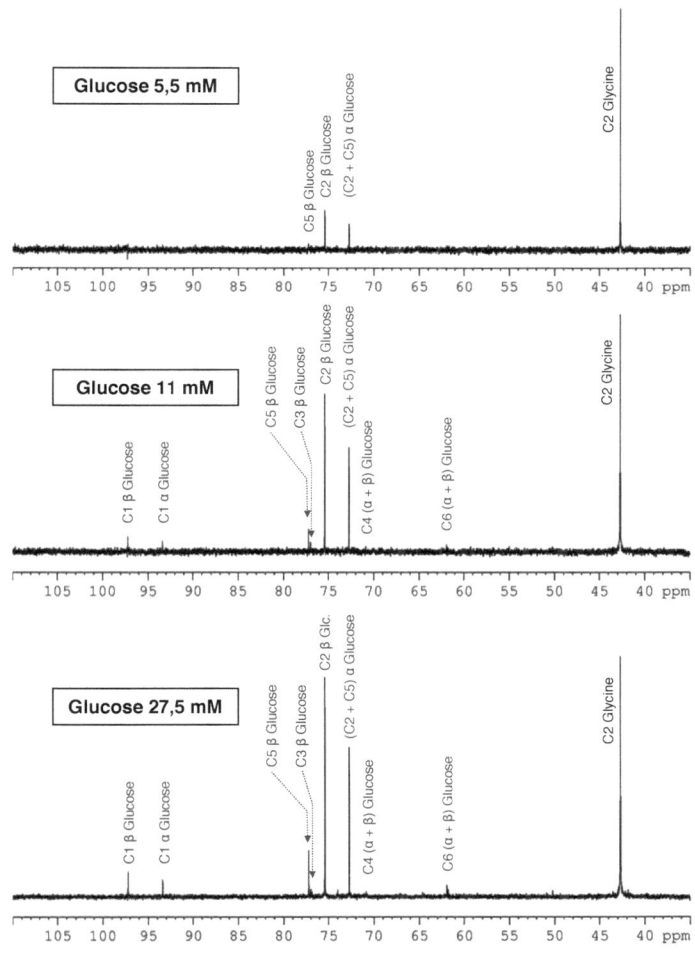

**Figure 23** : Spectres RMN [13]C du glycogène extrait à partir des tranches de foie de rats nourris coupées avec précision incubées pendant la période 24-48 heures en présence de différentes concentrations de [2-[13]C] glucose 5,5 mM, 11 mM et 27,5 mM en présence d'insuline 0,1µM et hydrolysé en unités glycosyl.

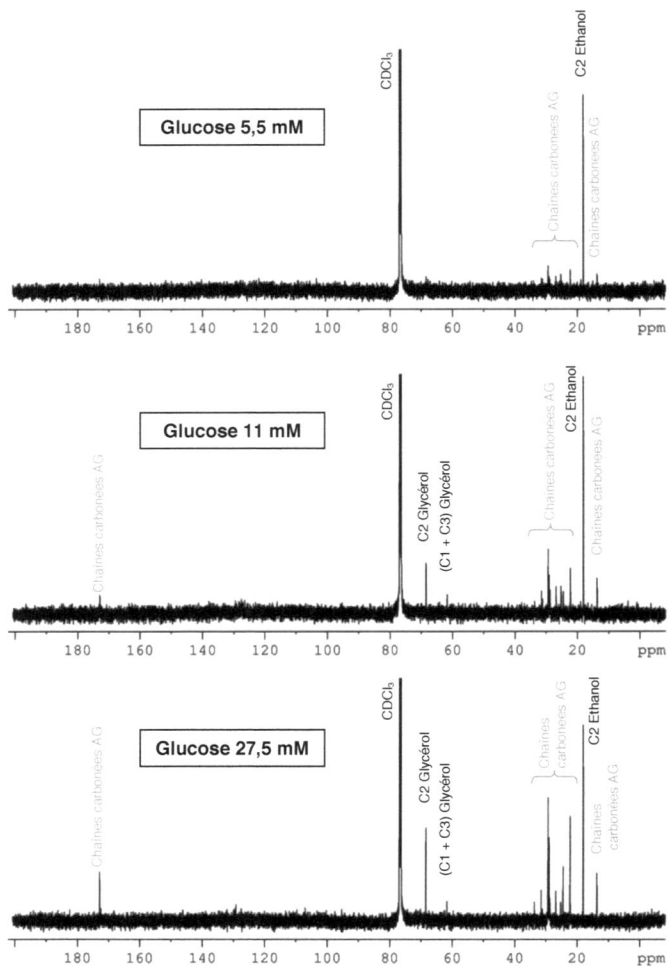

<u>Figure 24</u> : Spectres RMN $^{13}$C des lipides extraits à partir des tranches de foie de rats nourris coupées avec précision incubées pendant la période 24-48 heures en présence de différentes concentrations de [2-$^{13}$C] glucose 5,5 mM, 11 mM et 27,5 mM en absence d'insuline.

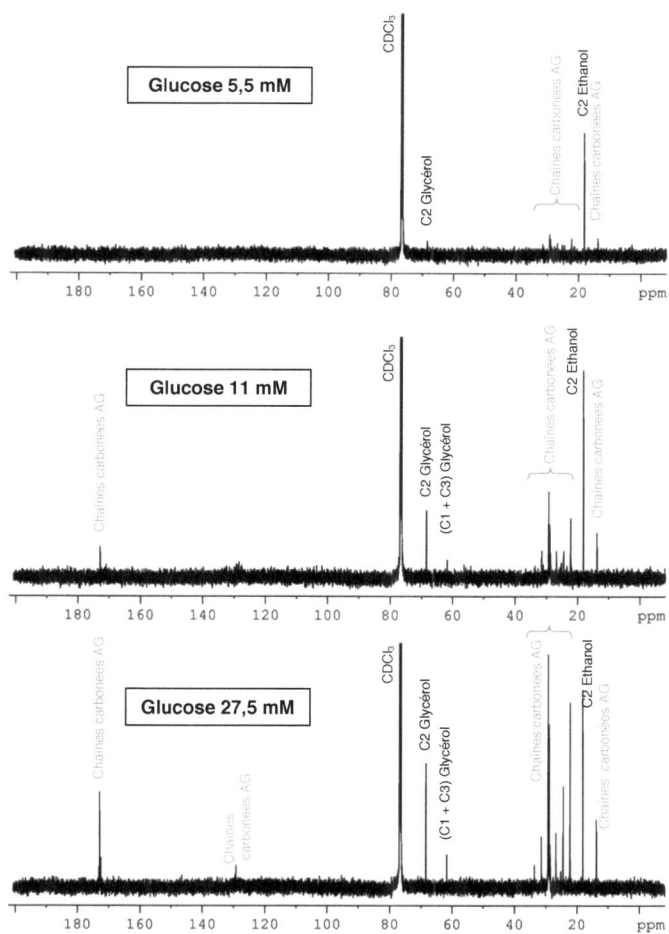

<u>Figure 25</u> : Spectres RMN $^{13}$C des lipides extraits à partir des tranches de foie de rats nourris coupées avec précision incubées pendant la période 24-48 heures en présence de différentes concentrations de [2-$^{13}$C] glucose 5,5 mM, 11 mM et 27,5 mM et d'insuline 0,1μM.

**Quantité de métabolite marqué accumulé**

| | Glutamate | | | | | | Glutamine | | | | | |
|---|---|---|---|---|---|---|---|---|---|---|---|---|
| | Total $^{13}C$ | C-1 | C-2 | C-3 | C-4 | C-5 | Total $^{13}C$ | C-1 | C-2 | C-3 | C-4 | C-5 |
| 5,5 mM glucose | 22 ± 3 | 5 ± 1 | 5 ± 2 | 5 ± 1 | 1 ± 1 | 5 ± 1 | 10 ± 5 | 1 ± 1 | 4 ± 2 | 1 ± 1 | - | 3 ± 1 |
| 5,5 mM glucose + Insuline 0,1µM | 31 ± 4* | 6 ± 1 | 8 ± 1 | 6 ± 1 | 3 ± 1 | 8 ± 2 | 12 ± 4 | - | 4 ± 1 | 3 ± 1 | - | 4 ± 2 |
| 11 mM glucose | 37 ± 4 | 6 ± 1 | 11 ± 1 | 10 ± 2 | - | 11 ± 2 | 29 ± 6 | 5 ± 2 | 9 ± 2 | 7 ± 2 | - | 8 ± 3 |
| 11 mM glucose + Insuline 0,1µM | 55 ± 7* | 8 ± 1 | 14 ± 2$ | 11 ± 1$ | 4 ± 1* | 16 ± 4 | 33 ± 6 | 6 ± 1$ | 9 ± 1 | 6 ± 1 | - | 12 ± 4 |
| 27,5 mM glucose | 77 ± 14$# | 9 ± 2 | 18 ± 3$# | 19 ± 2$# | 6 ± 3$ | 25 ± 6$# | 51 ± 15$ | 8 ± 2$ | 13 ± 3$ | 12 ± 4$ | 1 ± 1 | 17 ± 5$ |
| 27,5 mM glucose + Insuline 0,1µM | 106 ± 13$#* | 16 ± 2$#* | 24 ± 2$# | 21 ± 1$# | 10 ± 4 | 35 ± 6$# | 65 ± 13$# | 11 ± 2$#* | 14 ± 3$ | 13 ± 2$# | 2 ± 1$# | 24 ± 5$* |

**Tableau 24 : Effets de l'insuline 0,1µM et de la concentration du [2-$^{13}C$]glucose sur le métabolisme du [2-$^{13}C$]glucose dans les tranches de foie de rat.** Les tranches de foie de rat ont été incubées pendant 48 heures selon les conditions décrites dans le chapitre matériels et méthodes. La quantité de protéines est de 3,05 ± 0,17 mg par fiole. Les résultats exprimés en $\mu$moles/g de protéines/24heures de métabolites marqués produits sont présentés sous la forme moyenne ± SEM pour 5 expériences. La signification statistique a été testée avec un test ANOVA suivi d'un test PLSD de Fisher. *, p<0.05 pour les effets de l'insuline ; $, p<0,05 pour les comparaisons avec la concentration de glucose 5,5 mM et #, p<0,05 pour les comparaisons avec la concentration de glucose 11 mM.

**Quantité de métabolite marqué accumulé**

| | Total ¹³C | β-Hydroxybutyrate | | | | Triglycérides : | | | | Bilan carboné |
| | | C-1 | C-2 | C-3 | C-4 | Total | Acides gras | Glycérol | | [¹³C] |
| | | | | | | | | C-2 | C-1 + C-3 | |
| | | | | | | [¹³C] | [¹³C] | | | |
|---|---|---|---|---|---|---|---|---|---|---|
| 5,5 mM glucose | - | - | - | - | - | 52 ± 13 | 49 ± 14 | 4 ± 2 | - | 589 ± 124 |
| 5,5 mM glucose + Insuline 0,1μM | 1 ± 1 | - | - | - | 1,0 ± 1,0 | 57 ± 21 | 54 ± 19 | 2 ± 2 | 0,6 ± 0,6 | 794 ± 181 |
| 11 mM glucose | 3 ± 1 | 2,3 ± 1,0 | - | 0,9 ± 0,6 | - | 113 ± 48 | 98 ± 44 | 14 ± 5 | - | 1373 ± 195$ |
| 11 mM glucose + Insuline 0,1μM | 4 ± 1 | 2,1 ± 0,8 | 0,1 ± 0,1 | 0,8 ± 0,6 | 0,7 ± 0,4 | 140 ± 59 | 119 ± 51 | 18 ± 7 | 2,8 ± 1,7 | 1399 ± 90$ |
| 27,5 mM glucose | 34 ± 7$# | 17,7 ± 4,6$# | 3,2 ± 1,9 | 12,3 ± 2,1$# | 0,7 ± 0,4 | 276 ± 86$ | 239 ± 79$ | 36 ± 8$# | 0,8 ± 0,8 | 2654 ± 363$# |
| 27,5 mM glucose + Insuline 0,1μM | 45 ± 5$# | 24,0 ± 5,3$# | 2,5 ± 1,1$# | 16,3 ± 1,7$# | 1,9 ± 0,8 | 517 ± 139$#* | 461 ± 127$#* | 48 ± 9$# | 8,3 ± 3,9$ | 3676 ± 250$#* |

**Tableau 25 : Effets de l'insuline 0,1μM et de la concentration du [2-¹³C]glucose sur le métabolisme du [2-¹³C]glucose dans les tranches de foie de rat.**
Les tranches de foie de rat ont été incubées pendant 48 heures selon les conditions décrites dans le chapitre matériels et méthodes. La quantité de protéines est de 3,05 ± 0,17 mg par fiole. Les résultats exprimés en $\mu$moles/g/24heures métabolites marqués produits sont présentés sous la forme moyenne ± SEM pour 5 expériences. La signification statistique a été testée avec un test ANOVA suivi d'un test PLSD de Fisher. *, p<0,05 pour les effets de l'insuline ; $, p<0,05 pour les comparaisons avec la concentration de glucose 5,5 mM et #, p<0,05 pour les comparaisons avec la concentration de glucose 11 mM.

| | Enrichissement spécifique moyen (24 – 48 heures) | Enrichissement spécifique au bout de 48 heures d'incubation | |
|---|---|---|---|
| | Glucose | Lactate | Alanine |
| 5,5 mM glucose | 71 ± 1 | 11,9 ± 1,2 | 8 ,5 ± 3,9 |
| 5,5 mM glucose + Insuline 0,1$\mu$M | 71 ± 1 | 13,5 ± 1,6 | 15,5 ± 7 |
| 11 mM glucose | 81 ± 1 | 18,8 ± 2,0 | 13,1 ± 1,6 |
| 11 mM glucose + Insuline 0,1$\mu$M | 84 ± 2 | 20,9 ± 1,8 | 18,2 ± 2,4 |
| 27,5 mM glucose | 86 ± 1 | 34,1 ± 1,2 | 22,5 ± 2,4 |
| 27,5 mM glucose + Insuline 0,1$\mu$M | 84 ± 1 | 39,7 ± 3,1 | 26,9 ± 2,8 |

Tableau 12 : Mesure des enrichissements spécifiques du glucose, du lactate et de l'alanine

| | Enrichissement spécifique moyen (24 – 48 heures) | Enrichissement spécifique au bout de 48 heures d'incubation | |
|---|---|---|---|
| | Glucose | Glutamine | Glutamate |
| 5,5 mM glucose | 71 ± 1 | 4,2 ± 2,5 | 6,8 ± 0,8 |
| 5,5 mM glucose + Insuline 0,1$\mu$M | 71 ± 1 | 6,9 ± 1,8 | 9,9 ± 1,5 |
| 11 mM glucose | 81 ± 1 | 12,4 ± 1,9 | 11,6 ± 1,2 |
| 11 mM glucose + Insuline 0,1$\mu$M | 84 ± 2 | 16,4 ± 2,4 | 16,9 ± 2,2 |
| 27,5 mM glucose | 86 ± 1 | 23,2 ± 4,5 | 23,6 ± 3,6 |
| 27,5 mM glucose + Insuline 0,1$\mu$M | 84 ± 1 | 31,6 ± 4,5 | 31,7 ± 3,2 |

Tableau 13 : Mesure des enrichissements spécifiques du glucose, de la glutamine et du glutamate

Ainsi, une part non négligeable du lactate mesuré enzymatiquement n'est pas marquée. La mesure des enrichissements spécifiques (Tableau 26) montre que l'activité spécifique du lactate est inférieure à celle du glucose, suggérant qu'il existerait des sources endogènes précurseurs du lactate qui ne passeraient pas par le glucose, le principal substrat endogène étant le glycogène comme l'indique les résultats des dosages enzymatiques.

Lorsqu'on étudie la répartition du marquage sur les carbones du lactate, on observe que tous les carbones sont marqués. La quantité de marquage augmente avec la concentration de [2-$^{13}$C]glucose de manière significative entre 5,5 mM et 27,5 mM et entre 11 mM et 27,5 mM. De même, l'insuline augmente significativement le marquage sur les carbones 1 et 3 lorsque le substrat est présent à la concentration de 27,5 mM. Cependant, les carbones ne sont pas identiquement marqués. Le carbone 2 est celui présentant le plus fort marquage. Il est suivi par le carbone 3, le carbone 1 étant le moins marqué.

Les dosages enzymatiques montrent une consommation nette d'alanine pour toutes les concentrations de glucose, en présence ou en absence d'insuline. En revanche, la spectroscopie RMN montre une production d'alanine marquée dès la plus faible concentration de glucose qui augmente entre 5,5 mM et 27,5 mM et entre 11 mM et 27,5 mM de [2-$^{13}$C]glucose. L'insuline ne montre pas d'effet significatif sur cette production.

Les spectres obtenus à partir des milieux d'incubation montre que le marquage concerne tous les carbones mais de façon différente ; le carbone 2 porte le marquage le plus important suivi par le carbone 3 ; le carbone 1 est le moins marqué. Seuls les marquages portés par les carbones 2 et 3 montrent une relation dose dépendante avec la concentration de [2-$^{13}$C]glucose. Il faut toutefois remarquer que le marquage sur le carbone 1 est extrêmement faible. Lorsqu'on compare le rapport du marquage du carbone 2 et du carbone 3 de l'alanine avec et celui des carbones 2 et 3 du lactate, aucune différence significative n'apparaît. Ainsi, ces deux métabolites dériveraient d'un même pool.

Les dosages enzymatiques montrent une production nette de glutamate et glutamine indépendante de la concentration de glucose ou d'insuline. La spectroscopie RMN montre qu'une partie de la glutamine et du glutamate synthétisés est marquée. Une production de glutamine marquée est observée à partir de 5,5 mM avec ou sans insuline et augmente de manière significative entre 5,5 mM et 27,5 mM en présence ou en absence d'insuline, cependant elle reste faible.

Les spectres montrent que tous les carbones sont présents à 11 mM à l'exception de C4 qui apparaît seulement avec 27,5 mM de [2-$^{13}$C]glucose. Le marquage de la glutamine concerne environ une molécule sur 5 à 11 mM et une sur 3 à la plus forte concentration de [2-$^{13}$C]glucose. Son enrichissement spécifique étant plus faible que celle du glucose (Tableau 27), une part importante de la glutamine est formée à partir de sources endogènes sans passer par le glucose.

On assiste aussi à une production de glutamate marqué qui augmente significativement avec la concentration de [2-$^{13}$C]glucose.

Les spectres montrent un marquage présent sur tous les carbones à l'exception du carbone 4 dès la plus faible concentration de [2-$^{13}$C]glucose. Les carbones 2, 3 et 5 sont les plus marqués à partir de 11 mM et leur marquage augmente significativement entre 5,5 mM et 27,5 mM et entre 11 mM et 27,5 mM de [2-$^{13}$C]glucose en absence ou en présence d'insuline. De même, on observe une augmentation du marquage du carbone 1 entre 5,5 mM et 27,5 mM et entre 11 mM et 27,5 mM en présence d'insuline. Cette hormone augmente significativement le marquage sur le carbone 1 à 27,5 mM de [2-$^{13}$C]glucose. Le carbone 4 est celui qui présente le plus faible marquage.

La proportion de glutamate marqué par rapport à la production nette augmente avec la concentration de [2-$^{13}$C]glucose. Deux molécules sur sept sont marquées à 5,5 mM alors que trois sur quatre sont marquées à 27,5 mM. L'enrichissement isotopique du glutamate augmente avec la concentration de glucose mais reste cependant plus faible que celle du [2-$^{13}$C]glucose (Tableau 27). De même, nous pouvons remarquer que les enrichissements spécifiques de la glutamine et du glutamate sont très proches indiquant qu'il n'y a pas de dilution supplémentaire lors de la conversion du glutamate en glutamine.

Les résultats enzymatiques montrent également une production nette de corps cétoniques. Les résultats de spectroscopie RMN montrent une synthèse de β-hydroxybutyrate marqué, visible sur les spectres pour la plus forte concentration de glucose. Le marquage le plus important est porté par les carbones 1 et 3, les autres étant marqués de façon extrêmement faible. L'insuline n'a pas d'effet significatif sur cette production.

Nous pouvons remarquer que cette biosynthèse est faible par rapport à la production nette mesurée enzymatiquement. On peut estimer la part du marquage à une molécule marquée sur trente huit à 11 mM et à une sur cinq à 27,5 mM.

Les dosages enzymatiques indiquent une dégradation nette de triglycérides pour 5,5 mM, 11 mM et 27,5 mM de glucose en absence d'insuline et à 5,5 mM en présence d'insuline et une production nette à 11 mM et 27,5 mM en présence de cette hormone. Nos résultats obtenus par spectroscopie RMN montrent une synthèse de triglycérides marqués mais qui reste faible pour la concentration 5,5 mM. Celle-ci augmente avec la concentration de [2-$^{13}$C]glucose, la différence étant significative entre 5,5 mM et 27,5 mM en absence d'insuline (x5) et en présence d'insuline (x9). Elle augmente également entre 11 mM et 27,5 mM en présence d'insuline de 269%. L'insuline stimule la synthèse de triglycérides à partir du glucose lorsque le [2-$^{13}$C]glucose est présent à la concentration 27,5 mM (+87%).

Les spectres RMN montrent différents pics correspondant aux chaînes d'acides gras et au glycérol. La quantité d'acides gras marqué augmente significativement entre 5,5 mM et 27,5 mM de 388% (x5) en absence d'insuline et de 754% (x8,5) et entre 11 mM et 27,5 mM de 287% en présence d'insuline. Le marquage du glycérol sur les carbones 1 et 3 est présent à 11 mM et 27,5 mM en absence et en présence d'insuline ; par contre, il est présent sur le carbone 2 dès la concentration 5,5 mM. Sa quantité augmente de façon significative entre 5,5 mM et 27,5 mM  et entre 11 mM et 27,5 mM (x10 et +146% en absence d'insuline, x20 et +158% en présence d'insuline). Le marquage sur les carbones 1 et 3 du glycérol augmente de manière significative entre 5,5 mM et 27,5 mM (x 14).

Comme nous l'avons déjà indiqué, le bilan carboné $^{13}$C représente la différence entre la quantité de substrat marqué utilisé et la quantité de produits marqués qui se sont accumulés. Nous pouvons tout d'abord remarquer que ce bilan est positif, c'est-à-dire que tous les carbones utilisés ne sont pas retrouvés dans les produits synthétisés. Ainsi, une partie du marquage a disparu, probablement sous la forme de $CO_2$. Ce bilan $^{13}$C augmente significativement avec la concentration de glucose de 93% entre 11 mM et 27,5 mM et de 351% (X 4,5) entre 5,5 mM et 27,5 mM en absence d'insuline et de respectivement 163% et de 363% (X 4,6) en présence d'insuline. Cette hormone augmente significativement la différence entre la quantité de substrat marqué utilisé et la quantité de produits marqués de 38,5% à 27,5 mM.

## II. Régulation du métabolisme du glucose par la glutamine dans le modèle de tranches de foie de rats nourris coupées avec précision

Après avoir caractérisé le métabolisme du glucose en fonction de la concentration de substrat (glucose), de la période d'incubation, en absence et en présence d'insuline, nous avons cherché à savoir si la glutamine pouvait agir en tant que régulateur du métabolisme hépatique du glucose dans notre modèle de tranches de foie de rats nourris coupées avec précision.

Pour cela, nous avons incubé des tranches dans un milieu William's E en présence de [2-$^{13}$C]glucose 27,5 mM, avec ou sans insuline 1$\mu$M, en absence et en présence de différentes concentrations de glutamine (2 et 10 mM).

Les tranches sont incubées 24 heures au terme desquelles les différents métabolites sont dosés enzymatiquement et par spectroscopie RMN.

### 1. Données enzymatiques

Les Tableaux 28 et 29 présentent les différents métabolites dosés enzymatiquement qui se sont accumulés ou qui ont été consommés au cours de ces 24 heures d'incubation. La quantité de protéines est de 3,40 ± 0,15 mg par roller, correspondant à deux tranches. Les résultats sont exprimés en $\mu$moles par gramme et pour 24 heures. La significativité statistique a été testée par une analyse de variance (ANOVA) suivie d'un test PLSD de Fisher.

Le dosage du glucose montre que celui-ci est consommé de façon importante par les cellules. La glutamine n'a pas d'effet significatif sur le captage net de substrat, en présence ou en absence d'insuline. En revanche, cette dernière stimule de façon importante ce captage respectivement de 144%, 177% et 130% en absence de glutamine, à 2 mM et à 10 mM.

On observe également une glycogénolyse nette importante non modifiée par les concentrations croissantes de glutamine. En revanche, l'insuline diminue cette dégradation nette, et ce, quelle que soit la concentration de glutamine. Cette diminution est en moyenne de 22,5%.

Nous observons également une production nette de pyruvate, quelle que soit la concentration de glutamine. Nous mesurons une augmentation de la production nette de pyruvate entre 0 et 10 mM respectivement de 14% et 31% en absence et en présence d'insuline et respectivement de 25% entre 2mM et 10 mM uniquement en

Consommation (-) ou production de métabolites

| | Glucose | Glycosyl | Pyruvate | Lactate | Alanine | Glutamate | Glutamine |
|---|---|---|---|---|---|---|---|
| 0 mM glutamine | - 1286 ± 268 | - 3948 ± 211 | 141 ± 18 | 1456 ± 125 | 82 ± 30 | 134 ± 6 | 139 ± 18 |
| 0 mM glutamine + Insuline 1µM | - 3135 ± 305* | - 3106 ± 271* | 144 ± 14 | 1550 ± 108 | - 185 ± 24* | 86 ± 6* | 179 ± 37 |
| 2 mM glutamine | - 1220 ± 316 | - 3937 ± 208 | 140 ± 18 | 1552 ± 128 | 200 ± 27$ | 164 ± 15 | - 183 ± 59$ |
| 2 mM glutamine + Insuline 1µM | - 3378 ± 333* | - 3001 ± 268* | 150 ± 11 | 1617 ± 95 | - 72 ± 18$* | 107 ± 12* | - 344 ± 42$* |
| 10 mM glutamine | - 1155 ± 389 | - 3897 ± 207 | 161 ± 18$ | 1787 ± 139 | 382 ± 45$# | 194 ± 14$ | - 1470 ± 130$# |
| 10 mM glutamine + Insuline 1µM | - 2656 ± 388* | - 3019 ± 231* | 188 ± 15$# | 2170 ± 136$#* | 265 ± 24$#* | 176 ± 19$# | - 2440 ± 143$#* |

**Tableau 14** : **Effets de l'insuline 1µM et de la concentration de glutamine sur le métabolisme de 27,5 µM de [2-$^{13}$C] glucose dans les tranches de foie de rat.** Les tranches de foie de rat ont été incubées pendant 24 heures selon les conditions décrites dans le chapitre matériels et méthodes. La quantité de protéines est de 3,40 ± 0,15 mg par fiole. La quantité de glycogène mesurée dans les tranches non incubées est de 4092 ± 222 µmoles/g de protéines. Les résultats exprimés en µmoles/g de protéines/24heures de métabolites consommés (-) ou produits sont présentés sous la forme moyenne ± SEM pour 6 expériences. La signification statistique a été testée avec un test ANOVA suivi d'un test PLSD de Fisher. *, $p < 0.05$ pour effets de l'insuline ; $, $p < 0.05$ pour les comparaisons avec l'absence de glutamine et #, $p < 0.05$ pour les comparaisons avec la concentration de glutamine 2 mM.

183

présence d'insuline. Cette dernière, en revanche, n'a pas d'effet significatif sur la production nette de pyruvate.

De même, nous pouvons observer une production nette de lactate dans toutes les conditions. La glutamine augmente cette production nette de 342% entre 2 mM et 10 mM en présence d'insuline. L'insuline stimule également cette production nette en présence de glutamine 10 mM.

L'alanine est également produite en quantité nette en absence de glutamine et en présence de glutamine 2 mM et 10 mM en absence d'insuline. En revanche, une consommation nette d'alanine est observée en présence d'insuline en absence de glutamine et en présence de glutamine 2 mM. La production d'alanine suit une relation dose-dépendante de la glutamine. En effet, la glutamine stimule la production nette d'alanine en absence d'insuline de 144% entre 0 et 2 mM et la multiplie par cinq entre 0 et 10 mM et par presque deux entre 2 et 10 mM. En présence d'insuline, la glutamine diminue la consommation nette d'alanine de 59% entre 0 et 2 mM et entraîne le passage d'une consommation nette à une production nette à 10 mM. L'insuline, quant à elle, stimule la consommation nette d'alanine en présence de glutamine 2 mM et diminue la production nette de 31% à 10 mM.

Par ailleurs, nous observons une production nette de glutamate dans toutes les conditions. La glutamine la stimule significativement de 45% entre 0 et 10 mM en absence d'insuline et la multiplie par 2 en présence d'insuline. Entre 2 mM et 10 mM de glutamine, le glutamate accumulé est multiplié par 7 en présence d'insuline. Cette hormone diminue la production nette de glutamate en absence de glutamine ou lorsqu'elle est présente à la concentration de 2 mM.

Une production nette de glutamine est également présente lorsque celle-ci n'est pas ajoutée au milieu. En présence de 2 et 10 mM, nous pouvons observer une consommation nette en absence ou en présence d'insuline. Cette consommation est dose-dépendante de la glutamine, la relation entre la concentration de glutamine étant parfaitement linéaire en présence et en absence d'insuline comme nous le montre la figure 26 ; elle est multipliée par huit entre 2 mM et 10 mM en absence d'insuline et par sept en présence d'insuline. Celle-ci stimule le captage net de la glutamine à 2 mM et 10 mM respectivement de 88% et 66%.

## Consommation (-) ou production de métabolites

| | β-hydroxy-butyrate | Acéto-acétate | β-hydroxy-butyrate + Acéto-acétate | Tri-glycérides | Urée | $NH_4^+$ | Bilan carboné en unité C3 | Bilan azoté | β-hydroxy-butyrate / Acéto-acétate | Lactate/Pyruvate |
|---|---|---|---|---|---|---|---|---|---|---|
| 0 mM glutamine | 499 ± 61 | 544 ± 52 | 1043 ± 111 | - 7 ± 4 | 1047 ± 107 | 30 ± 4 | 6514 ± 518 | - 2616 ± 188 | 0,91 ± 0,05 | 7,20 ± 0,27 |
| 0 mM glutamine + Insuline 1µM | 510 ± 61 | 444 ± 37* | 954 ± 94 | 80 ± 7* | 1072 ± 83 | 18 ± 5* | 6687 ± 802 | - 2420 ± 140 | 1,13 ± 0,07 | 7,53 ± 0,21 |
| 2 mM glutamine | 525 ± 68 | 551 ± 44 | 1076 ± 109 | - 3 ± 5 | 1250 ± 137 | - 29 ± 9$ | 6281 ± 541 | - 2469 ± 183 | 0,94 ± 0,06 | 7,73 ± 0,35 |
| 2 mM glutamine + Insuline 1µM | 512 ± 55 | 439 ± 36* | 952 ± 89 | 85 ± 4* | 1279 ± 105 | - 42 ± 6$* | 7160 ± 568* | - 1861 ± 170* | 1,16 ± 0,06 | 7,61 ± 0,19 |
| 10 mM glutamine | 542 ± 70 | 473 ± 49 | 1015 ± 116 | 11 ± 4$ | 2409 ± 152$# | - 302 ± 24$# | 6661 ± 581 | - 2151 ± 168 | 1,14 ± 0,06$# | 8,04 ± 0,25 |
| 10 mM glutamine + Insuline 1µM | 633 ± 55* | 434 ± 29 | 1067 ± 81# | 90 ± 8* | 3332 ± 174$*# | - 320 ± 24$# | 6873 ± 595 | - 1905 ± 197* | 1,45 ± 0,07$# | 8,65 ± 0,21$# |

**Tableau 15 : Effets de l'insuline 1µM et de la concentration de glutamine sur le métabolisme de 27,5 µM de [2-$^{13}$C] glucose dans les tranches de foie de rat.**
Les tranches de foie de rat ont été incubées pendant 24 heures selon les conditions décrites dans le chapitre matériels et méthodes. La quantité de protéines est de 3,40 ± 0,15 mg par fiole. La quantité de triglycérides mesurée dans les tranches non incubées est de 66 ± 14 µmoles/g de protéines. Les résultats exprimés en µmoles/g de protéines/24heures de métabolites consommés (-) ou produits sont présentés sous la forme moyenne ± SEM pour 6 expériences. La signification statistique a été testée avec un test ANOVA suivi d'un test PLSD de Fisher. *, p<0,05 pour les effets de l'insuline ; $, p<0,05 pour les comparaisons avec l'absence de glutamine et #, p<0,05 pour les comparaisons avec la concentration de glutamine 2 mM.

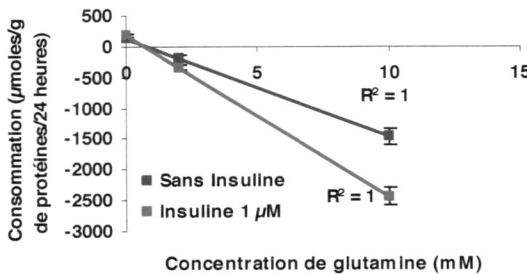

**Figure 26** : Relation dose-effet entre la concentration de glutamine présente dans le milieu et sa consommation lors d'une incubation de 24 heures en absence et en présence d'insuline 1μM.

Les dosages enzymatiques montrent également une production nette de corps cétoniques en présence ou en absence d'insuline et de glutamine. La glutamine n'a pas d'effet significatif sur cette production nette quelle que soit sa concentration alors qu'à 10 mM de glutamine, l'insuline stimule de 17% et multiplie par deux respectivement la production de β-hydroxybutyrate et celle des corps cétoniques. Elle diminue également la production nette d'acétoacétate respectivement de 18% et de 20% en absence de glutamine et à 2 mM. Cependant, lorsque l'on considère la somme de ces corps cétoniques, ces effets ne sont pas retrouvés.

En absence d'insuline, les triglycérides sont très faiblement dégradés en absence de glutamine et à 2 mM de glutamine alors qu'ils sont produits en quantité nette en présence de glutamine 10 mM. L'insuline entraîne en revanche l'apparition d'une production nette de triglycérides en absence ou en présence de glutamine et la multiplie par huit en présence de glutamine 10 mM.

On observe une production nette d'urée dans toutes les conditions ; elle augmente entre 0 et 10 mM de glutamine et entre 2 et 10 mM respectivement de 19% et 92% en absence d'insuline et respectivement de 19% et 161% en présence d'insuline. Cette hormone stimule également la production nette d'urée de 38% à 10 mM de glutamine.

Les ions ammonium sont produits en absence de glutamine alors qu'ils sont consommés lorsque la glutamine est présente. Cette consommation nette augmente significativement entre 2 mM et 10 mM de glutamine en absence d'insuline (x 10) et en présence d'insuline (x 8). Cette hormone diminue de 40% la faible production nette d'ions ammonium en absence de glutamine et augmente de 46% sa consommation nette en présence de glutamine 2 mM.

A partir de ces différents dosages, le bilan carboné a été calculé selon la relation suivante :

$$\Delta C = |2\Delta Glc + \Delta Pyr + \Delta Ala + \Delta Gln + 2\Delta Glycogène| - |\Delta Lac + 2\Delta Glu + 2\Delta\beta OHBut + 2\Delta AcAc + \Delta Glycerol + 24\Delta AG|$$

où $\Delta$ correspond à la différence entre les échantillons et les fioles témoins incubées sans tranche.

Ce bilan est positif dans toutes les conditions. Il y a, par conséquent plus de produits consommés que de produits accumulés. Cette différence serait la conséquence de la perte de carbones sous forme de $CO_2$ au cours du métabolisme. La glutamine ne semble pas modifier l'oxydation des substrats et l'insuline entraîne une augmentation de 14% de ce bilan à 2 mM de glutamine.

A partir des données enzymatiques obtenues pour l'alanine, la glutamine, le glutamate, l'urée et les ions ammonium, le bilan azoté a été calculé selon la formule suivante :

$$\Delta N = (\Delta Ala + 2\Delta Gln) - (\Delta Glu + 2\Delta Urée + \Delta NH4)$$

Celui-ci apparaît négatif dans toutes les conditions. Ainsi, il y a plus de produits azotés accumulés que de produits azotés consommés indiquant la participation de substrat endogènes. La glutamine n'a pas d'effet significatif sur ce bilan alors que l'insuline le diminue à 2 mM et 10 mM de glutamine respectivement de 25% et 11%.

Notons que le rapport β-hydroxybutyrate/acétoacétate, qui reflète le potentiel redox NAD cytosolique, est augmenté par la glutamine de façon significative entre 0 et 10 mM et entre 2 et 10 mM respectivement de 25% et 21% en absence d'insuline et de respectivement 28% et 25% en présence d'insuline. Le rapport lactate/pyruvate, indicateur du potentiel redox NAD mitochondrial, est également modifié par la glutamine. Il augmente entre 0 et 10 mM et entre 2 mM et 10 mM respectivement de 15% et 14% en présence d'insuline.

| | Utilisation nette (-) ou formation de glucose | | Resynthèse apparente de glucose marqué | | | | | | | |
|---|---|---|---|---|---|---|---|---|---|---|
| | Total enzymatique | C-2 | C-1 | C-3 | C-4 | C-5 | C-6 | Total $^{13}$C | [C1-C6] | [C3-C4] |
| 0 mM glutamine | - 1286 ± 268 | - 3787 ± 450 | 153 ± 24 | 108 ± 32 | 50 ± 10 | 455 ± 24 | 84 ± 9 | 851 ± 85 | 69 ± 18 | 58 ± 25 |
| 0 mM glutamine + Insuline 1µM | - 3135 ± 305* | - 5891 ± 428* | 212 ± 15 | 110 ± 14 | 49 ± 6 | 506 ± 25 | 99 ± 11 | 976 ± 48 | 113 ± 11* | 61 ± 16 |
| 2 mM glutamine | - 1220 ± 316 | - 3915 ± 301 | 147 ± 19 | 139 ± 46 | 35 ± 6 | 463 ± 33 | 79 ± 13 | 863 ± 67 | 69 ± 21 | 104 ± 48 |
| 2 mM glutamine + Insuline 1µM | - 3378 ± 333* | - 5930 ± 408* | 210 ± 21* | 115 ± 12 | 46 ± 3 | 495 ± 38 | 82 ± 12 | 938 ± 71 | 127 ±19* | 79 ± 17 |
| 10 mM glutamine | - 1155 ± 389 | - 3683 ± 325 | 183 ± 36 | 138 ± 55 | 48 ± 16 | 469 ± 41 | 78 ± 18 | 917 ± 162 | 105 ± 21 | 90 ± 40 |
| 10 mM glutamine + Insuline 1µM | - 2656 ± 388* | - 5330 ± 332* | 232 ± 31 | 119 ± 18 | 51 ± 6 | 478 ± 15 | 90 ± 12 | 970 ± 52 | 143 ± 15$ | 68 ± 18 |

**Tableau 16 : Effets de l'insuline 1µM et de la concentration de glutamine sur l'utilisation de [2-$^{13}$ C] glucose et la synthèse de glucose marqué dans les tranches de foie de rat.**

Les tranches de foie de rat ont été incubées pendant 24 heures selon les conditions décrites dans le chapitre matériels et méthodes. La quantité de protéines est de 3,40 ± 0,15 mg par fiole. Les résultats exprimés en µmoles/g de protéines/24heures de métabolites consommés (-) ou produits sont présentés sous la forme moyenne ± SEM pour 6 expériences. La signification statistique a été testée avec un test ANOVA suivi d'un test PLSD de Fisher. *, $p < 0,05$ pour les effets de l'insuline ; $, $p < 0,05$ pour les comparaisons avec l'absence de glutamine et #, $p < 0,05$ pour les comparaisons avec la concentration de glutamine 2 mM.

## 2. Données obtenues par spectroscopie RMN du carbone 13

### II.2.1. Synthèse et utilisation du glucose

Le Tableau 30 présente les résultats de l'effet de l'insuline $1\mu M$ et de la concentration de glutamine sur l'utilisation et la synthèse du [2-$^{13}$C]glucose dans le modèle de tranches de foie de rat coupées avec précision. Les résultats sont exprimés en $\mu$moles par gramme et pour 24 heures. La signification statistique a été testée par une analyse de variance suivie d'un test PLSD de Fisher.

#### II.2.1.1. Effet de la glutamine

Les résultats des dosages enzymatiques montraient une consommation nette de glucose indépendante de la concentration de glutamine. Les résultats RMN montrent la consommation réelle de [2-$^{13}$C]glucose. Celle-ci est supérieure à la consommation nette de glucose et semble être également indépendante de la concentration de glutamine présente dans le milieu.

On note également une resynthèse apparente de glucose marqué. Celle-ci est visible sur les spectres, et est représentée par les marquages sur les carbones 1, 3, 4, 5, 6.

Les marquages individuels ne montrent pas de modification en absence ou en présence de glutamine. De même, nous retrouvons une asymétrie dans le marquage des carbones. L'intensité du marquage sur le carbone 1 est toujours supérieure à celle du carbone 6 ; l'intensité du marquage est plus importante sur le carbone 3 que sur le carbone 4. Le marquage sur le carbone 5 est toujours le plus important après celui du carbone 2. Nous observons cependant que la différence entre les carbones 1 et 6 est augmentée de 27% en présence de glutamine 10 mM et d'insuline $1\mu M$. En revanche, la différence entre les carbones 3 et 4 n'est pas affectée par les concentrations croissantes de glutamine.

#### II.2.1.2. Effet de l'insuline $1\mu M$

Contrairement à la glutamine, la présence d'insuline entraîne des différences significatives dans le métabolisme du glucose, en particulier dans son captage et sa re-synthèse. En effet, nous avons observé par méthode enzymatique une augmentation de la consommation nette de glucose en présence d'insuline et ce, quelle que soit la concentration de glutamine présente dans le milieu. Cette augmentation est retrouvée au niveau du captage mesuré en RMN du [2-$^{13}$C]glucose. L'insuline multiplie par 1,5 la consommation de [2-$^{13}$C]glucose.

## Quantité de métabolite marqué accumulé

| | Glycosyl | | | Lactate | | | | Alanine | | | |
|---|---|---|---|---|---|---|---|---|---|---|---|
| | Total $^{13}$C | C-2 | C-5 | Total $^{13}$C | C-1 | C-2 | C-3 | Total $^{13}$C | C-1 | C-2 | C-3 |
| 0 mM glutamine | 9 ± 2 | 7 ± 2 | 1 ± 0 | 368 ± 42 | 28 ± 8 | 296 ± 32 | 44 ± 5 | 133 ± 13 | 7 ± 1 | 108 ± 10 | 18 ± 4 |
| 0 mM glutamine + Insuline 1µM | 148 ± 39$ | 118 ± 33* | 20 ± 6* | 463 ± 41* | 47 ± 6* | 347 ± 35 | 69 ± 7* | 93 ± 5* | 8 ± 1 | 70 ± 5* | 15 ± 2 |
| 2 mM glutamine | 12 ± 2 | 10 ± 1 | 2 ± 0 | 395 ± 60 | 30 ± 13 | 323 ± 47 | 41 ± 7 | 151 ± 16$ | 8 ± 2 | 124 ± 13 | 20 ± 3 |
| 2 mM glutamine + Insuline 1µM | 148 ± 37* | 120 ± 30* | 22 ± 5* | 476 ± 34 | 45 ± 6 | 358 ± 31 | 73 ± 6* | 119 ± 9* | 8 ± 1 | 90 ± 8* | 20 ± 1 |
| 10 mM glutamine | 14 ± 3$ | 12 ± 2$ | 2 ± 0 | 465 ± 57 | 38 ± 11 | 383 ± 42 | 45 ± 7 | 188 ± 16$# | 8 ± 2 | 156 ± 13$# | 24 ± 3$ |
| 10 mM glutamine + Insuline 1µM | 146 ± 23* | 125 ± 18* | 16 ± 4* | 569 ± 44 | 53 ± 9* | 443 ± 35 | 74 ± 9* | 174 ± 11$# | 10 ± 1 | 140 ± 10$# | 23 ± 2 |

**Tableau 17 : Effets de l'insuline 1µM et de deux concentrations de glutamine sur le métabolisme de 27,5 mM de [2-$^{13}$C]glucose dans les tranches de foie de rat.**
Les tranches de foie de rat ont été incubées pendant 24 heures selon les conditions décrites dans le chapitre matériels et méthodes. La quantité de protéines est de 3,40 ± 0,15 mg par fiole. Les résultats exprimés en µmoles/g de protéines/24heures de métabolites marqués produits sont présentés sous la forme moyenne ± SEM pour 6 expériences. La signification statistique a été testée avec un test ANOVA suivi d'un test PLSD de Fisher. *, p<0,05 pour les effets de l'insuline ; $, p<0,05 pour les comparaisons avec l'absence de glutamine et #, p<0,05 pour les comparaisons avec la concentration de glutamine 2 mM.

190

En revanche, elle ne montre pas d'effet significatif sur la resynthèse apparente de glucose marqué.

Au niveau des marquages individuels, nous ne notons qu'une augmentation significative de 43% de la quantité de [1-$^{13}$C]glucose à 2 mM de glutamine. La différence entre les carbones 1 et 6 est également modifiée par l'insuline. Celle-ci augmente l'asymétrie entre ces deux carbones lorsque la glutamine est absente (x 1,6) ou présente à la concentration de 2 mM (x 1,8). Enfin, dans toutes les conditions, nous n'observons pas d'effet de l'insuline sur l'asymétrie de marquage entre les carbones 3 et 4 du glucose resynthétisé.

### II.2.2. Effets de l'insuline et de la glutamine sur la synthèse et l'utilisation des métabolites dérivant du glucose

Les Tableaux 31-33 présentent l'effet de l'insuline 1μM et des concentrations croissantes de glutamine sur l'accumulation des différents métabolites marqués dérivant du métabolisme du glucose. Les résultats sont exprimés en μmoles par gramme de protéines et pour 24 heures.

#### II.2.2.1. Effet de la glutamine sur le métabolisme du glycogène

Les résultats enzymatiques montraient une dégradation nette de glycogène indépendante de la concentration de glutamine présente dans le milieu. En revanche, les résultats obtenus en RMN montre une synthèse de glycogène marqué qui augmente de 55% entre 0 et 10 mM en absence d'insuline.

Les spectres montrent que dans ces conditions, en absence d'insuline, le marquage est essentiellement porté par le carbone 2 et de façon moindre par le carbone 5. La glutamine augmente la quantité de [2-$^{13}$C]glycogène de 71% à 10 mM en absence d'insuline. Il nous faut cependant remarquer que cette synthèse est extrêmement faible.

#### II.2.2.2. Effet de l'insuline sur le métabolisme du glycogène

L'insuline, contrairement à la glutamine, modifie de façon importante le métabolisme du glycogène. En effet, on observe une augmentation significative de la synthèse de glycogène marqué quelle que soit la concentration de glutamine (x 16 en absence de glutamine ; x 12 à 2 mM ; x 10 à 10 mM).

Les spectres montrent également qu'en présence d'insuline, la voie indirecte de synthèse de glycogène est présente mais reste faible, celle-ci étant représentée par les carbones marqués autres que le carbone 2 principalement le carbone 5.

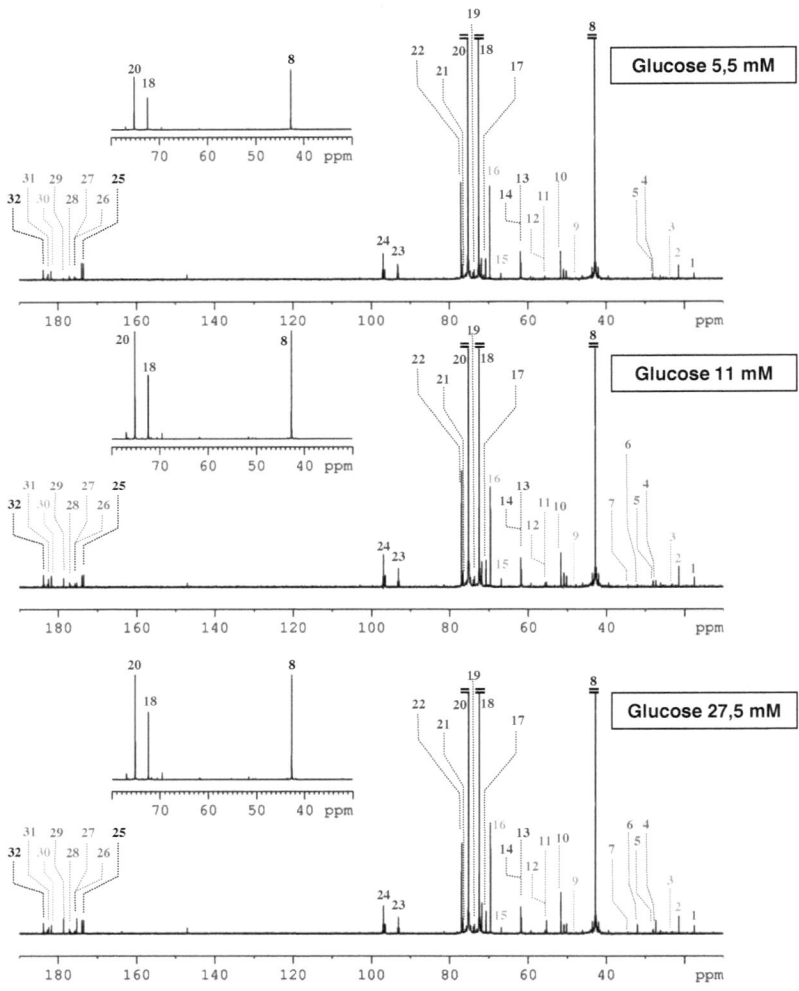

<u>Figure 27</u> : Spectres RMN $^{13}$C des milieux dans lequel ont été incubées des tranches de foie de rats nourris coupées avec précision pendant 24 heures en présence de 27,5 mM [2-$^{13}$C]glucose, de deux concentrations de glutamine 2 mM et 10 mM en absence d'insuline.

(1) alanine-C3, (2) Lactate-C3, (3) β-hydroxybutyrate-C4, (4) glutamine-C3, (5) glutamate-C3, (6) glutamine-C4, (7) glutamate-C4, (8) glycine-C2, (9) β-hydroxybutyrate-C2, (10) alanine-C2, (11) glutamine-C2, (12) glutamate-C2, (13) glucose-C6α, (14) glucose-C6β, (15) β-hydroxybutyrate-C3, (16) lactate-C2, (17) glucose-C4αβ, (18) glucose-(C2 α+C5 α), (19) glucose-C3α, (20) glucose-C2β, (21) glucose-C3β, (22) glucose-C5β, (23) glucose-C1α, (24) glucose-C1β, (25) glycine-C1, (26) glutamine-C1, (27) glutamate-C1, (28) alanine-C1, (29) glutamine-C5, (30) β-hydroxybutyrate-C1, (31) glutamate-C5, (32) lactate-C1

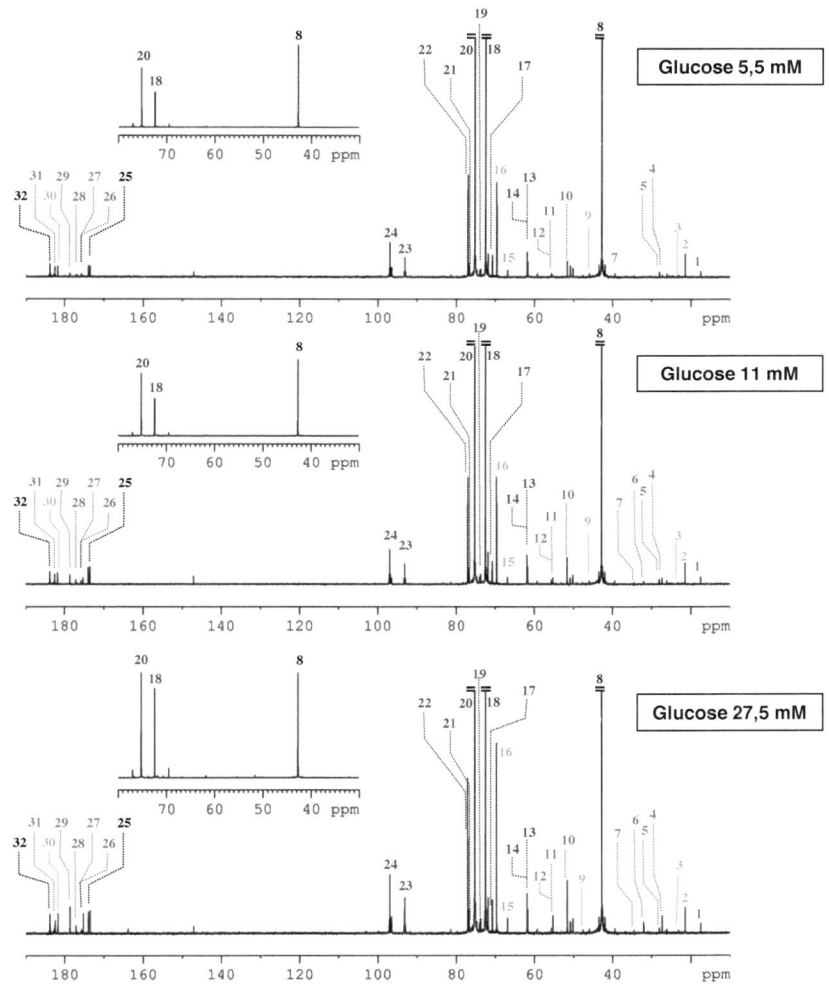

**Figure 28** : Spectres RMN <sup>13</sup>C des milieux dans lequel ont été incubées des tranches de foie de rats nourris coupées avec précision pendant 24 heures en présence de 27,5 mM [2-<sup>13</sup>C]glucose, de deux concentrations de glutamine 2 mM et 10 mM et d'insuline 1μM.

(1) alanine-C3, (2) Lactate-C3, (3) β-hydroxybutyrate-C4, (4) glutamine-C3, (5) glutamate-C3, (6) glutamine-C4, (7) glutamate-C4, (8) glycine-C2, (9) β-hydroxybutyrate-C2, (10) alanine-C2, (11) glutamine-C2, (12) glutamate-C2, (13) glucose-C6α, (14) glucose-C6β, (15) β-hydroxybutyrate-C3, (16) lactate-C2, (17) glucose-C4αβ, (18) glucose-(C2 α+C5 α), (19) glucose-C3α, (20) glucose-C2β, (21) glucose-C3β, (22) glucose-C5β, (23) glucose-C1α, (24) glucose-C1β, (25) glycine-C1, (26) glutamine-C1, (27) glutamate-C1, (28) alanine-C1, (29) glutamine-C5, (30) β-hydroxybutyrate-C1, (31) glutamate-C5, (32) lactate-C1

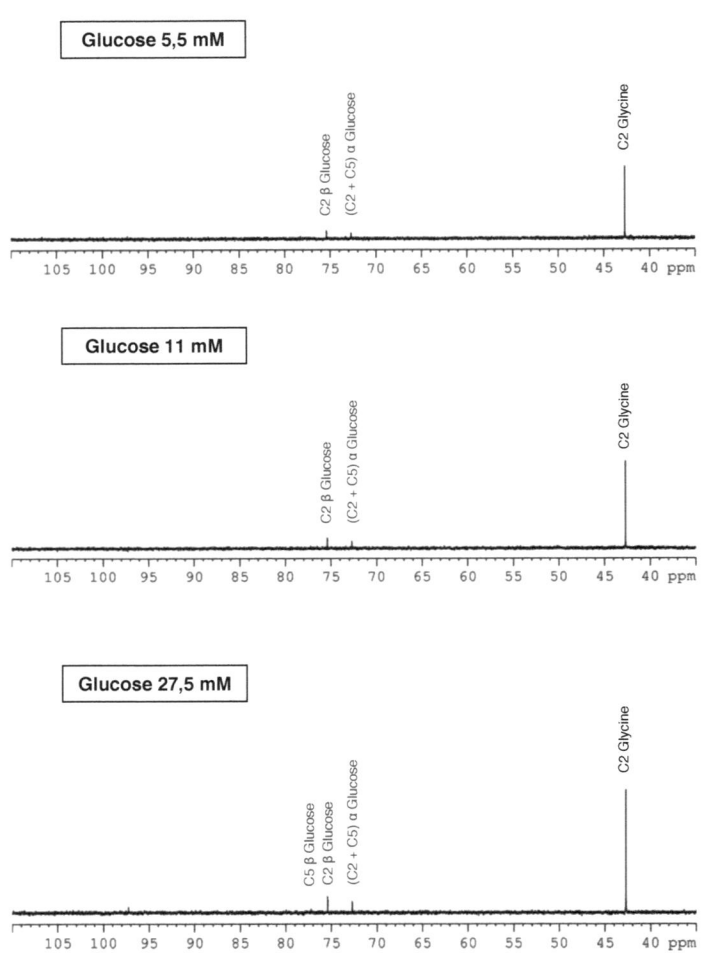

<u>Figure 29</u> : Spectres RMN <sup>13</sup>C du glycogène extrait à partir des tranches de foie de rats nourris coupées avec précision, incubées pendant 24 heures en présence de 27,5 mM [2-<sup>13</sup>C]glucose et de deux concentrations de glutamine 2 mM et 10 mM en absence d'insuline obtenus après hydrolyse en unités glycosyl.

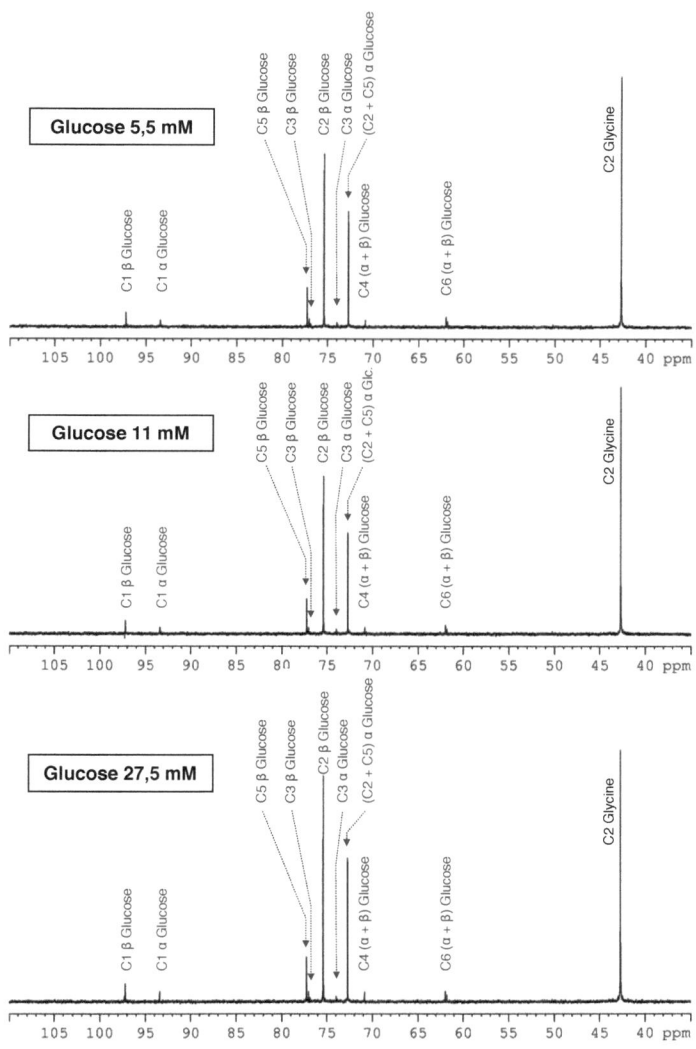

<u>Figure 30</u> : Spectres RMN $^{13}$C du glycogène extrait à partir des tranches de foie de rats nourris coupées avec précision, incubées pendant 24 heures en présence de 27,5 mM [2-$^{13}$C]glucose et de deux concentrations de glutamine 2 mM et 10 mM en présence d'insuline 1µM obtenus après hydrolyse en unités glycosyl.

195

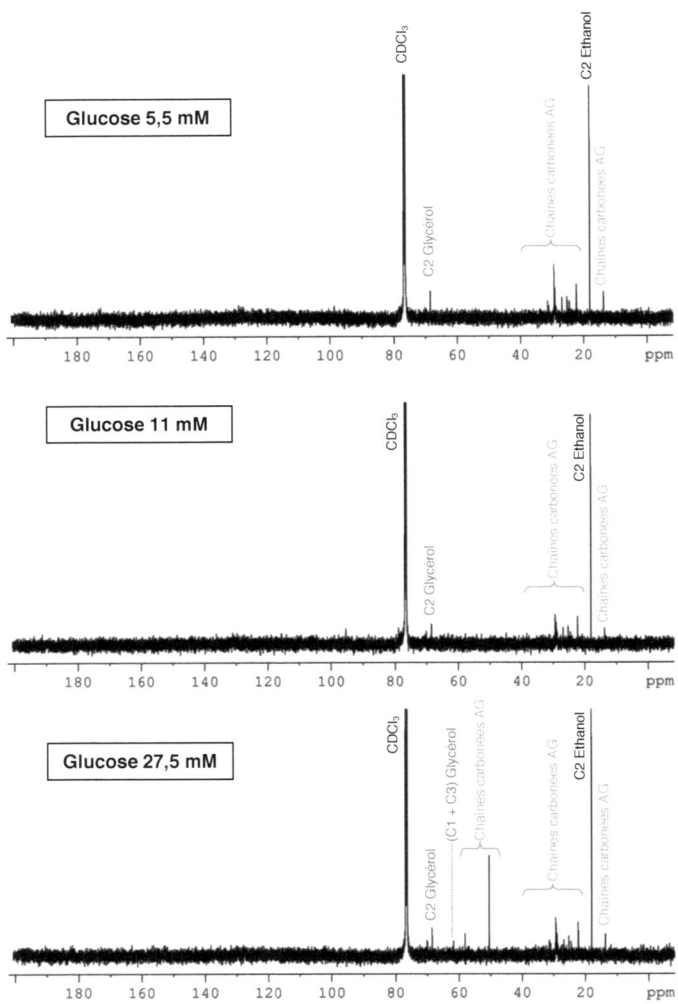

<u>Figure 31</u> : Spectres RMN $^{13}$C des lipides extraits à partir des tranches de foie de rats nourris coupées avec précision incubées pendant 24 heures en présence de 27,5 mM [2-$^{13}$C]glucose et de deux concentrations de glutamine 2 mM et 10 mM en absence d'insuline.

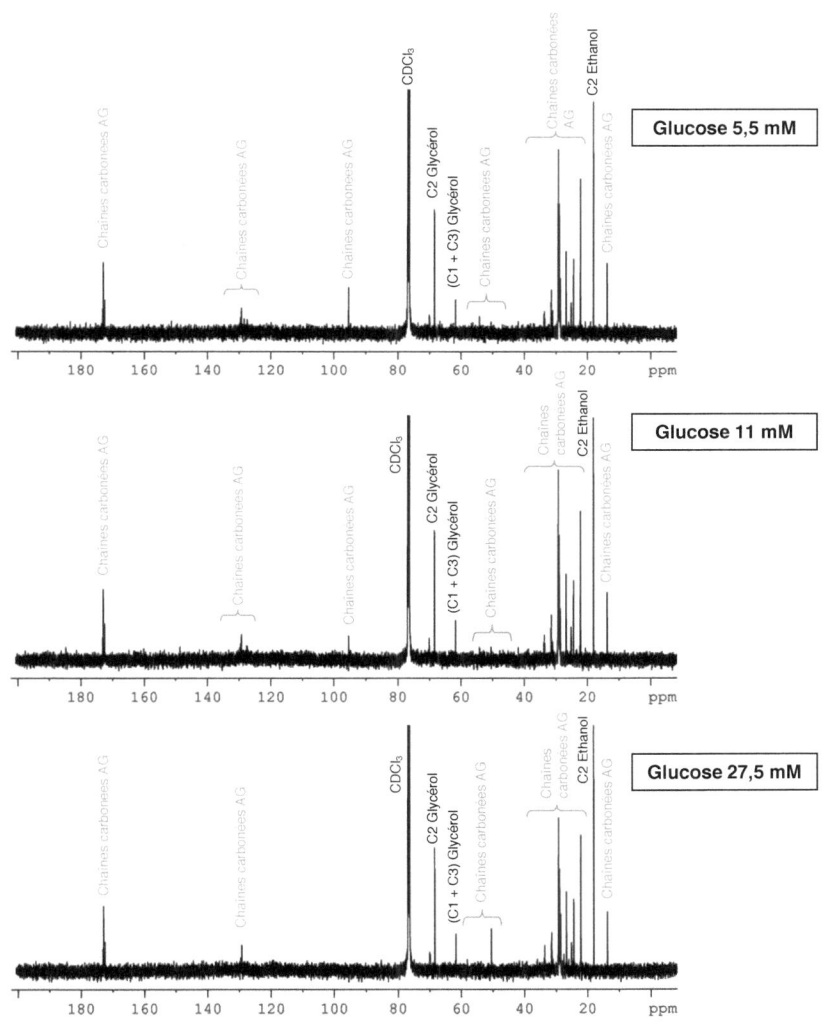

<u>Figure 32</u> : Spectres RMN $^{13}$C des lipides extraits à partir des tranches de foie de rats nourris coupées avec précision incubées pendant 24 heures en présence de 27,5 mM [2-$^{13}$C]glucose et de deux concentrations de glutamine 2 mM et 10 mM en présence d'insuline 1µM.

L'insuline augmente la quantité de glycogène total, la quantité de [2-$^{13}$C]glycogène ainsi que le [5-$^{13}$C]glycogène (x 20 en absence d'insuline ; x 11 à 2 mM x 8 à 10 mM).

### II.2.2.3. Effet de la glutamine et de l'insuline sur la synthèse de lactate et d'alanine

Les résultats enzymatiques montraient une production nette de lactate qui augmente de façon significative à la plus forte concentration de glutamine en présence d'insuline.

La spectroscopie RMN montre également une synthèse de lactate marqué, cependant elle est nettement inférieure à celle mesurée enzymatiquement. Celle-ci semble être indépendante de la concentration de glutamine. De même, la glutamine n'a pas d'effet significatif sur le marquage porté par chacun des carbones du lactate.

En revanche, l'insuline augmente la synthèse de lactate marqué mais cette augmentation n'est significative qu'en absence de glutamine (26%). Le détail des marquages montre que l'insuline n'a pas d'effet sur le marquage du carbone 2 du lactate. Par contre, l'insuline a un effet sur les marquages des carbones 1 et 3. Elle augmente la quantité de carbones 1 et 3 marqués respectivement de 68% et 57% en absence de glutamine et respectivement de 39% et 64% à 10 mM de glutamine. L'insuline augmente également de significativement (+78%) la quantité de carbone 3 marqué.

Une consommation nette d'alanine était observée enzymatiquement en absence de glutamine et à 2 mM de glutamine en présence d'insuline. Une production nette d'alanine était présente dans les autres conditions.

La spectroscopie RMN montre une production d'alanine marquée dans toutes les conditions. La glutamine augmente significativement la quantité d'alanine marquée entre 0 et 2 mM (+13,5%) en absence d'insuline et entre 0 à 10 mM en absence (+41%) et en présence (+87%) d'insuline. Un effet significatif est également retrouvé entre 2 et 10 mM de glutamine.

L'insuline, quant à elle, diminue significativement la quantité d'alanine marquée en absence de glutamine (-30%) et en présence de glutamine 2 mM (-21%).

Le détail des marquages montre que la glutamine à un effet essentiellement à 10 mM. Elle augmente la quantité d'alanine marquée sur le carbone 2 de 44% en absence d'insuline et de 100% en présence d'insuline. Un effet significatif est également présent entre 2 et 10 mM de glutamine.

Quantité de métabolite marqué accumulé

| | Glutamate | | | | | | Glutamine | | | | | |
|---|---|---|---|---|---|---|---|---|---|---|---|---|
| | Total $^{13}$C | C-1 | C-2 | C-3 | C-4 | C-5 | Total $^{13}$C | C-1 | C-2 | C-3 | C-4 | C-5 |
| 0 mM glutamine | 71 ± 7 | 9 ± 2 | 16 ± 1 | 15 ± 1 | 3 ± 1 | 21 ± 1 | 34 ± 5 | 6 ± 1 | 9 ± 1 | 8 ± 2 | - | 11 ± 1 |
| 0 mM glutamine + Insuline 1µM | 101 ± 14* | 10 ± 1 | 18 ± 2 | 14 ± 2 | 11 ± 2* | 29 ± 3* | 46 ± 6* | 7 ± 2 | 9 ± 2 | 12 ± 1 | 1 ± 0 | 18 ± 2* |
| 2 mM glutamine | 72 ± 17 | 7 ± 1 | 14 ± 2 | 13 ± 2 | 3 ± 2 | 20 ± 3 | 57 ± 11 | 7 ± 2 | 14 ± 2 | 15 ± 3 | 3 ± 2 | 19 ± 3 |
| 2 mM glutamine + Insuline 1µM | 105 ± 25* | 9 ± 1 | 16 ± 2 | 15 ± 1 | 7 ± 2* | 27 ± 2 | 92 ± 11$* | 11 ± 2 | 22 ± 2$* | 19 ± 4 | 7 ± 2$* | 34 ± 4$* |
| 10 mM glutamine | 79 ± 21 | 7 ± 1 | 13 ± 2 | 13 ± 1 | 5 ± 2 | 20 ± 1 | 86 ± 30$ | 16 ± 11 | 19 ± 4$ | 18 ± 5$ | 7 ± 4$ | 31 ± 4$# |
| 10 mM glutamine + Insuline 1µM | 92 ± 17 | 7 ± 1 | 13 ± 2 | 10 ± 1 | 11 ± 3 | 29 ± 2* | 105 ± 21$ | 16 ± 9 | 20 ± 3$ | 22 ± 2$ | 10 ± 3$ | 41 ± 5$* |

**Tableau 18 : Effets de l'insuline 1µM et de la concentration de glutamine sur le métabolisme de 27,5 mM de [2-$^{13}$C]glucose dans les tranches de foie de rat.**
Les tranches de foie de rat ont été incubées pendant 24 heures selon les conditions décrites dans le chapitre matériels et méthodes. La quantité de protéines est de 3,40 ± 0,15 mg par fiole. Les résultats exprimés en µmoles/g de protéines/24heures métabolites marqués produits sont présentés sous la forme moyenne ± SEM pour 6 expériences. La signification statistique a été testée avec un test ANOVA suivi d'un test PLSD de Fisher. *, $p < 0,05$ pour les effets de l'insuline ; $, $p < 0,05$ pour les comparaisons avec l'absence de glutamine et #, $p < 0,05$ pour les comparaisons avec la concentration de glutamine 2 mM.

Les effets significatifs de l'insuline ne sont présents qu'en absence de glutamine et en présence de glutamine 2 mM. Cette hormone diminue la quantité de C-2 marqué respectivement de 35% et 27%.

### II.2.2.4. Effet de la glutamine et de l'insuline sur la synthèse de glutamate et de glutamine

Les dosages enzymatiques montraient une production nette de glutamate dans toutes les conditions avec un rôle stimulateur de la glutamine. Les résultats de spectroscopie RMN montrent également une synthèse de glutamate marqué. Celle-ci est inférieure à la production nette sauf en présence d'insuline sans glutamine et en présence de glutamine 2 mM. Dans ces cas, la quantité de glutamate marqué est respectivement supérieure ou égale à la synthèse nette de glutamate. La glutamine n'a pas d'effet sur cette synthèse.

Le détail des marquages individuels des carbones montre un marquage dominant sur le carbone 5, suivi en terme d'intensité par les carbones 2 et 3 qui portent un marquage équivalent ; les carbones 1 et 4 sont les moins marqués. La glutamine n'a pas d'effet significatif sur ces carbones. L'insuline, en revanche, a un effet significatif sur la synthèse de glutamate marqué en absence de glutamine et en présence de 2 mM de glutamine. Elle augmente la production respectivement de 42% et 46%. Son action se porte essentiellement sur les carbones 4 et 5 en absence de glutamine exogène (+267% et +38%), sur le carbone 4 (+133%) à 2 mM et sur le carbone 5 (+45%) lorsque la glutamine est présente à 10 mM.

Les dosages enzymatiques montraient une production nette de glutamine en absence de glutamine exogène et une consommation nette lorsqu'elle est ajoutée au milieu à la concentration de 2 mM et 10 mM.

Les résultats de spectroscopie RMN montrent une synthèse de glutamine marquée qui augmente entre 0 et 10 mM en présence et en absence d'insuline respectivement de 128% et 153%. Lorsque nous examinons plus en détail les marquages sur les différents carbones, nous pouvons observer un marquage dominant sur le carbone 5 suivi par les carbones 2 et 3 qui portent un marquage comparable puis par le carbone 1, le carbone 4 étant le plus faiblement marqué. L'action de la glutamine est présente dès la concentration 2 mM où elle augmente significativement la quantité de carbone marqué sur les carbones 2, 4 et 5 (respectivement 144%, x 7, 89%) en présence d'insuline. La glutamine augmente également la quantité de marquage sur les carbones 2, 3 et 5 entre 0 et 10 mM

Quantité de métabolite marqué accumulé

| | β-Hydroxybutyrate | | | | | Triglycérides : | | Glycérol | | Bilan carboné |
| | Total $^{13}$C | C-1 | C-2 | C-3 | C-4 | Total | Acides gras | C-2 | C-1 + C-3 | |
| | | | | | | [$^{13}$C] | [$^{13}$C] | | | [$^{13}$C] |
|---|---|---|---|---|---|---|---|---|---|---|
| 0 mM glutamine | 76 ± 15 | 36 ± 8 | 6 ± 1 | 28 ± 6 | 6 ± 2 | 77 ± 15 | 65 ± 13 | 5 ± 3 | 7 ± 7 | 2046 ± 475 |
| 0 mM glutamine + Insuline 1µM | 115 ± 21* | 56 ± 10* | 8 ± 2 | 42 ± 8* | 8 ± 2 | 338 ± 52* | 305 ± 50* | 30 ± 5* | 3 ± 2 | 3475 ± 447 |
| 2 mM glutamine | 75 ± 16 | 38 ± 8 | 3 ± 2 | 30 ± 6 | 5 ± 1 | 59 ± 12 | 44 ± 6 | 5 ± 2 | 7 ± 7 | 2132 ± 278 |
| 2 mM glutamine + Insuline 1µM | 116 ± 21* | 56 ± 9* | 8 ± 2 | 42 ± 7* | 10 ± 3 | 407 ± 87* | 360 ± 82* | 41 ± 4* | 6 ± 3 | 3409 ± 441 |
| 10 mM glutamine | 85 ± 19 | 43 ± 9 | 3 ± 2 | 34 ± 7 | 5 ± 2 | 60 ± 16 | 39 ± 5 | 11 ± 4 | 10 ± 10 | 1688 ± 513 |
| 10 mM glutamine + Insuline 1µM | 139 ± 22* | 70 ± 10* | 7 ± 2 | 54 ± 8* | 8 ± 2 | 312 ± 65* | 273 ± 60* | 33 ± 4* | 6 ± 3 | 2740 ± 228 |

**Tableau 19 : Effets de l'insuline 1µM et de la concentration de glutamine sur le métabolisme de 27,5 mM de [2-$^{13}$C]glucose dans les tranches de foie de rat.**
Les tranches de foie de rat ont été incubées pendant 24 heures selon les conditions décrites dans le chapitre matériels et méthodes. La quantité de protéines est de 3,40 ± 0,15 mg par fiole. Les résultats exprimés en µmoles/g de protéines/24heures de métabolites marqués produits sont présentés sous la forme moyenne ± SEM pour 6 expériences. La signification statistique a été testée avec un test ANOVA suivi d'un test PLSD de Fisher. *, $p < 0,05$ pour les effets de l'insuline ; $, $p < 0,05$ pour les comparaisons avec l'absence de glutamine et #, $p < 0,05$ pour les comparaisons avec la concentration de glutamine 2 mM.

respectivement de 111%, 125% et 182% en absence d'insuline et respectivement de 122%, 83% et 128% en présence d'insuline. De même, le faible marquage sur le carbone 4 augmente avec des concentrations croissantes de glutamine exogène. L'insuline augmente également la production de glutamine marquée en absence de glutamine exogène (+35%) et en présence de glutamine 2 mM (+61%). Son action porte sur le carbone 5 en absence de glutamine exogène (+64%) et sur les carbones 2, 4 et 5 en présence de glutamine 2 mM respectivement de 57%, 133% et 79%. Enfin, lorsque la glutamine est à 10 mM, l'insuline augmente significativement le marquage sur le carbone 5 (+32%).

### II.2.2.5. Effet de la glutamine et de l'insuline sur la synthèse de β-hydroxybutyrate

Une production nette de β-hydroxybutyrate était observée enzymatiquement. La spectroscopie RMN met en évidence une production de β-hydroxybutyrate marqué sans effet significatif de la glutamine. Le détail du marquage individuel des carbones montre que les carbones 1 et 3 portent en quantité presque équivalente, le maximum de marquage, les carbones 2 et 4 étant les plus faiblement marqués mais de façon comparable.

Contrairement à la glutamine, l'insuline stimule la production de β-hydroxybutyrate en absence de glutamine, à 2 mM et 10 mM de glutamine respectivement de 51%, 55% et 63%. L'action de l'insuline porte essentiellement sur les carbones 1 et 3 (+56% et +50% en absence de glutamine exogène ; +47% et +40% à 2 mM et +63% et +59% à 10 mM).

### II.2.2.6. Effet de la glutamine et de l'insuline sur la synthèse des triglycérides, des acides gras et du glycérol

En absence d'insuline, les dosages enzymatiques montraient une dégradation nette de triglycérides en absence de glutamine exogène ou à 2 mM tandis qu'une production nette était observée en absence de glutamine et à 2 mM en présence d'insuline mais aussi à 10 mM, en absence ou en présence de cette hormone. Par contre, la spectroscopie RMN montre dans toutes les conditions, une synthèse de triglycérides marqués. Celle-ci semble indépendante de la glutamine. Lorsque l'on examine ce qui se passe pour les acides gras et le glycérol marqués, on note, dans toutes les conditions, une production de chacun de ces produits qui composent les triglycérides sans effet significatif de la glutamine. En revanche, l'insuline a un effet très net sur la synthèse de triglycérides marqués. Elle augmente la production de

339%, 590% et 420% respectivement en absence de glutamine exogène et à 2 mM et 10 mM. L'insuline augmente également la synthèse des acides gras marqués de 369%, 718% et 600% respectivement en absence de glutamine et à 2 mM et 10 mM en présence d'insuline.

Le glycérol marqué est également augmenté mais seul le carbone 2 semble être concerné significativement par l'action de l'insuline. Celle-ci augmente la synthèse de [2-$^{13}$C]glycérol respectivement de 500%, 720% et 200% en absence de glutamine et en présence de 2 mM et 10 mM.

A partir de toutes ces données, nous avons calculé le bilan carboné $^{13}$C. Ce dernier s'écrit littéralement sous la forme :

$\Delta$C = $\Delta$Glc - ($\Delta$Lac + $\Delta$Pyr + $\Delta$Ala + $\Delta$Gln + $\Delta$Glu + $\Delta\beta$ OHBut + $\Delta$AcAc + $\Delta$Glycosyl + $\Delta$Glycerol + $\Delta$AG)

où $\Delta$ représente la différence entre la quantité présente dans les témoins sans tranche et celle présente dans les fioles incubées en présence de tranches.

Ce bilan carboné est positif quelle que soit la condition et ne semble pas être modifié significativement par l'insuline ou la glutamine. Il faut toutefois remarquer la grande variabilité qui peut être responsable de cette absence de significativité.

## III. Etude de l'expression des gènes impliqués dans le métabolisme par le glucose et l'insuline

Afin d'appréhender les mécanismes moléculaires impliqués dans la régulation du métabolisme du glucose, nous avons mis au point la technique de PCR semi-quantitative pour plusieurs cibles :

- Le transporteur du glucose : GLUT-2
- Les enzymes de la glycolyse : la glucokinase, l'hexokinase de type 1, GKRP, la phosphofructokinase de type 2 et la pyruvate kinase hépatique,
- Les enzymes de la néoglucogenèse : la phosphoénolpyruvate carboxykinase, la fructose-1,6-bisphosphatase, la glucose-6-phosphatase,
- Les enzymes du métabolisme du glycogène : la glycogène phosphorylase, la glycogène synthase
- Les enzymes du métabolisme des lipides : l'ATP-citrate lyase, l'acétyl-CoA carboxylase et la synthase des acides gras.

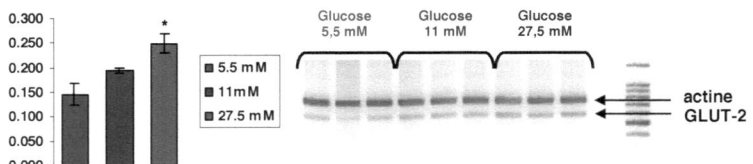

<u>Figure 33</u> : Evolution du rapport ADNc/actine pour GLUT-2 en fonction de la concentration de glucose. *, p<0,05 (Fisher) par rapport à la concentration 5,5 mM (n=3)

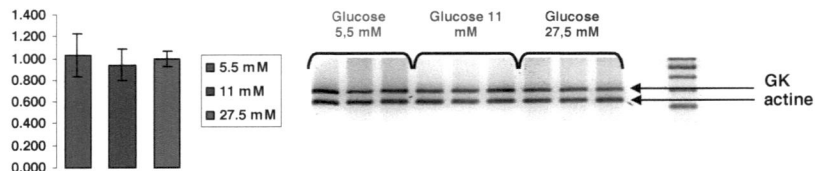

<u>Figure 34</u> : Evolution du rapport ADNc/actine pour GK en fonction de la concentration de glucose. *, p<0,05 (Fisher) par rapport à la concentration 5,5 mM (n=3)

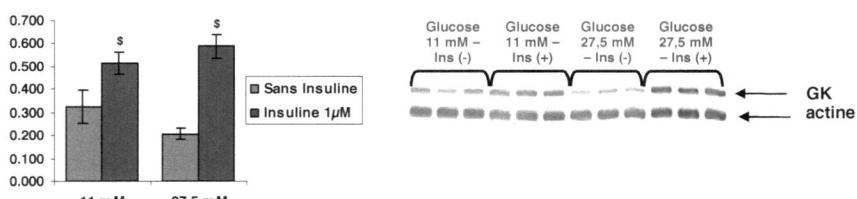

<u>Figure 35</u> : Evolution du rapport ADNc/actine pour GK en fonction de la concentration de glucose et de la présence d'insuline 1µM. $, p<0,05 (Fisher) pour les effets de l'insuline ; *, p<0,05 (Fisher) pour les effets de la concentration de glucose (n=3).

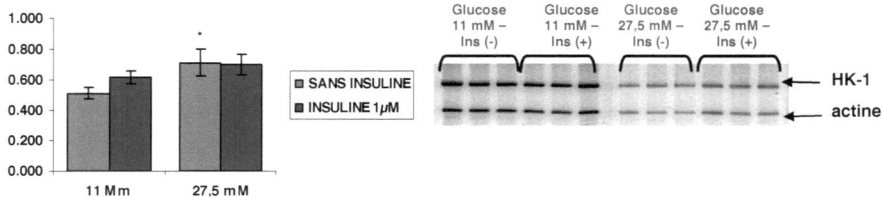

<u>Figure 36</u> : Evolution du rapport ADNc/actine pour HK-1 en fonction de la concentration de glucose et de la présence d'insuline 1µM. $, p<0,05 (Fisher) pour les effets de l'insuline ; *, p<0,05 (Fisher) pour les effets de la concentration de glucose (n=3).

- Les amorces pour ces différentes cibles ont été mises au point, la température d'hybridation déterminée, et les produits amplifiés ont été séquencés afin de nous assurer de la spécificité de l'amplification. De même, pour chacune de ces cibles, nous avons réalisé une gamme de cycles afin de déterminer les conditions optimales de co-amplification de l'ADNc cible et de l'actine. Celles-ci sont présentées dans le Tableau 11 du chapître « matériels et méthodes ».

Deux protocoles ont été suivis afin de suivre l'évolution de l'expression des différentes cibles citées précédemment :

- Des tranches de foie de rats nourris ont été incubées dans un milieu William's E pendant 24 heures en présence de trois concentrations de glucose, 5,5 mM, 11 mM et 27,5 mM, en présence de $0,1 \mu M$ d'insuline ;
- Des tranches de foie de rats nourris ont été incubées dans un milieu William's E pendant 24 heures en présence de deux concentrations de glucose, 11 mM et 27,5 mM en absence et en présence d'insuline $1 \mu M$.

Les données ont été analysées grâce à un logiciel informatique « ImageQuant® ». Les figures montrent l'évolution des rapports d'intensité de l'ADNc de la cible et de l'actine en fonction des différentes conditions. Les gels correspondants sont également présentés à titre indicatif. Les expériences, répétées deux fois, ont été réalisées sur trois échantillons par condition expérimentale. La significativité statistique a été testée en utilisant une analyse de variance suivie d'un PLSD de Fisher dans les deux cas.

Cette étude étant en cours de réalisation, certaines données sont indisponibles.

## 1. Evolution de l'expression du gène codant pour le transporteur GLUT-2

La Figure 33 nous montre que le glucose régule positivement l'expression du gène codant pour GLUT-2, l'augmentation du rapport $(ADNc)_{GLUT-2}/(ADNc)_{actine}$ étant significativement différente entre 5,5 mM et 27,5 mM de glucose.

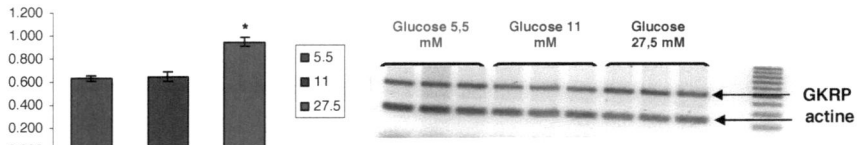

Figure 37 : Evolution du rapport ADNc/actine pour GKRP en fonction de la concentration de glucose. *, p<0,05 (Fisher) par rapport à la concentration 5,5 mM (n=3)

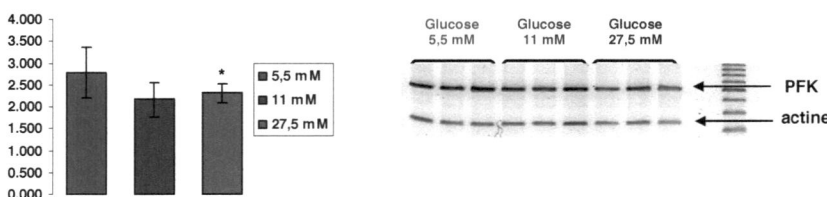

Figure 38 : Evolution du rapport ADNc/actine pour PFK-2 en fonction de la concentration de glucose. *, p<0,05 (Fisher) par rapport à la concentration 5,5 mM (n=3)

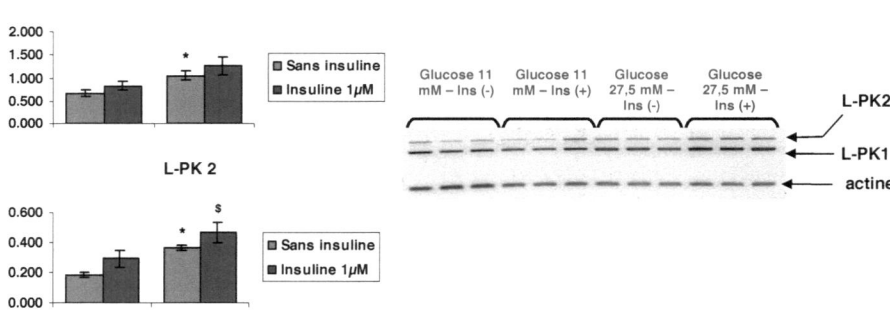

Figure 39 : Evolution du rapport ADNc/Actine pour L-PK en fonction de la concentration de glucose et de la présence d'insuline 1µM. $, p<0,05 (Fisher) pour les effets de l'insuline ; *, p<0,05 (Fisher) pour les effets de la concentration de glucose (n=3).

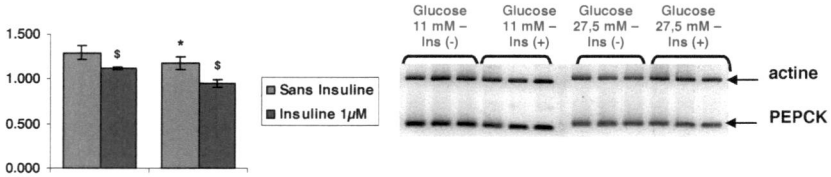

Figure 40 : Evolution du rapport ADNc/Actine pour PEPCK en fonction de la concentration de glucose et de la présence d'insuline 1µM. $, p<0,05 (Fisher) pour les effets de l'insuline ; *, p<0,05 (Fisher) pour les effets de la concentration de glucose (n=3).

## 2. Evolution de l'expression des gènes impliqués dans la voie de la glycolyse

### III.2.1. Expression de la glucokinase (GK)

Nos résultats indiquent que le glucose ne modifie pas significativement le rapport des intensités entre l'ADNc codant pour GK et celui codant pour l'actine, en présence d'insuline 0,1μM. Il en est de même en absence ou en présence de cette hormone à la concentration de 1μM. En revanche, cette dernière augmente de manière significative ce rapport (Figures 34 et 35).

### III.2.2. Expression de l'hexokinase de type 1 (HK-1)

Nous avons montré que d'une part le gène codant pour HK-1 est exprimé dans notre modèle de tranches de foie de rats nourris lors d'une incubation de 24 heures en absence et en présence d'insuline 1μM et lorsque le glucose est présent à la concentration 11 mM et 27,5 mM. Cependant, le rapport d'intensité entre l'ADNc du gène cible et celui de l'actine ne varie pas significativement avec le glucose et l'insuline (Figure 36).

### III.2.3. Expression de la protéine régulatrice de GK (GKRP)

Nous nous sommes intéressés également à l'expression du gène codant pour la GKRP, protéine régulatrice de GK. Nos résultats montrent que le rapport entre l'ADNc de GKRP et de l'actine ne varie pas significativement entre 5,5 mM et 11 mM de glucose en présence d'insuline 0,1μM. En revanche, il augmente de manière significative entre 5,5 mM et 27,5 mM de glucose (Figure 37).

### III.2.4. Expression de la phosphofructokinase de type 2

Nous avons étudié l'expression de la phosphofructokinase de type 2 (PFK-2), enzyme fortement impliquée dans la régulation de la glycolyse et la néoglucogenèse. Nos résultats indiquent que le rapport entre l'ADNc codant pour PFK-2 et celui de l'actine diminue de façon significative entre 5,5 mM et 27,5 mM de glucose en présence d'insuline 0,1μM lors d'une incubation de 24 heures (Figure 38).

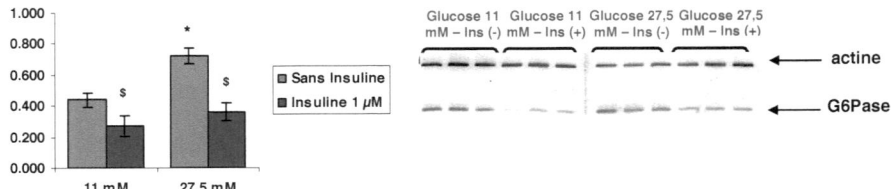

Figure 41 : Evolution du rapport ADNc/actine pour G6Pase en fonction de la concentration de glucose et de la présence d'insuline 1µM. $^\$$, $p<0,05$ (Fisher) pour les effets de l'insuline ; *, $p<0,05$ (Fisher) pour les effets de la concentration de glucose (n=3).

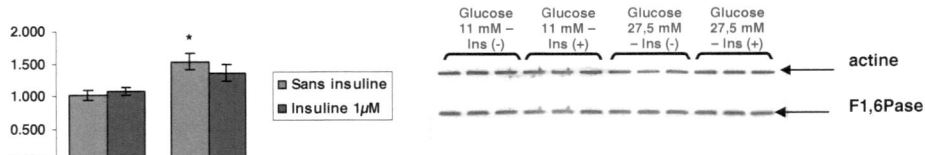

Figure 42 : Evolution du rapport ADNc/actine pour F1,6diPase en fonction de la concentration de glucose et de la présence d'insuline 1µM. $^\$$, $p<0,05$ (Fisher) pour les effets de l'insuline ; *, $p<0,05$ (Fisher) pour les effets de la concentration de glucose (n=3).

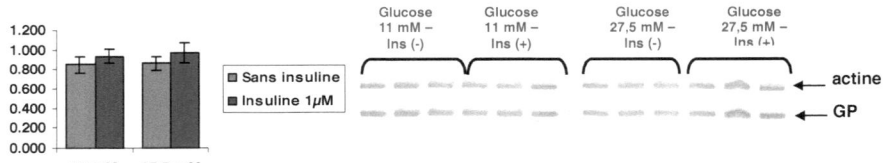

Figure 43 : Evolution du rapport ADNc/actine pour GP en fonction de la concentration de glucose et de la présence d'insuline 1µM. $^\$$, $p<0,05$ (Fisher) pour les effets de l'insuline ; *, $p<0,05$ (Fisher) pour les effets de la concentration de glucose (n=3).

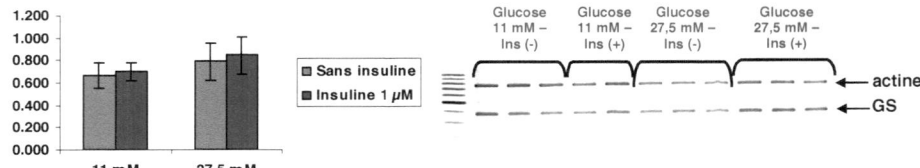

Figure 44 : Evolution du rapport ADNc/actine pour GS en fonction de la concentration de glucose et de la présence d'insuline 1µM. $^\$$, $p<0,05$ (Fisher) pour les effets de l'insuline ; *, $p<0,05$ (Fisher) pour les effets de la concentration de glucose (n=3).

### III.2.5. Expression de la pyruvate kinase hépatique (L-PK)

Nous avons étudié l'expression du gène codant pour la dernière enzyme de la glycolyse, la L-PK. Après électrophorèse, nous avons observé deux bandes. Après séquençage, il apparaît que ces deux bandes correspondent à la L-PK.

Par la suite, nous avons cherché un autre couple d'amorce afin de n'obtenir qu'une bande. Cependant, cet autre couple conduit également à l'obtention de deux bandes. C'est pourquoi, nous avons choisi de quantifier chacune d'elles ; nous les appellerons L-PK 1 et L-PK 2 afin de les distinguer.

Les résultats montrent que le rapport de L-PK1/actine est modifié significativement entre 11 et 27,5 mM en absence d'insuline mais non par l'insuline. Le rapport L-PK2/actine augmente également entre 11 et 27,5 mM de façon significative en absence d'insuline. De même, on observe une augmentation significative du rapport ADNc/actine lorsque l'insuline est présente mais uniquement lorsqu'elle est associée à une augmentation de la concentration de glucose. Pour une même concentration de glucose, l'effet de l'insuline n'est pas significatif (Figure 39).

## 3. Evolution de l'expression des gènes impliqués dans la voie de la néoglucogenèse

### III.3.1. Expression du gène codant pour la glucose-6-phosphatase (G6Pase)

Nous avons étudié l'évolution de l'expression du gène codant pour la glucose-6-phosphatase. Les résultats montrent une augmentation significative du rapport ADNc/actine en fonction du glucose et une diminution de ce rapport en présence d'insuline (Figure 41).

### III.3.2. Expression du gène codant pour la fructose-1,6-bisphosphatase (F1,6bisPase)

Les résultats montrent que des concentrations croissantes de glucose entraînent une augmentation significative du rapport entre l'ADNc codant pour F1,6 bisPase et l'actine alors que l'insuline n'a pas d'effet significatif (Figure 42).

### III.3.3. Expression du gène codant pour la phosphoenol-pyruvate carboxykinase (PEPCK)

Les résultats montrent une diminution significative du rapport entre l'ADNc de PEPCK et celui de l'actine en fonction de la concentration de glucose et en présence d'insuline 1$\mu$M (Figure 40).

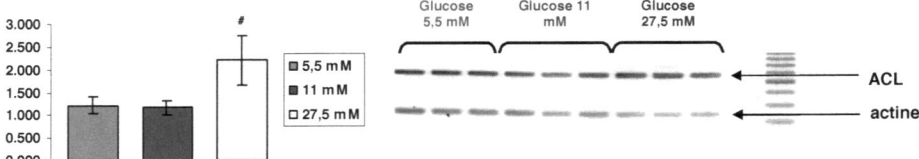

**Figure 45** : Evolution du rapport ADNc/actine pour ACL en fonction de la concentration de glucose. *, p<0,05 (Fisher) par rapport à la concentration 5,5 mM (n=3)

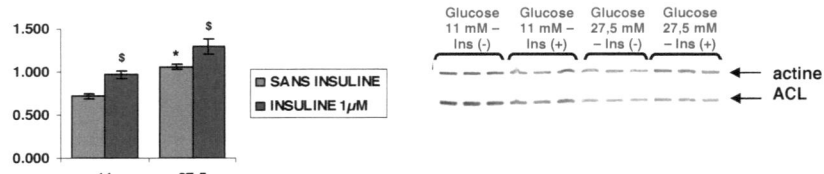

**Figure 46** : Evolution du rapport ADNc/actine pour ACL en fonction de la concentration de glucose et de la présence d'insuline 1µM. $, p<0,05 (Fisher) pour les effets de l'insuline ; *, p<0,05 (Fisher) pour les effets de la concentration de glucose (n=3).

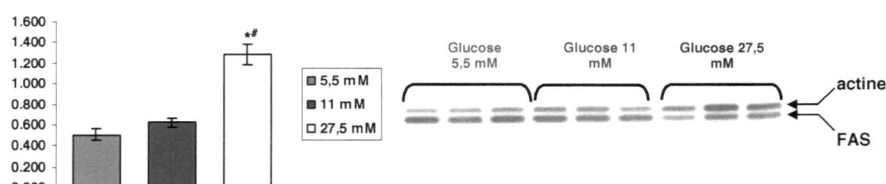

**Figure 47** : Evolution du rapport ADNc/actine pour FAS en fonction de la concentration de glucose. *, p<0,05 (Fisher) par rapport à la concentration 5,5 mM (n=3)

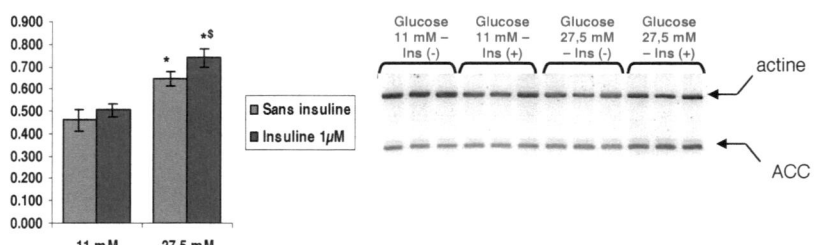

**Figure 48** : Evolution du rapport ADNc/actine pour ACC en fonction de glucose et de la présence d'insuline 1µM. $, p<0,05 (Fisher) pour les effets de l'insuline ; *, p<0,05 (Fisher) pour les effets de la concentration de glucose (n=3).

## 4. Evolution de l'expression des gènes impliqués dans le métabolisme du glycogène

Nous avons étudié l'évolution de l'expression de deux gènes codant respectivement pour la glycogène synthase et la glycogène phosphorylase, impliquées dans la synthèse et la dégradation du glycogène.

Nos résultats montrent que ni l'insuline, ni le glucose ne modifient le rapport ADNc/actine de ces deux cibles (Figures 43 et 44).

## 5. Evolution de l'expression des gènes impliqués dans le métabolisme des acides gras

### III.5.1. Expression du gène codant pour l'ATP-citrate lyase (ACL)

Les Figures 45 et 46 montrent une augmentation significative du rapport ACL/Actine entre 11 mM et 27,5 mM en présence de 0,1$\mu$M ou en absence d'insuline. De même, l'insuline 1$\mu$M augmente également ce rapport à 11 mM et 27,5 mM de glucose.

### III.5.2. Expression du gène codant pour la synthase des acides gras (FAS)

Nous pouvons observer une augmentation du rapport FAS/Actine entre 5,5 mM et 27,5 mM et entre 11 mM et 27,5 mM en présence de 0,1$\mu$M d'insuline (Figure 47).

### III.5.3. Expression du gène codant pour l'acétyl-CoA carboxylase (ACC)

Les Figures 48 et 49 montrent une augmentation significative du rapport ACC/Actine entre 5,5 mM et 11 mM, 5,5 mM et 27,5 mM et 11 mM et 27,5 mM en présence d'insuline 0,1$\mu$M. Cette dernière augmentation est retrouvé également en absence d'insuline et en présence d'insuline 1$\mu$M. L'insuline entraîne également une augmentation significative du rapport ACC/actine à 27,5 mM mais non à 11 mM.

*Chapitre III*
*Discussion*

# I. Caractérisation du modèle de tranches de foie de rats nourris coupées avec précision : Etude du métabolisme du glucose

Toute une série d'études ont été menées dans les années cinquante afin d'étudier le métabolisme des glucides dans les tranches de foie de rats nourris [162,287-297]. Cependant, le mode d'obtention des tranches (Stadie-Riggs) ainsi que les milieux et systèmes d'incubation ne permettaient que des études à court terme (90 minutes).

La notion de tranches de foie coupées avec précision est apparue dans les années 1980 avec l'élaboration du « Krumdieck tissue slicer ». Il a permis d'obtenir des tranches suffisamment fines pour assurer une bonne diffusion des gaz et des nutriments. De plus, le développement de milieux de cultures complexes ainsi que des systèmes d'incubation dynamiques permettent aujourd'hui des études à plus long terme.

Nous avons choisi d'étudier le métabolisme du glucose dans des tranches de foie de rats nourris au cours de deux périodes d'incubation « 0-24 heures » et « 24-48 heures ». Nous avons utilisé le système « roller » qui permet le passage successif des tranches dans la phase gazeuse et dans le milieu de culture. L'incubation a été réalisée dans un incubateur multigaz à 37°C sous une atmosphère 5% $CO_2$, 40% $O_2$ avec une teneur en humidité de 100%. Trois concentrations de [2-$^{13}$C]glucose ont été utilisées : 5,5 mM, 11 mM et 27,5 mM en absence ou en présence d'insuline 0,1$\mu$M.

L'utilisation combinée de techniques enzymatiques et de spectroscopie RMN nous a permis de suivre le devenir du glucose et d'étudier simultanément les différentes voies qui participent à ce métabolisme.

## 1. Consommation et utilisation du glucose

### I.1.1. Effets de concentrations croissantes de glucose

Le glucose est consommé et métabolisé dans notre modèle de tranches de foie de rats nourris dès la plus faible concentration de substrat présent dans le milieu d'incubation. Cette utilisation augmente avec des doses croissantes de glucose et apparaît linéaire quelle que soit la période étudiée (0-24 heures et 24-48 heures) suggérant qu'il n'y a pas de phénomène de saturation pour le transport et l'utilisation du glucose même pour des concentrations élevées (27,5 mM).

Le transport du glucose est assuré dans les hépatocytes principalement par GLUT-2. Or, ce dernier apparaît régulé positivement par le glucose au niveau de son expression comme nous le montrent les données obtenues par PCR semi-quantitative. Ces résultats sont en accord avec l'étude d'Asano *et al.* [25] montrant une relation dose-dépendante de l'expression de GLUT-2 dans les cultures primaires d'hépatocytes de rats adultes. Ainsi, les caractéristiques physiques de ce transporteur (faible affinité et forte capacité) associées à une régulation positive de son expression font de l'entrée du glucose une étape non limitante pour son utilisation. Cependant, la seule présence de GLUT-2 ne suffit pas à expliquer cette relation linéaire, décrite également par Cahill *et al.* [162] dans les tranches de foie de rats nourris lors d'une incubation de 90 minutes. En effet, le glucose, une fois à l'intérieur de la cellule, ne s'accumule pas. Il doit être phosphorylé afin de maintenir un gradient de concentration de glucose libre entre l'extérieur et l'intérieur des hépatocytes et permettre ainsi une entrée continue de glucose. Cette phosphorylation est assurée principalement par l'hexokinase de type IV, ou glucokinase (GK) lorsque les concentrations de glucose sont suffisamment élevées.

Nous avons montré par PCR semi-quantitative que l'expression de GK était indépendante de la concentration de glucose, observation en accord avec les données de la littérature [44] ; ainsi, sa régulation s'exercerait au niveau de son activité.

Pour une concentration proche de celle retrouvée à l'état post-absorptif (5,5 mM), le flux GK a été montré comme étant quasi-inexistant [29]. Dans ces conditions, la GK serait complexée à GKRP et séquestrée dans le noyau [36]. La phosphorylation du glucose serait alors assurée par l'hexokinase de type 1, celle-ci étant exprimée dans notre modèle. Lorsque les concentrations de glucose augmentent, l'hexokinase de type 1 est rapidement inhibée par son produit, le glucose-6-phosphate. Le complexe GKRP-GK se dissocie et la GK est transloquée dans le cytoplasme où elle peut alors prendre le relais.

En présence d'insuline, l'expression de GK est augmentée et la consommation nette de glucose est décalée vers les plus faibles concentrations de glucose, suggérant un rôle plus précoce de cette enzyme.

Par ailleurs, nous avons observé une augmentation du taux d'ARNm de GKRP à 27,5 mM de glucose par rapport à 5,5 mM. Cette augmentation pourrait soit être le

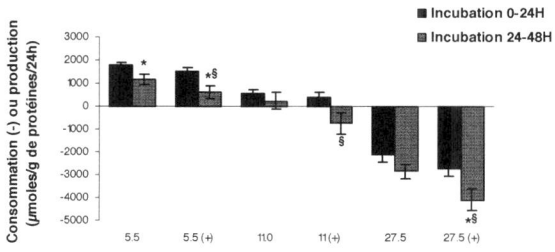

<u>Figure 49</u> : Consommation (-) ou production de glucose selon la période d'incubation (0-24 heures vs 24-48 heures) *, p < 0,05 (test de Student). L'effet de l'insuline est indiqué par [§]

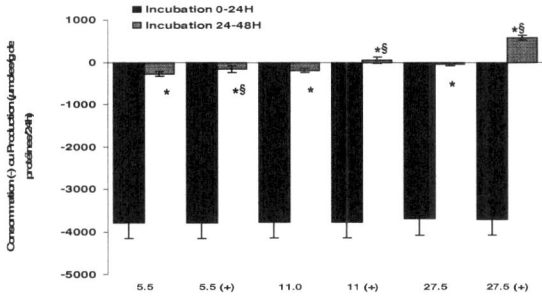

<u>Figure 50</u> : Dégradation (-) ou production de glycogène selon la période d'incubation (0-24 heures vs 24-48 heures) *, p < 0,05 (test de Student). L'effet de l'insuline est indiqué par [§]

résultat d'une augmentation de la transcription du gène, soit liée à une augmentation de la stabilité des ARNm, le glucose ayant été montré comme intervenant dans ces deux processus pour d'autres gènes. Dans les conditions physiologiques, une hyperglycémie est associée à une insulinémie élevée. Or, l'insuline stimule l'expression de GK. Une augmentation concomitante de GKRP pourrait permettre à la cellule de conserver un pool de GK inactive afin de répondre à un apport de glucose supplémentaire.

Une autre hypothèse serait que GKRP intervient dans l'expression des gènes régulés par le glucose en interagissant avec des protéines nucléaires. Il reste cependant à définir si cette augmentation du taux d'ARNm codant pour GKRP s'accompagne d'une augmentation de la quantité de la protéine dans la cellule.

### I.1.2. Comparaison en fonction de la période d'incubation

La Figure 50 représente la consommation ou la production nette de glucose mesurée enzymatiquement lors d'une incubation de 0 à 24 heures et de 24 à 48 heures en fonction des différentes concentrations de glucose, en présence ou en absence d'insuline 0,1$\mu$M.

Nous pouvons observer que le métabolisme du glucose présente des différences significatives entre 0 à 24 heures et 24 à 48 heures d'incubation. En effet, la production nette de glucose est supérieure entre 0 et 24 heures d'incubation à 5,5 mM de glucose (x 1,5 en absence d'insuline et x 2,4 en présence d'insuline 0,1 $\mu$M). A l'inverse, la consommation nette de substrat observée à 27,5 mM est supérieure après une période d'incubation de 24-48 heures (x 1,5) en présence d'insuline.

Ces différences pourraient être liées à la forte glycogénolyse présente entre 0 et 24 heures comme le montre la Figure 51. Cependant, lorsque nous comparons les enrichissements spécifiques moyens du glucose pour ces deux périodes d'incubation, nous n'observons pas de dilution plus importante lors d'une incubation de 0 à 24 heures. Ainsi, il semblerait que le glucose-6-phosphate libéré lors de la dégradation du glycogène soit préférentiellement dirigé vers les différentes voies métaboliques autres que la synthèse de glucose.

L'accumulation nette de glucose correspond à la résultante de sa consommation et de sa production ; il est donc possible que les différences observées entre les deux périodes soient une conséquence d'un captage plus important. Cependant, les

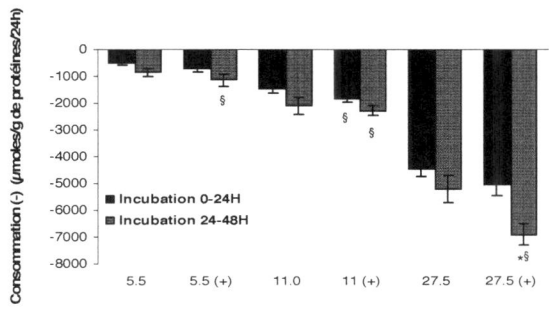

Figure 51 : Captage du [2-$^{13}$C]glucose selon la période d'incubation (0-24 heures vs 24-48 heures) *, p < 0,05 (test de Student). L'effet de l'insuline est indiqué par [§]

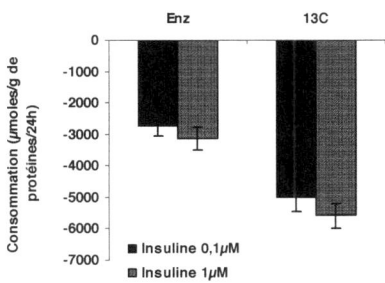

Figure 52 : Consommation nette de glucose et captage de [2-$^{13}$C]glucose en présence de 0,1$\mu$M et 1$\mu$M d'insuline *, p < 0,05 (test de Student).

données RMN ne nous ont permis de montrer une différence significative du captage de [2-$^{13}$C]glucose entre les deux périodes d'incubation que pour le glucose 27,5 mM en présence d'insuline 0,1$\mu$M où la consommation de [2-$^{13}$C]glucose est multipliée par 1,4 à 48 heures par rapport à 24 heures. (Figure 52).

Il faut toutefois remarquer que l'insuline exerce un effet significatif sur l'accumulation nette de glucose, et ce, pour toutes les concentrations de substrat, entre 0-24 et 24-48 heures d'incubation. Elle diminue la production nette à 5,5 mM de glucose, entraîne le passage à une consommation nette à 11 mM et la stimule à 27,5 mM (Figure 52). Ainsi, cette hormone pourrait soit inhiber la production de glucose et/ou stimuler l'utilisation de substrat. Cependant, la resynthèse apparente de glucose mesurée entre 0-24 heures n'apparaît pas significativement différente de celle mesurée entre 24-48 heures en présence ou en absence d'insuline.

### I.1.3.  Effet de l'insuline 0,1$\mu$M vs 1$\mu$M

Nous avons comparé les effets de l'insuline 0,1$\mu$M et 1$\mu$M sur le métabolisme du glucose lorsque ce dernier est présent à la concentration de 27,5 mM au cours d'une incubation entre 0 et 24 heures.

La figure 53 montre que la consommation nette de glucose ainsi que le captage de [2-$^{13}$C]glucose, lorsqu'ils sont exprimés en $\mu$moles par gramme de protéines et pour 24 heures, ne sont pas significativement différents en fonction de la concentration d'insuline. Cependant, le niveau de consommation de glucose mesuré en absence d'insuline est différent entre les deux études (Tableaux 14 et 30). C'est, par ailleurs, la principale distinction entre ces deux groupes. Cette différence est probablement liée au statut nutritionnel des animaux, et plus particulièrement à leur insulinémie, leur glycémie étant quant à elle, non significativement différente.

Ainsi, lorsque nous comparons l'effet de deux concentrations d'insuline en terme de pourcentage d'effet par rapport à la condition « sans insuline », une différence apparaît. L'insuline 1$\mu$M stimule la consommation nette et le captage de substrat marqué respectivement de 130% et 45% contre 28,5% et 13% pour l'insuline 0,1$\mu$M.

L'insuline stimule par conséquent l'utilisation de glucose via vraisemblablement l'activation de la GK. En revanche, l'accumulation nette de glucose ainsi que le captage de [2-$^{13}$C]glucose  ne sont pas significativement différents en présence

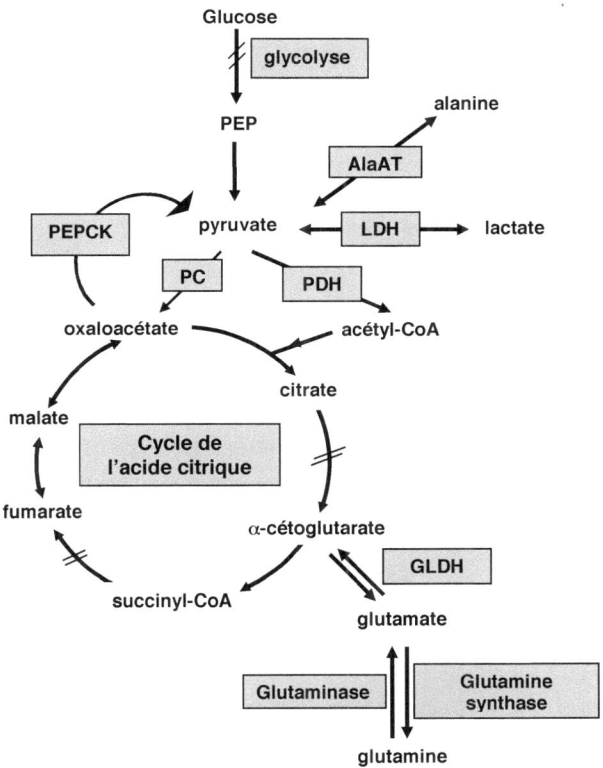

**Schéma 28** : **Voies métaboliques mises en jeu à partir du glucose** (AlaAT : alanine aminotransférase ; LDH : lactate déshydrogénase ; PDH : pyruvate déshydrogénase ; PC : pyruvate carboxylase ; PEPCK : phosphoenolpyruvate carboxykinase, GLDH : glutamate déshydrogénase)

d'insuline 0,1$\mu$M et 1$\mu$M. Ainsi, il nous sera possible par la suite, de comparer les autres paramètres mesurés en fonction de ces deux concentrations d'insuline.

## 2. Glycolyse et voie oxydative

### I.2.1. Effets de concentrations croissantes de glucose

Le glucose, une fois phosphorylé, va pouvoir suivre différentes voies métaboliques. Nos résultats montrent qu'une part importante de glucose emprunte la voie de la glycolyse pour conduire à la synthèse de lactate. Cette production augmente avec les concentrations initiales de glucose présent dans le milieu d'incubation selon une relation dose-dépendante, suggérant ainsi une stimulation du flux lactate déshydrogénase (LDH).

Le $C_2$lactate est suivi quantitativement en terme d'intensité de marquage par le $C_3$lactate. Celui-ci est obtenu de la façon suivante (Schéma 28) :

Le [2-$^{13}$C]glucose est converti via la glycolyse en $C_2$pyruvate dont une partie est transformée en $C_2$oxaloacétate (OAA) au cours de la carboxylation catalysée par la pyruvate carboxylase. Une petite proportion de $C_2$OAA s'équilibre avec le fumarate, une molécule symétrique, pour redonner en quantité égale du [2-$^{13}$C]OAA et du [3-$^{13}$C]OAA qui seront décarboxylés respectivement en [2-$^{13}$C]phosphoénolpyruvate (PEP) et [3-$^{13}$C]PEP. Celui-ci est le précurseur du [3-$^{13}$C]pyruvate, lui-même à l'origine du [3-$^{13}$C]lactate.

Pour obtenir le marquage sur le carbone 1, il faut que le $C_2$glucose soit converti en $C_2$pyruvate qui sera décarboxylé en [1-$^{13}$C]acétyl-CoA par la pyruvate déshydrogénase (PDH). Ce dernier emprunte le cycle de Krebs où il sera converti successivement en $C_5\alpha$-cétoglutarate ($\alpha$-KG), $C_4$succinyl-CoA, précurseur du $C_1$OAA et $C_4$OAA. L'OAA est transformé en PEP par la phosphoénolpyruvate carboxykinase (PEPCK). Au cours de cette réaction, le carbone 4, et par conséquent, une partie du marquage, est perdu sous forme de $CO_2$. On obtient ainsi du $C_1$PEP, précurseur du $C_1$lactate.

Une autre partie du marquage sur le $C_1$lactate est obtenue de la façon suivante. Le $C_2$pyruvate peut être carboxylé en $C_2$OAA par la pyruvate carboxylase (PC). L'équilibration d'une partie de l'OAA avec le fumarate conduit à l'obtention de [2-$^{13}$C]OAA et de [3-$^{13}$C]OAA en quantités égales. Le [3-$^{13}$C]OAA est un précurseur de

$C_2\alpha$-KG et du $C_1$succinyl-CoA, lui-même précurseur du [1-$^{13}$C]OAA qui conduit à la synthèse de $C_1$PEP puis du $C_1$lactate.

Le marquage sur le carbone 1 du lactate fait intervenir un plus grand nombre d'étapes enzymatiques que le marquage sur les autres carbones du lactate, ce qui permet d'expliquer qu'il soit plus faible.

L'augmentation de la quantité de $C_1$, $C_2$ et $C_3$lactate en présence de concentrations croissantes de glucose suggère une stimulation des flux PDH, PC et PEPCK. De plus, le cycle de l'acide citrique étant régulé par la disponibilité de ses substrats, principalement l'acétyl-CoA, une augmentation du flux PDH se traduira vraisemblablement par une augmentation du flux via le cycle de l'acide citrique. Cette hypothèse est confortée par l'augmentation de l'oxydation du glucose et du [5-$^{13}$C]Glx (Glx : glutamate+glutamine) avec des doses croissantes de substrat marqué.

Par ailleurs, nous avons montré une production d'alanine marquée qui augmente avec la concentration de glucose. Cet acide aminé est obtenu par transamination à partir du pyruvate, réaction catalysée par l'alanine aminotransférase (AlaAT). Ainsi, cette augmentation traduit vraisemblablement une augmentation du flux de cette enzyme dans le sens pyruvate→alanine. Nous montrons un marquage préférentiel sur le carbone 2, suivi par le carbone 3 et le carbone 1. Ces marquages augmentent avec la concentration de glucose. Les raisons de ces différences de marquage ainsi que leur origine (augmentation des flux PDH, PC et PEPCK) sont les mêmes que celles exposées précédemment pour le lactate.

En effet, ces deux métabolites semblent dérivés d'un même pool de pyruvate comme le suggère l'existence d'un même profil de marquage se traduisant notamment par l'absence de différence significative des rapports C2/C3 lactate et C2/C3 pyruvate.

Comme il est soit montré, soit suggéré, par nos résultats de spectroscopie RMN, tous les métabolites dérivés directement du pyruvate, à savoir le lactate, l'alanine, l'acétyl-CoA, l'OAA, sont augmentés pour des concentrations croissantes de glucose. De plus, la quantité de pyruvate mesurée enzymatiquement est augmentée, suggérant une augmentation de la synthèse de pyruvate à partir du glucose et donc, une stimulation du flux de la pyruvate kinase (L-PK). Celle-ci pourrait être le résultat d'une régulation indirecte du glucose sur l'activité de la cette enzyme, via notamment

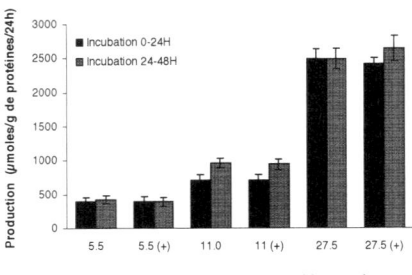

Figure 53 : Production nette de lactate selon la période d'incubation (0-24 heures vs 24-48 heures) *, p < 0,05 (test de Student). L'effet de l'insuline est indiqué par [§]

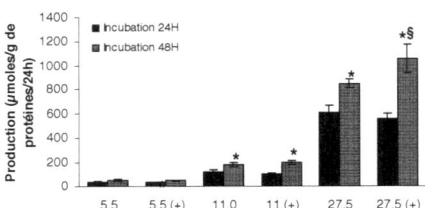

Figure 54 : Synthèse de lactate marqué selon la période d'incubation (0-24 heures vs 24-48 heures) *, p < 0,05 (test de Student). L'effet de l'insuline est indiqué par [§]

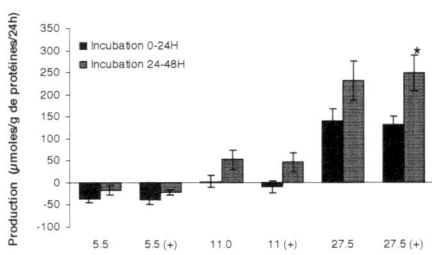

Figure 55 : Production et consommation nettes de pyruvate selon la période d'incubation (0-24 heures vs 24-48 heures) *, p < 0,05 (test de Student). L'effet de l'insuline est indiqué par [§]

le fructose-1,6-bisphosphate, un effecteur allostérique important [79], soit d'une régulation à plus long terme faisant intervenir des mécanismes transcriptionnels et post-transcriptionnels [77,82]. En effet, nous avons observé une augmentation de la quantité d'ARNm codant pour la L-PK entre 5,5 mM et 27,5 mM, en présence d'insuline 0,1μM d'insuline, lors d'une incubation pendant 24 heures.

L'ensemble de ces résultats suggère qu'une augmentation de la concentration de glucose se traduit par une stimulation des flux des enzymes glycolytiques depuis la GK jusqu'à la L-PK ainsi qu'une augmentation du flux de la voie oxydative.

### I.2.2. Comparaison en fonction de la période d'incubation

Alors que l'accumulation nette de lactate ne présente pas de différence significative entre 0-24 heures et 24-48 heures, la synthèse de lactate marqué est, quant à elle, supérieure à 48 heures, et ce, dans toutes les conditions sauf à la concentration de 5,5 mM de glucose, en absence d'insuline, où la synthèse de lactate marquée n'est pas différente significativement entre ces deux périodes (Figures 54 et 55). Ces résultats sont en accord avec une participation plus importante des substrats endogènes au cours de la période 0-24 heures.

Comme nous l'avons signalé, cette période est caractérisée par une glycogénolyse intense et le glucose-6-phosphate libéré semble être dirigé préférentiellement vers les diverses voies métaboliques et notamment la synthèse de lactate. En effet, l'enrichissement spécifique du lactate est faible, traduisant une grande dilution du marquage. Celle-ci ne serait pas une conséquence d'une diminution de l'enrichissement spécifique du glucose puisque ce dernier est nettement supérieur à celui du lactate.

Le fait que la production nette de lactate mais également de pyruvate ne soit pas modifiée entre 0-24 heures et 24-48 heures suggère également que le glucose-6-phosphate originaire de la glycogénolyse et celui provenant du glucose marqué consommé par les hépatocytes constituent un seul et même pool utilisé par la glycolyse.

Le bilan carboné $^{13}$C, indicateur de l'oxydation du glucose, ne montre pas de différence entre 0-24 heures et 24-48 heures, indiquant un métabolisme oxydatif similaire à partir du substrat marqué (Figure 57).

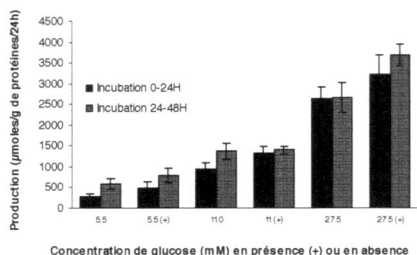

**Figure 56** : Bilan carboné selon la période d'incubation (0-24 heures vs 24-48 heures) *, p < 0,05 (test de Student). L'effet de l'insuline est indiqué par [§]

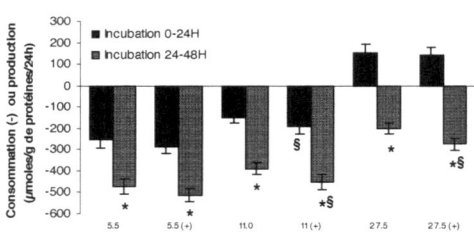

**Figure 57** : Production ou consommation nette d'alanine selon la période d'incubation (0-24 heures vs 24-48 heures) *, p < 0,05 (test de Student). L'effet de l'insuline est indiqué par [§]

L'alanine, en revanche, montre un métabolisme différent entre 24 heures et 48 heures : pour une concentration de glucose de 27,5 mM, cet acide aminé est produit en quantité nette à 24 heures ; par contre, dans toutes les autres conditions, il est consommé et cette consommation est significativement supérieure à 48 heures par rapport à 24 heures même en absence d'insuline (Figure 58). De plus, nous pouvons noter que l'insuline stimule la consommation nette d'alanine à 11 mM de glucose à 24 heures et 48 heures et à 27,5 mM de glucose à 48 heures.

Deux hypothèses peuvent être proposées pour expliquer ces différences. La première repose sur la notion d'une plus grande sensibilité des hépatocytes à l'insuline, entre 24-48 heures, qui stimulerait le transport de l'alanine via le système A. Ceci est en accord avec les travaux de Fehlmann [298] qui montraient une même régulation du transport des acides aminés par l'insuline dans les hépatocytes isolés de rats nourris.

Cette augmentation de la sensibilité pourrait être soit la conséquence de l'incubation en présence de 27,5 mM et 1$\mu$M d'insuline pendant les 24 premières heures bien que l'insuline ai été décrite comme diminuant le nombre de récepteurs dans les hépatocytes exposés à cette hormone [299,300], soit due à une diminution des récepteurs à l'insuline entre 0-24 heures et à leur restauration durant la période 24-48 heures comme cela a été décrit pour les cultures primaires d'hépatocytes [301].

La deuxième hypothèse est que, en réponse à la dégradation protéique présente dans nos préparations entre 0-24 heures (estimée à 1,50 ± 0,08 mg/roller) et entre 24-48 heures (0,99 ± 0,13 mg/roller), le transport d'alanine pourrait être stimulé, cet acide aminé étant connu pour réguler positivement la synthèse protéique dans le foie [302].

Parallèlement, les résultats obtenus par spectroscopie RMN montrent une production d'alanine marquée à 24 heures et à 48 heures. Celle-ci n'est pas significativement différente lorsque la concentration de [2-$^{13}$C]glucose est de 5,5 mM en absence ou en présence d'insuline et à 11 mM en présence d'insuline.

Pour les concentrations 11 mM en absence d'insuline et 27,5 mM de glucose, la synthèse d'alanine marquée est plus importante (x 1,5 en moyenne) à 24 heures

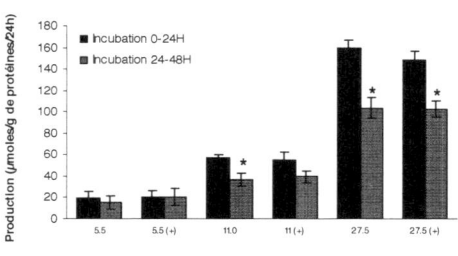

Figure 58 : Production d'alanine marquée selon la période d'incubation (0-24 heures vs 24-48 heures) *, p < 0,05 (test de Student). L'effet de l'insuline est indiqué par [§]

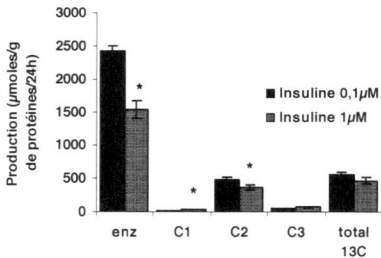

Figure 59 : Production nette de lactate et synthèse de lactate total marqué et détail des carbones 1, 2 et 3 en présence de 0,1µM et 1µM d'insuline *, p < 0,05 (test de Student).

qu'à 48 heures (Figure 59). Cet acide aminé pourrait réguler négativement l'AlaAT, diminuant ainsi le flux AlaAT dans le sens pyruvate→alanine.

Une consommation plus importante, comme celle observée entre 24 et 48 heures, pourrait conduire à une augmentation du contenu cellulaire en alanine qui diminuerait alors sa synthèse à partir du pyruvate et conduirait à une redirection des métabolites, notamment vers la synthèse de glutamate et glutamine. En effet, nous avons montré que la synthèse de ces métabolites à partir du glucose marqué était plus importante dans la période 24-48 heures par rapport à la période 0-24 heures.

Enfin, l'insuline n'a pas d'effet significatif sur la production d'alanine marquée quelle que soit la période d'incubation. Il est ainsi possible que cette hormone stimule le transport de l'alanine exogène présente dans le milieu d'incubation sans modifier son métabolisme à l'intérieur de la cellule.

### I.2.3. Effet de l'insuline 0,1$\mu$M vs 1$\mu$M

Nos résultats montrent que l'insuline 1$\mu$M diminue fortement la production nette de lactate mesurée enzymatiquement. Cependant, compte tenu des faibles quantités de lactate marqué synthétisé, nous n'avons pas pu mettre en évidence d'effet de l'insuline 1$\mu$M par rapport à 0,1$\mu$M (Figure 60). Ces résultats suggèrent une réorientation du métabolisme du pyruvate par l'insuline 1$\mu$M, se traduisant par une diminution du flux LDH.

Le détail des marquages sur les carbones individuels montre une diminution du marquage sur le carbone 2 et, au contraire, une augmentation de la quantité de [1-$^{13}$C]lactate, ce qui suggère une augmentation du flux du cycle de l'acide citrique et vraisemblablement une augmentation du flux PDH. Ceci serait en accord avec une réorientation du métabolisme du pyruvate.

L'accumulation d'alanine est également modifiée par l'insuline 1$\mu$M par rapport à l'insuline 0,1$\mu$M. En effet, on observe une production nette d'alanine mesurée enzymatiquement avec 0,1$\mu$M d'insuline alors qu'une consommation nette est présente avec 1$\mu$M d'insuline (Figure 61). Ceci est en accord avec un rôle positif de cette hormone sur le transport de cet acide aminé.

Le profil de marquage pour l'alanine est le même que celui retrouvé pour le lactate. L'insuline augmente la quantité de [1-$^{13}$C]alanine et diminue la quantité de [2-$^{13}$C]alanine. La production d'alanine marquée résultant de ces différents marquages

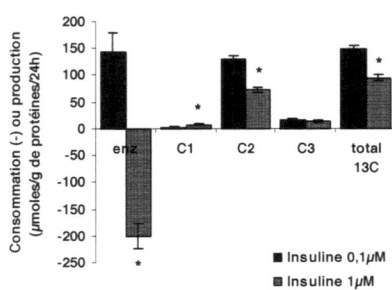

**Figure 60** : Production ou consommation nette d'alanine et synthèse d'alanine total marqué et détail des carbones 1, 2 et 3 en présence de 0,1$\mu$M et 1$\mu$M d'insuline *, $p < 0,05$ (test de Student).

est également diminuée significativement avec l'insuline 1$\mu$M (Figure 61). Comme pour le lactate, ceci confirme l'existence d'une réorientation du métabolisme du pyruvate par l'insuline 1$\mu$M. Cependant, du fait de la faible accumulation de pyruvate, nous n'avons pas pu montrer d'effet de l'insuline 0,1$\mu$M ou 1$\mu$M.

Tous ces résultats indiquent que l'insuline 1$\mu$M stimule le flux PDH entraînant ainsi une augmentation du flux dans le cycle de l'acide citrique. Ceci devrait se traduire par une oxydation plus importante du glucose indiquée par le bilan carboné $^{13}$C, toutefois, compte tenu des incertitudes, nous n'avons pas pu mettre en évidence cet effet.

### 3. Métabolisme azoté : glutamate, glutamine, NH$_4^+$ et urée

#### I.3.1. Effets de concentrations croissantes de glucose

Alors que la production nette de glutamine et de glutamate n'est pas modifiée par le glucose, il en est tout autrement pour la synthèse de ces métabolites à partir du substrat marqué. En effet, celle-ci augmente de manière significative avec la concentration de glucose.

Concernant la glutamine, nous avons observé que chaque carbone pris individuellement est affecté par l'augmentation de la concentration de glucose à l'exception du carbone 4 qui est très faiblement marqué par rapport aux autres. Cela s'explique la plus grande difficulté à obtenir un marquage. La C$_3$glutamine est obtenue à partir du C$_2$glucose lors du premier tour du cycle de l'acide citrique. La formation de C$_2$glutamine nécessite l'équilibration d'une partie du C$_2$OAA et un tour de cycle de l'acide citrique et la C$_5$glutamine, la conversion de C$_2$glucose en C$_1$acétyl-CoA et un tour de cycle de l'acide citrique. La C$_4$glutamine est, quant à elle, obtenue après équilibration d'une petite proportion du C$_2$OAA, conversion en C$_2$acétyl-CoA et un tour de cycle de l'acide citrique. Enfin, la production de C$_1$glutamine nécessite deux tours de cycle de l'acide citrique, ce qui explique qu'elle soit virtuellement absente.

Cette augmentation des marquages traduit une augmentation du flux de la glutamine synthétase. L'augmentation du marquage porté par le carbone 5 lorsque la concentration de glucose augmente indique une augmentation de la synthèse d'acétyl-CoA et par conséquent d'une augmentation du flux de la PDH.

Le glutamate peut être synthétisé principalement par deux voies : par transamination catalysée par l'alanine aminotransférase et par la réaction catalysée par la glutamate déshydrogénase. Etant le précurseur de la glutamine, la quantité totale de glutamate marqué formé est donnée par la somme du glutamate et de la glutamine marqués accumulés.

Pour expliquer l'augmentation de la synthèse de glutamate marqué, il faudrait que l'alanine aminotransférase fonctionne dans le sens Alanine →Pyruvate. Or, nous avons vu précédemment que le flux de cette enzyme dans ce sens est faible. Ainsi, il est vraisemblable que l'augmentation de la synthèse de glutamate marqué soit le résultat d'une augmentation du flux de la glutamate déshydrogénase. Cette dernière est mitochondriale. Or, nous avons montré également que la synthèse de [5-$^{13}$C]Glx répond positivement à une augmentation de la concentration de glucose, traduisant une augmentation du flux de la PDH, également mitochondriale et une augmentation du cycle TCA. Ces résultats renforcent l'hypothèse d'un rôle de la glutamate déshydrogénase.

Puisque la synthèse de glutamate nécessite une sortie de métabolites du cycle de l'acide citrique au niveau de l'$\alpha$-KG, cette perte devra être compensée par l'entrée d'OAA provenant du glucose, suggérant que le flux de la pyruvate carboxylase est également augmenté. Ces résultats sont en accord avec ce qui a été montré précédemment pour la glycolyse et la voie oxydative.

La dégradation protéique observée au cours de l'incubation ainsi que le métabolisme des acides aminés présents dans le milieu vont être des sources d'ions ammonium, cependant ces derniers ne s'accumulent pas mais se retrouvent dans l'urée accumulée. Ces résultats démontrent que notre modèle conserve un système d'épuration des ions ammonium fonctionnel pour une durée d'incubation allant jusqu'à 48 heures.

De même, l'absence d'effet du glucose sur le bilan azoté montre que la participation des produits azotés, en particulier des acides aminés reste inchangée lorsque la concentration de glucose augmente.

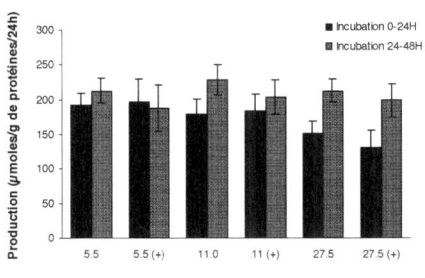

**Figure 61** : Production totale de glutamine lors d'une incubation de 24 heures ou 48 heures *, p < 0,05 (test de Student). L'effet de l'insuline est indiqué par §

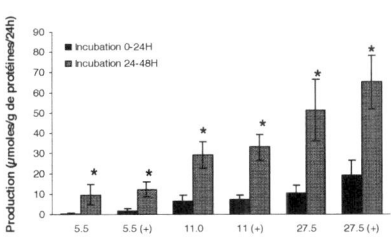

**Figure      62      :**
**Production de glutamine marquée selon la période d'incubation (0-24 heures vs 24-48 heures)**
**\*, p < 0,05 (test de Student). L'effet de l'insuline est indiqué par §**

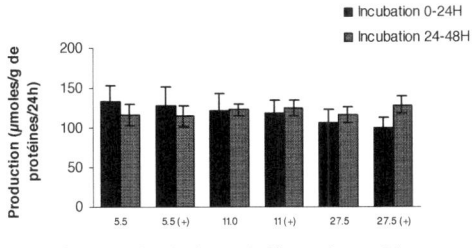

**Figure 63** : Production totale de glutamate selon la période d'incubation (0-24 heures vs 24-48 heures) *, p < 0,05 (test de Student). L'effet de l'insuline est indiqué par §

### I.3.2. Comparaison en fonction de la période d'incubation

Les données enzymatiques montrent une production de glutamine et de glutamate similaires entre 0-24 heures et 24-48 heures, quelle que soit la concentration de glucose (Figures 62 et 64) alors que les synthèses de glutamine et glutamate marqués sont très supérieures à 48 heures par rapport à 24 heures (Figures 63 et 65). Ceci se traduit par une dilution du marquage moins importante entre 24-48 heures qu'entre 0-24 heures en rapport avec une utilisation moins importante de substrat endogène, principalement du glycogène.

Une autre différence concerne le bilan azoté. En effet, ce dernier est négatif indiquant que la quantité de produits azotés accumulés est supérieure à la quantité de produits azotés consommés, et ceci, quelle que soit la période mais de façon moindre pour 48 heures (Figure 66). De même, la production d'urée est toujours inférieure à 48 heures par rapport à 24 heures quelle que soit la concentration de glucose, en présence ou en absence d'insuline (Figure 67).

Ces observations peuvent avoir une double origine (1) une protéolyse plus importante entre 0 et 24 heures et (2) une synthèse accrue des acides aminés. Cette dernière hypothèse est en accord avec les observations faites précédemment pour l'alanine. Cependant, malgré ces différences, nous n'avons pas mis en évidence d'accumulation d'ions ammonium, ce qui suggère que le système d'épuration des ions ammonium est fonctionnel pour ces deux périodes d'incubation (Figure 68).

### I.3.3. Effet de l'insuline 0,1$\mu$M vs 1$\mu$M

La production nette de glutamate n'est pas modifiée significativement par l'insuline 1$\mu$M ; en revanche la synthèse de glutamate marqué est nettement plus importante en présence d'insuline 1$\mu$M par rapport à 0,1$\mu$M. Cette différence est due principalement à une augmentation de la quantité de [1-$^{13}$C]glutamate, [4-$^{13}$C]glutamate et [5-$^{13}$C]glutamate (Figure 69). La glutamine marquée étant accumulée en plus faible quantité, nous n'avons pas pu mettre en évidence d'effet significatif de l'insuline à l'exception du marquage sur le carbone 5 qui est augmenté de façon significative (Figure 70).

Tous ces résultats traduisent une stimulation du flux PDH et du cycle de l'acide citrique. Par ailleurs, l'augmentation de la synthèse de glutamate suggère également

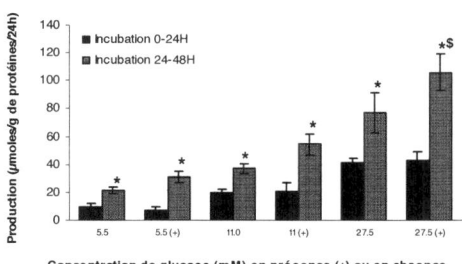

Figure 64 : Production de glutamate marqué selon la période d'incubation (0-24 heures vs 24-48 heures) *, p < 0,05 (test de Student). L'effet de l'insuline est indiqué par [§]

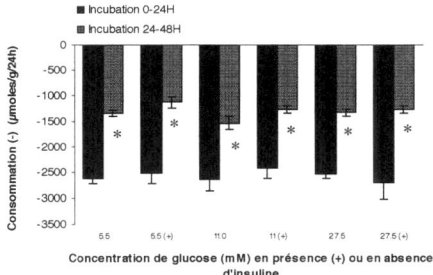

Figure 65 : Bilan azoté selon la période d'incubation (0-24 heures vs 24-48 heures) *, p < 0,05 (test de Student). L'effet de l'insuline est indiqué par [§]

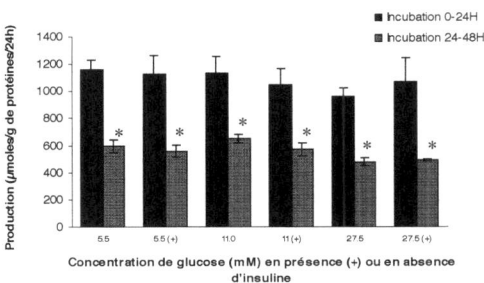

Figure 66 : Production nette d'urée selon la période d'incubation (0-24 heures vs 24-48 heures) *, p < 0,05 (test de Student). L'effet de l'insuline est indiqué par [§]

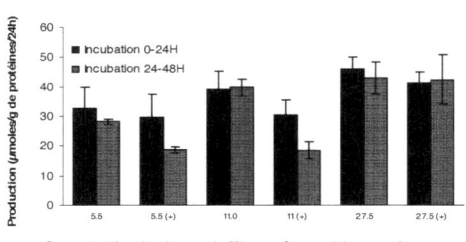

<u>Figure 67</u> : Production nette de NH$_4^+$ selon la période d'incubation (0-24 heures vs 24-48 heures) *, p < 0,05 (test de Student). L'effet de l'insuline est indiqué par [§]

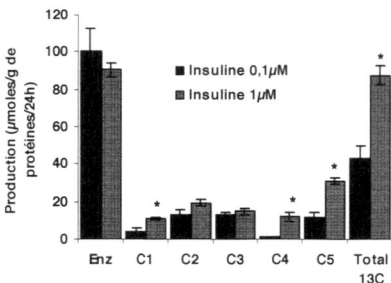

<u>Figure 68</u> : Production nette de glutamate et synthèse glutamate total marqué et détail des carbones 1, 2, 3, 4 et 5 en présence de 0,1µM et 1µM d'insuline *, p < 0,05 (test de Student).

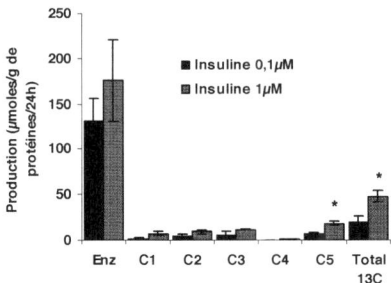

Figure 69 : Production nette de glutamine et synthèse glutamine totale marquée et détail des carbones 1, 2, 3, 4 et 5 en présence de 0,1$\mu$M et 1$\mu$M d'insuline *, p < 0,05 (test de Student).

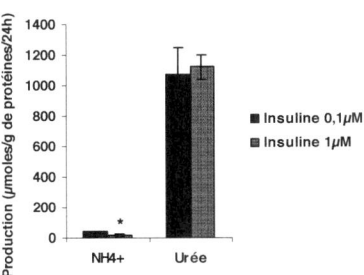

Figure 70 : Production nette d'ions ammonium et d'urée en présence de 0,1$\mu$M et 1$\mu$M d'insuline *, p < 0,05 (test de Student).

une stimulation du flux de la pyruvate carboxylase afin de compenser les sorties de métabolites du cycle de l'acide citrique. Ceci avait été suggéré au vu des résultats du lactate et de l'alanine. En revanche, nous n'avons pas mis en évidence un éventuel effet de l'insuline sur la production d'urée, ni sur le bilan azoté. Par contre, une diminution significative a pu être montré pour la très faible production nette d'ions ammonium (Figure 71).

## 4. Voie de la néoglucogenèse

Nous avons mis en évidence une resynthèse importante de glucose à partir de notre substrat exogène, le [2-$^{13}$C]glucose. Nous parlerons de resynthèse apparente car la quantification de cette voie ne prend en compte que les marquages présents sur les carbones 1, 3, 4, 5, et 6, la part de carbone 2 intervenant dans la resynthèse ne pouvant pas être distinguée facilement de celle provenant du [2-$^{13}$C]glucose apporté.

Cette resynthèse de glucose est présente pour des faibles concentrations et augmente avec la concentration de glucose marqué. Les marquages sur les carbones individuels nous renseignent sur les voies impliquées et stimulées par le glucose.

Le marquage sur le carbone 5 est obtenu dès que le [2-$^{13}$C]glucose passe au niveau des trioses phosphates, à partir desquels du [2-$^{13}$C]glucose et du [5-$^{13}$C]glucose pourront être synthétisés en quantités équivalentes. Ainsi, l'augmentation du marquage sur le carbone 5 avec les concentrations croissantes de glucose suggère que ce dernier augmente vraisemblablement les flux de la fructose-1,6-bisphosphatase et de la glucose-6-phosphatase.

Le marquage sur les carbones 1 et 6 sont obtenus lorsque le [2-$^{13}$C]glucose converti en [2-$^{13}$C]PEP, est transformé en [2-$^{13}$C]OAA par la pyruvate carboxylase. Ce dernier étant en équilibre avec le fumarate, la petite portion de [2-$^{13}$C]OAA qui s'équilibre avec le fumarate donne en quantités égales du [2-$^{13}$C]OAA et du [3-$^{13}$C]OAA. Ce dernier est converti en [3-$^{13}$C]PEP qui, à son tour, donne du glucose marqué sur le carbone 1 ou sur le carbone 6 via la voie de la néoglucogenèse. L'augmentation de ces deux produits par des concentrations croissantes de glucose suggère une augmentation du flux PEPCK.

La quantité de [4-$^{13}$C]glucose formé est également plus importante à 27,5 mM de glucose par rapport à 5,5 mM. Pour l'obtenir, le [2-$^{13}$C]glucose doit d'abord donner du [2-$^{13}$C]PEP puis du [2-$^{13}$C]OAA qui sera partiellement converti en [3-$^{13}$C]OAA soit par équilibration avec le fumarate, soit après un tour de cycle de l'acide citrique. Le [3-$^{13}$C]OAA est un précurseur du [2-$^{13}$C]$\alpha$-KG et du [1-$^{13}$C]succinyl-CoA, lui-même précurseur du [1-$^{13}$C]OAA et du [4-$^{13}$C]OAA en quantités égales. Cependant la réaction catalysée par la PEPCK entraîne la perte du carbone 4 de l'OAA. Ainsi, une partie du marquage sera perdue sous la forme de $CO_2$. L'autre partie pourra donner du [1-$^{13}$C]PEP. Ce dernier peut être également obtenu à partir du [2-$^{13}$C]PEP via le [2-$^{13}$C]pyruvate, [1-$^{13}$C]acétyl-CoA puis [5-$^{13}$C]$\alpha$-KG et [4-$^{13}$C]succinyl-CoA. A terme, le [1-$^{13}$C]PEP conduit à la synthèse en quantités équivalentes de glucose marqué sur les carbones 3 et 4.

Seul le carbone 4 montre une intensité de marquage supérieure avec les concentrations croissantes de [2-$^{13}$C]glucose, l'absence de significativité pour le carbone 3 pouvant être liée aux valeurs faibles associées à une plus grande incertitude. Cependant, l'augmentation de [4-$^{13}$C]glucose à 27,5 mM de glucose suggère, en accord avec les résultats précédents que le flux à travers le cycle de l'acide citrique est augmenté.

Ainsi, nos résultats suggèrent une augmentation du flux néoglucogénique depuis le cycle de l'acide citrique jusqu'à la glucose-6-phosphatase, avec des concentrations croissantes de glucose.

En accord avec nos résultats, les travaux de Newgard *et al.* [175] montrent que, même dans des conditions supraphysiologiques en glucose, la voie néoglucogénique dans le foie reste active. Le glucose néoformé est destiné à la synthèse de glycogène via la voie indirecte (glucose→composés $C_3$→glycogène), la voie directe (glucose→glycogène) étant minoritaire.

Nos résultats montrent qu'il existe, dans notre modèle, une incorporation d'unités glycosyl synthétisées *de novo* dans le glycogène cependant celle-ci est faible et va à l'encontre de ce qui a été montré par Newgard *et al.* [175].

Cependant, en nous appuyant sur l'étude de Spence *et al.* [303], il est possible que cette divergence soit le résultat d'une différence de statut métabolique. En effet, cette étude montre que la synthèse de glycogène par la voie indirecte est importante

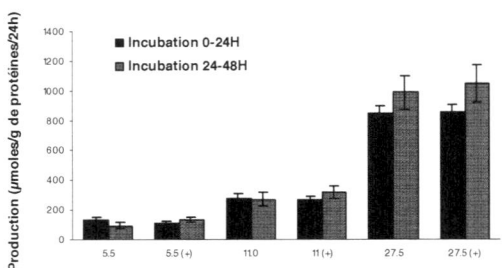

Figure 71 : Resynthèse de glucose marqué selon la période d'incubation (0-24 heures vs 24-48 heures) *, p < 0,05 (test de Student). L'effet de l'insuline est indiqué par §

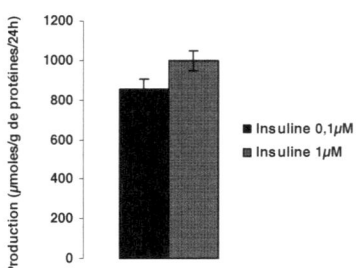

Figure 72 : Resynthèse de glucose marqué en présence de 0,1µM et 1µM d'insuline *, p < 0,05 (test de Student).

seulement dans les hépatocytes de rats à jeun ; à l'inverse, la voie directe est prépondérante dans les cultures primaires d'hépatocytes de rats nourris.

Par ailleurs, toutes les études tendent à montrer qu'une hyperglycémie associée à une hyperinsulinémie supprime la production hépatique de glucose via l'inhibition de l'activité de la glucose-6-phosphatase et l'augmentation du flux GK, et ce, quelque soit le modèle d'étude utilisé [50-53].

Au contraire, Massillon *et al.* [62] ont montré que chez le rat diabétique (type 1), lorsque l'insuline est absente ou fortement diminuée, une hyperglycémie entraîne une augmentation de la quantité d'ARNm codant pour la glucose-6-phosphatase et de sa protéine dans le foie. De plus, la régulation de l'activité de cette enzyme semble être fortement liée à son expression. Ainsi, l'augmentation de la resynthèse apparente de glucose observée dans notre étude avec des doses croissantes de glucose serait due principalement à l'action de ce dernier.

Par ailleurs, nous avons montré par PCR semi-quantitative que le glucose 27,5 mM entraînait une augmentation du taux d'ARNm de la G6Pase par rapport à la concentration 11 mM, en absence d'insuline. Ces résultats sont en accord avec les travaux de Massillon *et al.* montrant une régulation positive du gène codant pour cette enzyme dans les cellules Fao et les cultures primaires d'hépatocytes [62,63]. Nos résultats montrent aussi une régulation positive du glucose sur l'expression de la fructose-1,6-bisphosphatase.

Cependant, une question reste en suspens et concerne l'action de l'insuline. En effet, la resynthèse apparente de glucose ne semble pas être modifiée par cette hormone lorsqu'elle est présente à la concentration de $0,1\mu M$ et ce, quelle que soit la période d'incubation étudiée (Figure 72). Une des hypothèses serait un manque de sensibilité des hépatocytes à cette hormone cependant l'insuline $1\mu M$ ne semble pas modifier significativement cette resynthèse par rapport à l'insuline $0,1\mu M$ (Figure 73).

De même, la régulation de l'expression des enzymes néoglucogéniques par cette hormone semble être conservée dans notre modèle, une diminution des ARNm de PEPCK, en accord avec les données de la littérature [111-113] ayant été mise en évidence en présence de glucose 27,5 mM et d'insuline $0,1\mu M$, de même qu'une diminution de la quantité d'ARNm codant pour la glucose-6-phosphatase à 11 mM et 27,5 mM en présence d'insuline $1\mu M$.

Ainsi, bien que les résultats obtenus enzymatiquement et par spectroscopie RMN ne montrent pas d'effet significatif de l'insuline, il semble cependant que les cellules hépatiques conservent une sensibilité à cette hormone. Nous pourrions émettre l'hypothèse que l'action de l'insuline serait masquée par la libération de glucose marqué via une voie ne passant pas par la glucose-6-phosphatase. La seule voie actuellement connue serait la libération de glucose libre lors de la dégradation du glycogène cependant celle-ci ne représente que 10% du glucose libéré à partir de ce métabolite.

## 5. Métabolisme du glycogène
### I.5.1. Effets de concentrations croissantes de glucose

Nos résultats montrent une glycogénolyse importante, présente quelle que soit la période d'incubation. Celle-ci pourrait être liée aux conditions expérimentales (préparation des tranches) mais également au milieu d'incubation. En effet, le milieu William's E, utilisé comme milieu d'incubation, contient du sodium à la concentration de 144 mM ; Cahill *et al.* [291] ont montré qu'un milieu riche en sodium (110 mM) favorisait une glycogénolyse et diminuait l'incorporation de glucose dans des tranches de foie de rats nourris contrairement à un milieu riche en potassium.

Notre étude montre également qu'une synthèse de glycogène à partir du glucose ajouté est présente bien que faible. Deux carbones sont principalement marqués pour la période d'incubation 24-48 heures, le carbone 2 dont l'intensité de marquage est la plus importante et le carbone 5. Nous considérerons le carbone 2 comme représentatif de la voie directe et le marquage sur le carbone 5 (obtenu de façon identique au $C_5$glucose) comme reflétant la voie indirecte du glycogène.

Il faut cependant remarquer que cette notion conduit à une sous-estimation de la synthèse de glycogène via la voie indirecte du fait de la double origine du carbone 2. Nous avons montré que la synthèse de glycogène marqué augmente avec la concentration de glucose via la stimulation des voies directe et indirecte, traduisant vraisemblablement une augmentation du flux glycogène synthase. Cette augmentation serait associée à une diminution du flux glycogène phosphorylase, suggérée par une diminution de la glycogénolyse nette entre 5,5 mM et 27,5 mM de glucose entre 24-48 heures.

En revanche, nous n'avons pas mis en évidence une régulation de l'expression des gènes codant pour la glycogène synthase et la glycogène phosphorylase par le glucose suggérant que la régulation de ces deux enzymes dans les conditions de notre étude est réalisée principalement via des modifications post-traductionnelles (modifications allostériques et covalentes).

Ces résultats sont en accord avec les données de la littérature [126,127,129-132,139,149,150]. En effet, le glucose est connu pour lever l'inhibition exercée par la glycogène phosphorylase (a) sur la glycogène synthase phosphatase (PP1-$G_L$) stimulant ainsi la déphosphorylation de la glycogène synthase et donc, son activité. Il en est de même pour le glucose-6-phosphate qui induit un changement conformationnel de la glycogène synthase, la rendant plus sensible à l'action de la PP1-$G_L$.

Ainsi, les deux flux glycogène synthase et glycogène phosphorylase co-existent mais le flux glycogénolytique est prépondérant par rapport aux flux glycogénogénique pour toutes les concentrations de glucose en absence et en présence d'insuline dans la période 0-24 heures et en absence d'insuline pendant la période 24-48 heures.

### I.5.2. Comparaison en fonction de la période d'incubation

La principale différence entre ces deux périodes d'incubation se situe au niveau de la glycogénolyse nette (Figure 51). Celle-ci est nettement moins intense entre 24-48 heures par rapport à 0-24 heures, la quasi-totalité du glycogène ayant été dégradée pendant les 24 premières heures d'incubation (366 ± 56 $\mu$moles/g de protéines à 24 heures vs 2333± 109 $\mu$moles/g de protéines dans les tranches non incubées).

De plus, alors que cette glycogénolyse nette ne semble pas être influencée par les concentrations croissantes de glucose en absence et en présence d'insuline 0,1$\mu$M entre 0 et 24 heures, il en est tout autrement pour la période 24-48 heures. En effet, durant cette période, le glucose seul, à concentration croissante et en absence d'insuline, diminue la dégradation nette de glycogène. Cette action se ferait via l'inhibition de la glycogène phosphorylase [304].

Pour expliquer l'absence de modification de la glycogénolyse nette pendant la période 0-24 heures, nous pourrions émettre l'hypothèse que la concentration de

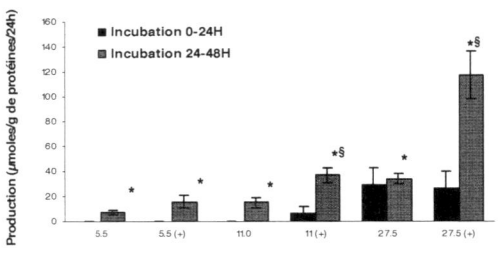

Concentration de glucose (mM) en présence (+) ou en absence d'insuline

Figure 73 : Synthèse de glycogène marqué selon la période d'incubation (0-24 heures vs 24-48 heures) *, p < 0,05 (test de Student). L'effet de l'insuline est indiqué par §

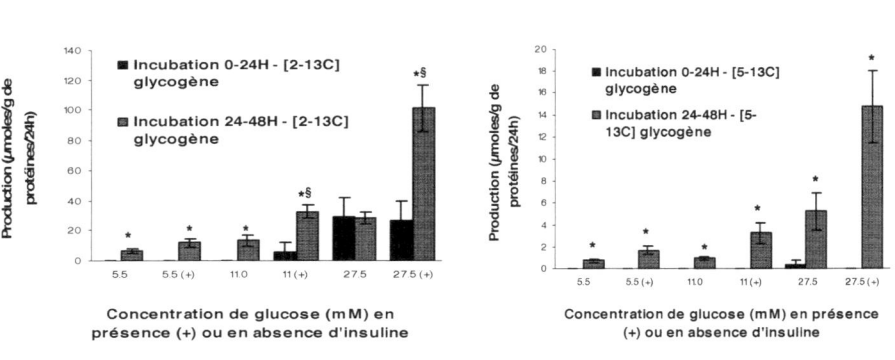

Figures 74 et 75 : Synthèse de [2-$^{13}$C]glycogène et [5-$^{13}$C]glycogène selon la période d'incubation (0-24 heures vs 24-48 heures) *, p < 0,05 (test de Student). L'effet de l'insuline est indiqué par §

glucose nécessaire à l'inhibition de la glycogène phosphorylase, et par conséquent, à la levée de l'inhibition de la PP1-G$_L$, dépendrait de l'amplitude de la dégradation.

Par ailleurs, nous pouvons observer un effet significatif de l'insuline 0,1µM sur la glycogénolyse nette dans la période 24-48 heures, absent entre 0 et 24 heures. Ceci pourrait traduire un manque de sensibilité de l'insuline pendant cette période, hypothèse évoquée précédemment pour d'autres métabolites, ou bien être liée au contenu hépatique en glycogène. En effet, Fleig et al. [305] ont montré une relation inverse entre la stimulation de la synthèse de glycogène par l'insuline et le contenu en glycogène. Ces travaux montrent qu'une quantité plus importante de glycogène dans les hépatocytes en culture interférait avec l'activation de la glycogène synthase par l'insuline. Ainsi, la quantité de glycogène plus importante entre 0-24 heures pourrait expliquer l'absence d'effet significatif de l'insuline contrairement à ce qui est observé entre 24-48 heures.

Les travaux de Petersen et al. [304] ont montré que, chez l'Homme, l'insuline inhibait la glycogénolyse hépatique exclusivement via la stimulation du flux de la glycogène synthase. Ces données sont en accord avec nos résultats, puisque nous avons également retrouvé une stimulation de la synthèse de glycogène par l'insuline dans la période 24-48 heures, absente entre 0-24 heures (Figure 74). Cette stimulation concerne aussi bien la voie directe que la voie indirecte (Figures 75 et 76). Cette dernière semble être principalement activée par l'insuline puisque le glucose, même à forte concentration, n'entraîne pas de synthèse de [5-$^{13}$C]glycogène entre 0-24 heures.

Il existe toutefois un très faible marquage sur le carbone 5 du glycogène en absence d'insuline entre 24-48 heures. Celui-ci pourrait être le résultat de l'incubation en présence de 27,5 mM de glucose et 1µM d'insuline pendant les 24 premières heures.

L'action de l'insuline sur la synthèse indirecte de glycogène nécessite la stimulation de l'utilisation du glucose. Ainsi, elle pourrait agir via la stimulation de la GK, l'activité de cette enzyme étant fortement dépendante de l'insuline. Cette hypothèse est en accord avec les travaux de Seoane et al. [144] montrant que la synthèse de glycogène est dépendante de l'activité de la GK.

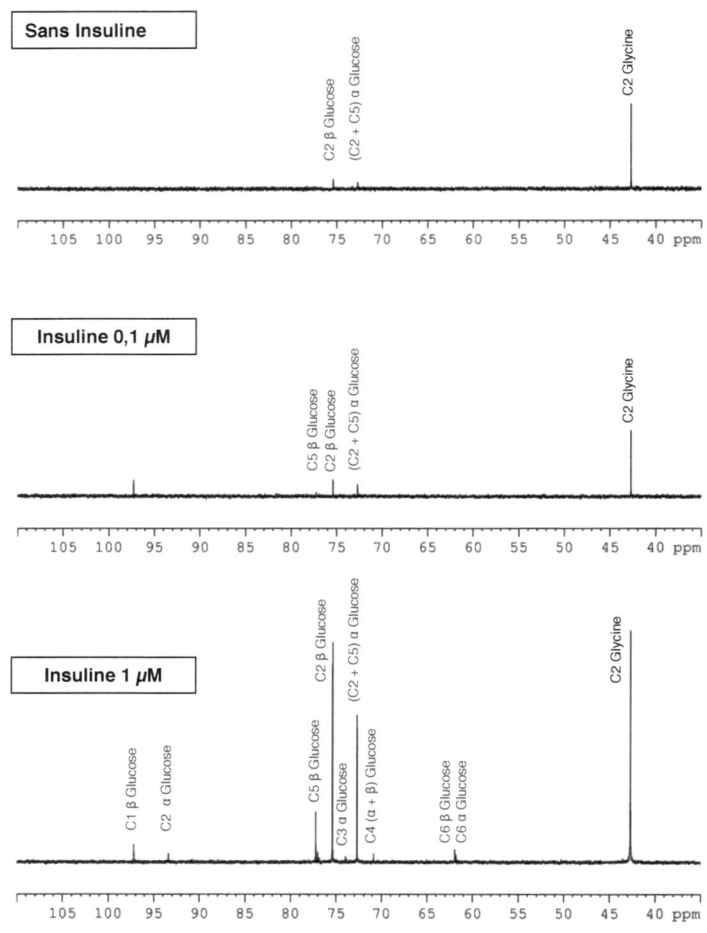

Figure 76 : Spectres RMN ¹³C du glycogène extrait à partir des tranches de foie de rats nourris coupées avec précision, incubées pendant 24 heures en présence de 27,5 mM [2-¹³C]glucose et en absence ou en présence d'insuline 0,1μM et 1μM, obtenus après hydrolyse en unités glycosyl.

246

### I.5.3. Effet de l'insuline 0,1$\mu$M vs 1$\mu$M

Cet effet de l'insuline est aussi montré lorsque cette hormone est présente à la concentration de 1$\mu$M au cours d'une incubation de 24 heures. En effet, la Figure 77 montre les spectres RMN de glycogène obtenus après une incubation de 24 heures avec 27,5 mM de glucose, en absence ou en présence d'insuline 0,1$\mu$M ou 1$\mu$M.

En présence de la concentration la plus forte de cette hormone, nous observons, en plus des marquages sur les carbones 2 et 5, l'apparition de [1-$^{13}$C]glycosyl, [3-$^{13}$C]glycosyl, [4-$^{13}$C]glycosyl et [6-$^{13}$C]glycosyl, témoins d'une métabolisation plus importante du glucose.

Ces résultats sont parallèles avec la stimulation des flux observés lorsque les concentrations de glucose et d'insuline sont augmentées et renforcent l'hypothèse que l'insuline stimule la voie indirecte principalement via son action sur la GK mais aussi d'autres flux tels que les flux du cycle de l'acide citrique, de la PC, PEPCK et peut-être de la PDH. Cependant, l'augmentation de tous ces flux pourrait n'être qu'une conséquence de la stimulation du flux de la GK.

### 6. Métabolisme des acides gras

### I.6.1. Effets de concentrations croissantes de glucose

Nos résultats montrent également une synthèse des composants des triglycérides (acides gras et glycérol) dépendante de la concentration de glucose. L'augmentation du marquage au niveau des chaînes carbonés ainsi que sur le carbone 2 du glycérol suggèrent par conséquent que les flux des enzymes limitantes (ATP-citrate lyase, acétyl-CoA carboxylase et synthase des acides gras) de la biosynthèse des acides gras sont augmentés ainsi que celui de la glycérokinase.

De même, nous avons observé une augmentation du taux d'ARNm codant pour les gènes lipogéniques avec les concentrations croissantes de glucose lors d'une incubation de 24 heures, en particulier l'ATP-citrate lyase (ACL) qui clive le citrate cytoplasmique pour fournir de l'acétyl-CoA, l'acétyl-CoA carboxylase (ACC) qui catalyse la réaction transformant l'acétyl-CoA en malonyl-CoA, première étape de la lipogenèse et la synthase des acides gras (FAS) qui catalyse la formation des acides gras. Tous ces résultats sont en accord avec les données de la littérature [196,198,201,306].

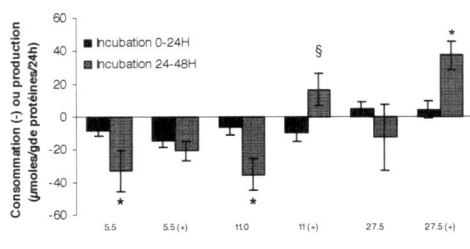

**Figure 77** : **Production et consommation nettes de triglycérides selon la période d'incubation (0-24 heures vs 24-48 heures)** *, p < 0,05 (test de Student). L'effet de l'insuline est indiqué par [§]

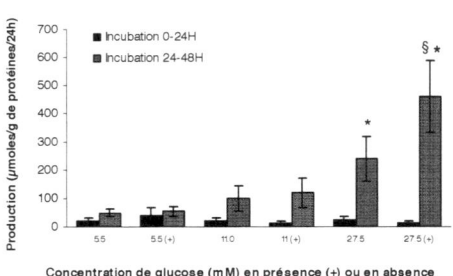

**Figure 78** : **Production d'acides gras marqués selon la période d'incubation (0-24 heures vs 24-48 heures)** *, p < 0,05 (test de Student). L'effet de l'insuline est indiqué par [§]

Ces modifications de la biosynthèse des acides gras avec les concentrations croissantes de glucose peuvent être mises en parallèles avec une stimulation du flux de la voie des pentoses phosphates, dont le rôle est d'apporter des équivalents réducteurs (NADPH).pour cette synthèse.

La participation de cette voie est montré par l'existence d'une différence dans l'intensité des marquages entre les carbones 1 et 6 et entre les carbones 3 et 4 du glucose quelle que soit la concentration de substrat. En effet, la première moitié du glucose semble être plus marquée que la seconde. Or, la synthèse de glucose conduit à un marquage identique des carbones. Au contraire, lorsque la voie des pentoses phosphates est impliquée, celle-ci entraîne une asymétrie dans le marquage du squelette carboné du glucose en faveur de la première moitié.

Cette asymétrie est accentuée avec les concentrations croissantes de glucose. Ainsi, la voie des pentoses phosphates est vraisemblablement stimulée par le glucose via la stimulation du flux des enzymes limitantes de cette voie, la glucose-6-phosphate déshydrogénase et la 6-phosphogluconate déshydrogénase.

### I.6.2. Comparaison en fonction de la période d'incubation

Lorsque nous comparons le métabolisme des lipides entre les deux périodes d'incubation, nous pouvons remarquer que la dégradation nette des acides gras est inférieure entre 0-24 heures pour des concentrations de 5,5 mM et 11 mM en absence d'insuline (Figure 78).

Cette différence pourrait s'expliquer par un contenu en triglycérides inférieur dans les tranches non incubées (59 ± 3 $\mu$moles/g de protéines) par rapport aux tranches incubées 24 heures (138 ± 17 $\mu$moles/g de protéines) en présence de 27,5 mM de glucose et 1$\mu$M d'insuline). Ceci indique par ailleurs que l'insuline 1$\mu$M stimule la synthèse de triglycérides en présence de concentrations élevées de glucides.

En présence d'insuline, une production nette de triglycérides à 27,5 mM de glucose est observée dans les deux périodes (Figure 78), traduisant vraisemblablement une inhibition du flux via la $\beta$–oxydation. Celle-ci pourrait être en partie due à une stimulation du flux lipogénique montrée par l'augmentation de la synthèse d'acides gras marqués avec les concentrations croissantes de glucose (Figure 79), et à l'action du malonyl-CoA produit par l'acétyl-CoA carboxylase, connu

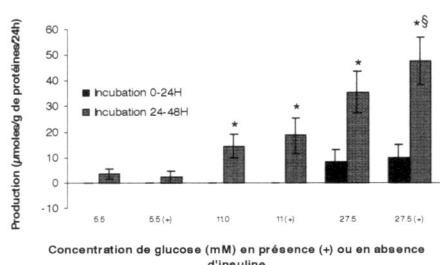

Figure 79 : Production de [2-$^{13}$C]glycérol selon la période d'incubation (0-24 heures vs 24-48 heures) *, p < 0,05 (test de Student). L'effet de l'insuline est indiqué par $^{§}$

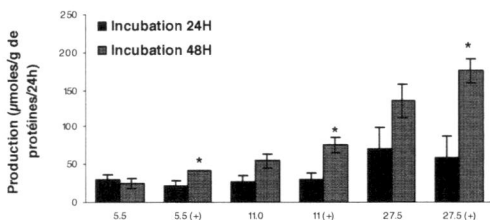

Figure 80 : Différence [C1-C6] glucose selon la période d'incubation (0-24 heures vs 24-48 heures) *, p < 0,05 (test de Student). L'effet de l'insuline est indiqué par $^{§}$

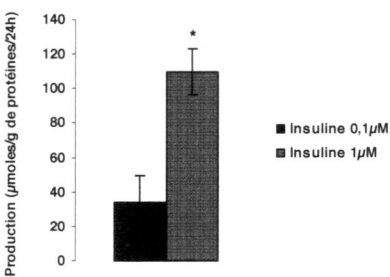

Figure 81 : Différence [C1-C6] en présence de 0,1$\mu$M et 1$\mu$M d'insuline *, p < 0,05 (test de Student).

pour être un puissant inhibiteur de la carnitine palmitoyltransférase, responsable de l'entrée des acides gras dans la mitochondrie.

Cette production nette apparaît significativement supérieure entre 24-48 heures en présence d'insuline et est parallèle à une synthèse d'acides gras et de glycérol marqués plus importante dans ces mêmes conditions (Figure 79 et 80) ainsi qu'à une participation de la voie des pentoses phosphates plus importante (Figure 81). Ces résultats pourraient refléter une meilleure sensibilité à l'insuline entre 24-48 heures comme cela a été suggéré précédemment.

### I.6.3. Effet de l'insuline 0,1$\mu$M vs 1$\mu$M

Nous observons que l'asymétrie entre les carbones 1 et 6 du glucose resynthétisé est plus importante en présence de 1$\mu$M d'insuline qu'à 0,1$\mu$M (Figure 82). Cela suggère une stimulation du flux de la voie des pentoses phosphates par cette hormone, l'activité de la glucose-6-phosphate déshydrogénase ayant été montrée comme stimulée par l'insuline [187,188]. Cette stimulation de la voie des pentoses phosphates est en accord avec l'augmentation de la production d'acides gras et de glycérol lorsque l'insuline est à la concentration de 1$\mu$M (Figure 83). Cette augmentation suggère une augmentation du flux au niveau des enzymes clés de la lipogenèse : ATP-citrate lyase, ACC et FAS pour la synthèse d'acides gras et une augmentation du flux de la glycérokinase.

## 7. Métabolisme des corps cétoniques

### I.7.1. Effets de concentrations croissantes de glucose

Nous avons observé une production nette de corps cétoniques ($\beta$-hydroxybutyrate et acétoacétate) cependant, celle-ci ne semble pas répondre à des concentrations croissantes de glucose. La $\beta$-oxydation des acides gras pourrait expliquer en partie l'origine des substrats pour cette cétogenèse.

De plus, une faible synthèse de $\beta$-hydroxybutyrate marqué est présente mais seulement à partir de la concentration 11 mM et elle augmente avec des doses croissantes de glucose. Seuls les carbones 1 et 3 montrent un marquage significatif, les autres étant marqués de façon négligeable. Cette stimulation de la synthèse traduirait une augmentation des flux enzymatiques, en particulier celui de l'acétyl-CoA acyltransférase et de la HMG-CoA synthase. Cette production extrêmement

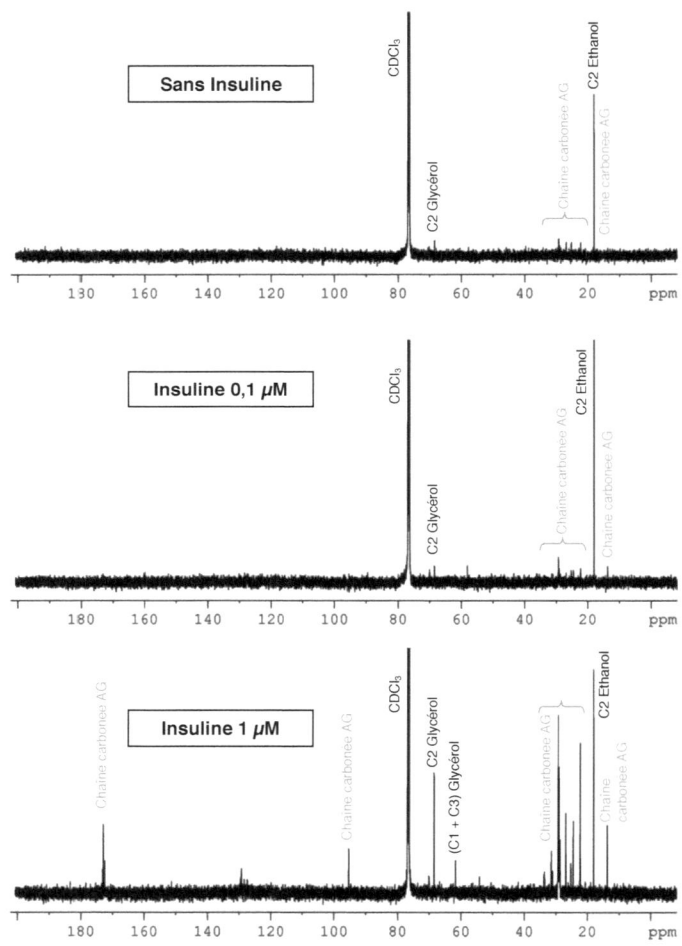

<u>Figure 82</u> : Spectres RMN $^{13}$C des lipides extrait à partir des tranches de foie de rats nourris coupées avec précision, incubées pendant 24 heures en présence de 27,5 mM [2-$^{13}$C]glucose et en absence ou en présence d'insuline 0,1µM et 1µM

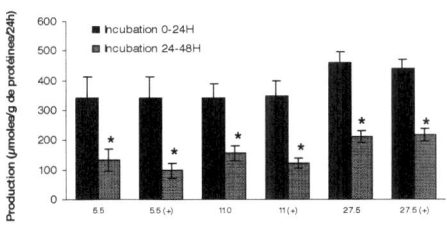

**Figure 83** : Production ou consommation nette de β-hydroxybutyrate selon la période d'incubation **(0-24 heures vs 24-48 heures)** *, p < 0,05 (test de Student). L'effet de l'insuline est indiqué par [§]

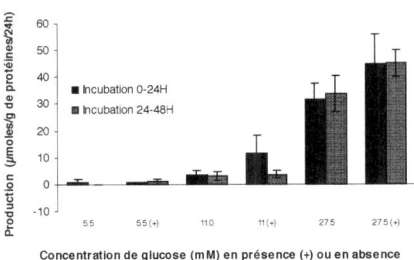

**Figure 84** : Production de β-hydroxybutyrate marqué selon la période d'incubation **(0-24 heures vs 24-48 heures)** *, p < 0,05 (test de Student). L'effet de l'insuline est indiqué par [§]

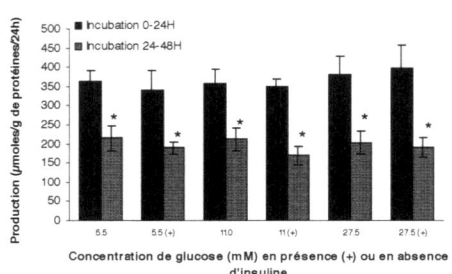

**Figure 85** : Production nette d'acétoacétate selon la période d'incubation (0-24 heures vs 24-48 heures) *, p < 0,05 (test de Student). L'effet de l'insuline est indiqué par [§]

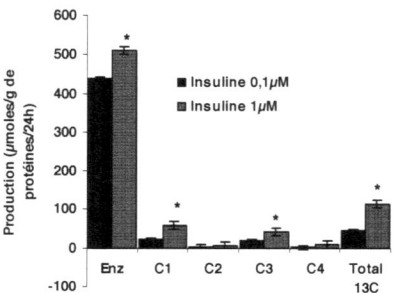

**Figure 86** : Production nette de β-hydroxybutyrate et synthèse β-hydroxybutyrate total marqué et détail des carbones 1, 2, 3 et 4 en présence de 0,1μM et 1μM d'insuline *, p < 0,05 (test de Student).

254

faible pourrait ne représenter que le niveau basal de la voie de biosynthèse des corps cétoniques, cette dernière étant principalement présente au cours du jeûne.

### I.7.2.  Comparaison en fonction de la période d'incubation

Nous avons observé une diminution de la production nette de corps cétoniques à 48 heures par rapport à 24 heures (Figures 84 et 86) alors que la synthèse de β-hydroxybutyrate marqué n'est pas modifiée (Figure 85).

Cette diminution pourrait être associée à la diminution de la part d'endogène moins importante intervenant à 48 heures par rapport à 24 heures. Cela suggère ainsi qu'une partie du glucose endogène libéré lors de la dégradation du glycogène serait dirigée vers la synthèse de corps cétoniques.

Cependant, l'absence de différence dans la synthèse de β-hydroxybutyrate marqué semble indiquer que les substrats de cette synthèse proviendraient d'un pool de glucose autre que celui utilisé par la voie oxydative. Certaines données dans la littérature montrent que cette cétogenèse serait localisée préférentiellement dans les hépatocytes périportaux [1,307,308], tout comme la glycolyse, la formation de glutamine et la lipogenèse alors que l'uréogenèse, la β-oxydation et le catabolisme des acides aminés seraient localisés préférentiellement dans les hépatocytes périportaux. Ainsi, cela suggère l'existence de différents pools de métabolites issus du glucose à l'intérieur d'une même cellule.

### I.7.3.  Effet de l'insuline 0,1$\mu$M vs 1$\mu$M

L'insuline 1$\mu$M, en présence de 27,5 mM de glucose, entraîne une augmentation de la production nette de corps cétoniques ainsi qu'une augmentation de la quantité de β-hydroxybutyrate marqué (Figure 87). Cette dernière est la résultante d'une augmentation de [1-$^{13}$C]β-hydroxybutyrate et de [3-$^{13}$C]β-hydroxybutyrate, les autres marquages n'étant pas modifiés significativement avec l'insuline 1$\mu$M (Figure 87). L'insuline 0,1$\mu$M, en revanche, n'a pas d'effet sur cette cétogenèse.

Ces résultats sont assez surprenants lorsqu'on considère les conditions physiologiques dans lesquelles la cétogenèse prend place (jeûne) et pourraient être liés à l'utilisation d'une dose supraphysiologique d'insuline.

## 8. Résumé

A travers cette étude, nous avons pu suivre simultanément les différentes voies intervenant dans le métabolisme du glucose grâce à l'utilisation conjuguée de méthodes enzymatiques et de la spectroscopie RMN du carbone 13.

Nous avons montré que notre modèle de tranches de foie de rats nourris utilise le glucose à concentration physiologique. Cette utilisation augmente de façon dose-dépendante sans phénomène de saturation apparent via vraisemblablement la présence d'un transporteur de faible affinité et de forte affinité, GLUT-2 ainsi que de la GK.

L'augmentation de la consommation de glucose se traduit par une intensification de son métabolisme. En effet, plusieurs arguments tendent à montrer une stimulation des flux glycolytique (GK, L-PK, PDH, LDH), du cycle de l'acide citrique, de l'AlaAT, ainsi que des flux lipogénique (ACL, ACC, FAS), glycogénogénique (GS), néoglucogénique (PC, PEPCK, F1,6bisPase, G6Pase) et cétogénique.

Nous avons également montré que les deux périodes d'incubation (0-24 heures et 24-48 heures), présentent certaines différences entre elles. La période 0-24 heures est caractérisée par une participation importante de substrats endogènes dans les différentes voies métaboliques, particulièrement le glucose-6-phosphate issu de la glycogénolyse intense.

La période 24-48 heures est quant à elle essentiellement marquée par une modification du métabolisme de l'alanine ainsi que par une plus grande sensibilité de notre modèle à l'insuline. Celle-ci pourrait être le résultat soit des conditions d'incubation pendant les 24 premières heures ([2-$^{13}$C]glucose 27,5 mM et insuline 1$\mu$M), soit d'une restauration des récepteurs à cette hormone entre 24-48 heures à la suite d'une diminution de leur nombre entre 0-24 heures telle qu'elle a été décrit dans les cultures d'hépatocytes.

L'insuline, à forte concentration, régule positivement la biosynthèse de lipides et de glycogène via les voies directe et indirecte. Cette voie indirecte semble être particulièrement dépendante de la présence d'insuline et serait le résultat d'une augmentation à la fois des flux glycolytique et néoglucogénique.

Enfin, nous avons montré d'une part que la régulation des gènes impliqués dans le métabolisme du glucose est conservée dans notre modèle mais également que les tranches de foie maintiennent un système d'épuration des ions ammonium fonctionnel pour des incubations allant jusqu'à 48 heures. De même, le maintient d'un potentiel redox cytosolique et mitochondrial stable au cours de l'incubation traduit une bonne oxygénation des tranches et l'absence d'altérations dans la chaîne respiratoire.

Une question reste en suspens : comment expliquer que des flux opposés soient stimulés de façon simultanée en réponse au glucose ?

Sur les bases des connaissances actuelles, nous pourrions émettre l'hypothèse d'une compartimentation des voies métaboliques dont l'origine serait l'hétérogénéité hépatique.

En effet, nous avons montré que, dans notre modèle, les différentes populations d'hépatocytes (périveineux et périportaux) sont viables et fonctionnelles. L'exemple même de cette fonctionnalité est la synthèse de glutamine exclusivement localisée dans les hépatocytes périveineux et la synthèse d'urée localisée dans les cellules périportales.

De même, des travaux précédents ont décrit une localisation préférentielle des transporteurs GLUT-2 ainsi que des enzymes de la glycolyse dans les cellules périveineuses alors que les enzymes de la néoglucogenèse et de la β-oxydation semblent être principalement présentes dans les cellules périportales.

En nous appuyant sur les données de la littérature et les précédents modèles proposés [309,310], nous pourrions émettre l'hypothèse suivante.

Au cours de l'incubation, une glycogénolyse intense se met en place. Cette voie est certainement activée de façon « artificielle » par la procédure expérimentale (préparation des tranches, incubation *in vitro*, …). Cette glycogénolyse débuterait dans les cellules périportales et se poursuivrait dans les hépatocytes périveineux, la quasi-totalité du glycogène présent dans les tranches étant dégradée au cours des 24 premières heures. Les hépatocytes périveineux vont pouvoir également capter et métaboliser le glucose exogène de façon préférentielle.

Ce glucose, une fois entré dans la cellule, serait phosphorylé et rejoindrait le pool de glucose-6-phosphate alimenté également par la dégradation du glycogène. Le glucose-6-phosphate, en passant par la glycolyse, conduirait à la synthèse de lactate, d'alanine, de glutamate, de glutamine, des acides gras, de glycogène et de glucose. Le lactate sortirait des cellules périveineuses et rejoindrait les cellules périportales pour la synthèse *de novo* de glucose et de glycogène via la voie indirecte.

Cependant, ce modèle n'explique pas l'existence de pools distincts intracellula res qui semblent exister au vu des résultats obtenus pour la cétogenèse. De même, les études réalisées dans les cultures d'hépatocytes isolés tendent à montrer qu'il existerait un seul et même pool de glucose-6-phosphate alimenté par la réaction catalysée par la glucokinase et la voie de la néoglucogenèse [160], ce qui semble contradictoire avec la notion d'une compartimentation de ces deux voies dans deux populations d'hépatocytes distinctes.

Ainsi, des études supplémentaires sont nécessaires afin d'appréhender cette notion d'hétérogénéité hépatique et de comprendre sa finalité physiologique. Le modèle de tranches de foie pourrait être utilisé au côté des techniques déjà utilisées dans ces études puisqu'il permet de maintenir une différenciation des cellules pendant au moins 48 heures.

De même, la mesure des activités enzymatiques combinée aux calculs des flux seront nécessaires afin de préciser quelles sont les cibles enzymatiques modifiées spécifiquement par le glucose et l'insuline dans notre modèle.

## II. Régulation du métabolisme du glucose par la glutamine dans le modèle de tranches de foie de rats nourris

Plusieurs études ont montré un rôle régulateur de la glutamine sur le métabolisme du glucose lors d'incubations à court terme [242,244,249,250]. Nous avons vou u savoir si cet acide aminé exerçait un même rôle lors d'une incubation à plus long terme dans notre modèle de tranches de foie de rats nourris incubées en présence de 27,5 mM de glucose, en absence et en présence d'insuline 1$\mu$M. Deux concentrations de glutamine ont été utilisées, 2 mM et 10 mM.

### 1. Consommation de la glutamine

La glutamine, lorsqu'elle est présente à la concentration de 2 mM est faiblement consommée. Cette consommation évolue de façon dose-dépendante en fonction de la concentration initiale de cet acide aminé dans le milieu d'incubation.

Cette observation est en accord avec les travaux de Kilberg *et al.* [311] sur l'identification et la caractérisation du système de transport de la glutamine, aussi appelé système N.

Nous avons également montré, toujours en accord avec les données de la littérature, que ce système est régulé positivement par l'insuline, cette dernière augmentant le captage de glutamine depuis l'extérieur vers le compartiment intracellulaire des hépatocytes.

## 2. Effets de la glutamine sur le métabolisme du glucose

La glutamine montre des effets limités sur le métabolisme du glucose. En effet, nous avons montré que cet acide aminé n'influençait ni le captage de glucose, ni sa resynthèse à partir du substrat marqué. De même, elle ne modifie pas la glycogénolyse nette observée au cours d'une incubation de 24 heures.

En revanche, nous avons montré qu'elle stimulait la synthèse de glycogène à partir du glucose lorsqu'elle est présente à 10 mM et uniquement en absence d'insuline, suggérant que la glutamine stimule le flux de la glycogène synthase et ne modifie pas le flux de la glycogène phosphorylase. Cette stimulation ne semble influencer que la voie directe (+ 71%) cependant, la voie indirecte étant extrêmement faible, il est possible que ces effets n'atteignent pas le seuil de détection.

Ces résultats sont en accord avec les travaux de Lavoinne *et al.* [233] qui montrent une stimulation de la synthèse de glycogène dans les hépatocytes isolés incubés à court terme (1heure) en présence de cet acide aminé. Celle-ci ne serait pas accompagnée par des modifications du flux du glucose et de la glucose-6-phosphatase. Toujours selon cette étude, la glutamine agirait sur la glycogène synthase phosphatase (PP1-$G_L$) mais pas sur la glycogène phosphorylase, ces conclusions étant en accord avec nos résultats.

Nous avons montré également une augmentation de la production nette de triglycérides par la glutamine 10 mM en absence d'insuline. Baquet *et al.* [250] ont montré que cet effet stimulateur de la glutamine se ferait via la stimulation de l'acétyl-CoA carboxylase (ACC). Le mécanisme impliquerait un gonflement cellulaire associé à des modifications ioniques dans les hépatocytes résultant du transport de la glutamine à l'intérieur des cellules. Cependant, les synthèses d'acides gras et de glycérol marqués ne sont pas affectées par la présence de cet acide aminé. Ainsi, il semblerait que la glutamine stimule le flux de la lipogenèse à partir de substrats autres que le glucose ajouté. Elle pourrait également être une source de carbone pour cette synthèse.

Comme nous l'avons souligné, les effets de la glutamine sur la synthèse de glycogène et de triglycérides sont présents uniquement en absence d'insuline.

Cependant, compte tenu de l'action importante de cette hormone dans la stimulation de ces deux voies, il est possible que les effets de la glutamine soient masqués.

En revanche, nous avons mis en évidence un effet positif de la glutamine 10 mM sur l'asymétrie de marquage entre les carbones 1 et 6 du glucose néoformé en présence d insuline 1$\mu$M. Cela suggère que cet acide aminé pourrait stimuler le flux de la voie des pentoses phosphates. Les travaux de Saha *et al.* [312] ont notamment mis en évidence une stimulation du flux cette voie dans le foie perfusé de rat soumis à des conditions hypotoniques conduisant à un gonflement cellulaire. Ainsi, il est possible que la stimulation de la synthèse de triglycérides et l'augmentation du flux de la voie des pentoses phosphates par la glutamine soient liées par un mécanisme commun dépendant des modifications ioniques intracellulaires.

Contrairement à l'étude de Lavoinne *et al.* [233], nous n'avons pas mis en évidence un effet de la glutamine sur la cétogenèse. Cependant, l'effet inhibiteur maximum de la glutamine sur la synthèse de corps cétoniques était observé pour des concentrations faibles de glucose, l'effet inhibiteur de la glutamine n'étant plus que de 20% en présence de glucose 20 mM [242]. Ainsi, la concentration élevée de glucose utilisée dans notre étude (27,5 mM) de même que la durée d'incubation en présence de cet acide aminé par rapport aux études précédentes (long terme vs court terme) pourraient expliquer ces différences.

De même, nous n'avons pas mis en évidence un effet de la glutamine sur la production de lactate marqué en absence d'insuline. Cependant, en présence d'insuline ⁻$\mu$M et de glutamine 10 mM, nous avons observé une augmentation de l'accumulation nette de lactate (+49%) par rapport à la condition sans glutamine. La synthèse de lactate marquée n'étant pas modifiée, il semblerait que la glutamine soit une source de carbones pour la synthèse de lactate.

### 3. Effets de la glutamine sur le métabolisme azoté

Alors que l'insuline stimule le transport d'alanine, la glutamine semble quant à elle l'inhiber, cette observation étant en accord avec les travaux de Joseph *et al.* [313].

De plus, nous avons observé une augmentation de la synthèse d'alanine à partir du glucose lorsque la glutamine est présente à 2 mM et 10 mM en absence d'insuline et seulement à 10 mM en présence d'insuline. Ceci indique vraisemblablement une augmentation du flux de l'AlaAT dans le sens pyruvate→alanine. L'accumulation nette de pyruvate est elle-aussi augmentée par la glutamine 10 mM.

Ainsi, la glutamine inhiberait le transport de l'alanine dans la cellule mais stimulerait, en revanche, sa synthèse. Comme nous l'avons déjà signalé pour le lactate, elle pourrait être aussi une source de carbone pour cette production d'alanine.

La production nette de glutamate augmente également avec les concentrations croissantes de glutamine alors que sa synthèse à partir du glucose n'est pas affectée. Ainsi, le flux de la glutaminase serait augmenté par des doses croissantes de glutamine.

La formation de glutamate à partir de glutamine conduit à la libération d'ions ammonium. Ces ions ammoniums stimulent la glutaminase, amplifiant ainsi la dégradation de la glutamine exogène. Cependant, alors que nous aurions pu nous attendre à une production nette d'ions ammonium, nous observons une consommation nette en présence de glutamine 2 mM. Celle-ci pourrait être expliquée par une stimulation de la production d'urée et par une synthèse de glutamine. En effet, nous avons montré que la production d'urée est stimulée par la concentration de glutamine. Cette stimulation de la synthèse d'urée pourrait être le reflet d'une augmentation du flux de la carbamoyl-phosphate synthetase activée par le N-acétylglutamate dont la quantité est corrélée avec celle du glutamate.

De même, nous avons observé une augmentation de la synthèse de glutamine à partir du glucose, reflétant une stimulation du flux de la glutamine synthétase. Cette augmentation est présente sur le marquage des carbones 2, 3 et 5.

L'augmentation du marquage sur le carbone 5 est représentatif d'une stimulation du flux PDH par des concentrations croissantes de glutamine et par conséquent une augmentation du flux du cycle de l'acide citrique.

Les marquages sur les carbones 2 et 3 sont obtenus à partir du [3-$^{13}$C]OAA et du [2-$^{13}$C]OAA suggérant ainsi une augmentation du flux de la pyruvate carboxylase. Celle-ci est suggérée par le fait que, s'il y a synthèse de glutamine à partir de glucose marqué, il y a par conséquent des pertes de métabolites ($\alpha$-cétoglutarate). Cette déplétion doit être compensée par l'apport d'OAA grâce au fonctionnement de la voie anaplérotique représentée par la pyruvate carboxylase.

Ceci est en accord avec l'accumulation de glutamate et glutamine marqués augmentée par des concentrations croissantes de glutamine indiquant une intensification du flux de sortie de l'$\alpha$-cétoglutarate à partir du cycle de l'acide citrique par des doses croissantes de glutamine.

Enfin, tous ces résultats montrent la présence, dans nos tranches, de deux populations fonctionnelles d'hépatocytes, les hépatocytes périportaux responsables de la dégradation de la glutamine et de la synthèse d'urée et les hépatocytes périveineux responsables de la synthèse de glutamine.

Nous pouvons également remarquer que, contrairement au glutamate, l'insuline augmente le marquage du carbone 5 de la glutamine, résultat d'une stimulation de la PDH. Cela suggère que la glutamine accumulée pourrait avoir pour origine un pool de glutamate différent de celui du glutamate accumulé s'il s'avère que la répartition de leurs marquages est effectivement différente.

Pour tester cette hypothèse, nous avons calculé le rapport $C_5$glutamate/$^{13}$C total glutamate et $C_5$glutamine/$^{13}$C total glutamine. Cependant, nous n'avons pas mis en évidence de différence significative. Ainsi, l'hypothèse de deux pools ne semble pas être vérifiée.

Enfin, nous n'avons pas mis en évidence de modification du bilan azoté par la glutamine ; le captage et l'utilisation d'autres produits azotés, en particulier les acides aminés présents dans le milieu d'incubation et ceux provenant de la protéolyse ne semblent pas, par conséquent, influencés par les concentrations croissantes de glutamine.

## 4. Résumé

Nous avons étudié le rôle régulateur de la glutamine sur le métabolisme du glucose au cours d'une incubation de 24 heures dans le modèle de tranches de foie de rats nourris.

Nous avons montré que la glutamine ne modifie ni le captage, ni l'utilisation, ni la resynthèse de glucose marqué, cependant, elle semble stimuler la synthèse de glycogène à partir du substrat marqué ainsi que la production nette de triglycérides. Cette stimulation de la lipogenèse semble être parallèle à une augmentation du flux de la voie des pentoses phosphates. En revanche, contrairement aux études précédentes, nous n'avons pas mis en évidence d'effet de la glutamine sur la cétogenèse. Cependant, les différences dans la procédure expérimentale, le modèle utilisé et la durée d'incubation pourraient être à l'origine de cette divergence avec les études antérieures.

Les mécanismes d'action de la glutamine n'ont pas été appréhendés dans cette étude, cependant, sur la base des connaissances actuelles, il est possible d'émettre l'hypothèse que des modifications ioniques dans les hépatocytes seraient à l'origine de ses effets. Cependant, le rôle de la glutamine en tant que source de carbones n'est pas à exclure, puisque ses effets sont présents lorsqu'elle est à 10 mM, concentration pour laquelle la glutamine est métabolisée de façon importante. Ceci est également suggéré par l'augmentation de l'accumulation nette de lactate et de pyruvate.

La glutamine semble également exercer un effet sur le métabolisme de l'alanine en inhibant son transport et en stimulant le flux AlaAT dans le sens pyruvate→alanine.

Enfin, nous avons montré que des concentrations croissantes de glutamine stimulent le flux glutaminase, glutamine synthetase, PDH, PC ainsi que la synthèse d'urée et n'altèrent pas le système d'épuration des ions ammonium toxiques pour les cellules.

La stimulation des flux opposés démontre également la présence de populations d'hépatocytes distinctes (périveineux et périportaux), la synthèse de glutamine étant exclusivement localisée dans les hépatocytes périveineux alors que la dégradation de la glutamine et la synthèse d'urée sont préférentiellement localisées dans les hépatocytes périportaux.

# Conclusion
# et
# Perspectives

# Conclusion et Perspectives

Nos résultats démontrent que :

1) les tranches de foie de rat coupées avec précision sont un très bon modèle pour l'étude du métabolisme hépatique du glucose et de sa régulation. En effet, elles conservent viables un grand nombre de voies métaboliques physiologiques essentielles, au moins pendant 48 heures d'incubation : glycolyse et gluconéogenèse, synthèse et dégradation de glycogène, voies des pentoses phosphates et lipogenèse, cycle de Krebs, synthèse et dégradation de glutamate et glutamine, épurations des ions ammonium et synthèse d'urée, cétogenèse. Ces voies métaboliques sont stimulées par des concentrations croissantes de glucose. Ces tranches sont sensibles à l'action régulatrice de l'insuline sur certaines voies du métabolisme du glucose de façon plus ou moins marquée selon la durée d'incubation et la concentration de cette hormone. Elles permettent, au moins pendant 24 premières heures d'incubation d'étudier l'induction de l'expression de certains gènes codant pour des enzymes-cibles de l'action régulatrice du glucose et de l'insuline.

2) la combinaison d'une approche enzymatique avec la spectroscopie RMN du carbone 13 mise en œuvre de façon appropriée permet d'identifier l'ensemble des métabolites du glucose formés ainsi que les voies métaboliques impliquées. L'extrême complexité de ces voies métaboliques est mise en évidence.

Ces résultats ouvrent la perspective :

(1) d'une très large utilisation de notre approche pour des études de régulation et dysrégulation du métabolisme hépatique du glucose,

(2) du développement de méthodes mettant en œuvre la modélisation mathématique des voies métaboliques pour quantifier les flux au niveau des différentes enzymes impliquées dans le métabolisme du glucose.

# Remerciements

Les travaux présentés dans ce manuscrit ont été réalisés au sein du laboratoire de physiopathologie métabolique et rénale, unité 499 de l'institut de la santé et de la recherche médicale (INSERM), 12 rue Guillaume Paradin 69008 Lyon.

Je tiens à remercier le Professeur LAVOINNE et le Docteur MISPELTER d'avoir accepté malgré leurs emplois du temps chargés, de juger ce travail ; Veuillez trouver ici l'expression de ma profonde considération.

Je tiens à remercier particulièrement Lara KONECNY pour son aide précieuse, son sens de l'organisation, son soutien et sa gentillesse. Ce travail est également ton travail …

Un grand merci également au Docteur Christophe VANBELLE pour son aide précieuse et le temps qu'il a su me consacrer pour m'apprendre les rudiments de la spectroscopie RMN du carbone 13 …et pour tout le reste … Merci …

# Références bibliographiques

1. Jungermann, K., and Kietzmann, T. (1996) *Annu Rev Nutr* **16**, 179-203
2. Murray, Granner, Mayes, and Rodwell. (2002) Trans. Cohen, P. in *Biochimie de Harper* (Laval, L. p. d. l. u., ed), pp. 123-298, de Boeck
3. Voet, D., and Voet, J. (1998) Trans. Y, G. in *Biochimie* (université, d. B., ed), pp. 411-828
4. Gould, G. W., Thomas, H. M., Jess, T. J., and Bell, G. I. (1991) *Biochemistry* **30**, 5139-5145
5. Thorens, B., Sarkar, H. K., Kaback, H. R., and Lodish, H. F. (1988) *Cell* **55**, 281-290
6. Olson, A. L., and Pessin, J. E. (1996) *Annu Rev Nutr* **16**, 235-256
7. Burcelin R, M. M., Guillam M-T, Bernard Thorens. (2000) *The journal of Biological Chemistry* **275**, 10930-10936
8. Guillam, M. T., Burcelin, R., and Thorens, B. (1998) *Proc Natl Acad Sci U S A* **95**, 12317-12321
9. Iynedjian, P. B., Gjinovci, A., and Renold, A. E. (1988) *J Biol Chem* **263**, 740-744
10. Magnuson, M. A. (1992) *J Cell Biochem* **48**, 115-121
11. Pilkis, S. J., el-Maghrabi, M. R., and Claus, T. H. (1988) *Annu Rev Biochem* **57**, 755-783
12. Iynedjian, P. B. (1993) *Biochem J* **293 ( Pt 1)**, 1-13
13. Van Schaftingen, E. (1993) *Diabetologia* **36**, 581-588
14. Krebs, H. A. (1948) *Harvey Lect* **Series 44**, 165-199
15. Krebs, H. A. (1970) *Perspect Biol Med* **14**, 154-170
16. Smythe, C., and Cohen, P. (1991) *Eur J Biochem* **200**, 625-631
17. Jungermann, K., and Katz, N. (1989) *Physiol Rev* **69**, 708-764
18. Bartels, H., Herbort, H., and Jungermann, K. (1990) *Histochemistry* **94**, 637-644
19. Eilers, F., Modaressi, S., and Jungermann, K. (1995) *Histochem Cell Biol* **103**, 293-300
20. Eilers, F., Bartels, H., and Jungermann, K. (1993) *Histochemistry* **99**, 133-140
21. Moorman, A. F., de Boer, P. A., Charles, R., and Lamers, W. H. (1991) *FEBS Lett* **287**, 47-52
22. Lamas, E., Kahn, A., and Guillouzo, A. (1987) *J Histochem Cytochem* **35**, 559-563
23. Ogawa A, K. K., Ikezawa Y, et al. (1996) *J Histochem Cytochem* **44**, 1231-1236
24. Katz, J., and McGarry, J. D. (1984) *J Clin Invest* **74**, 1901-1909
25. Asano, T., Katagiri, H., Tsukuda, K., Lin, J. L., Ishihara, H., Yazaki, Y., and Oka, Y. (1992) *Diabetes* **41**, 22-25
26. Rencurel, F., Waeber, G., Antoine, B., Rocchiccioli, F., Maulard, P., Girard, J., and Leturque, A. (1996) *Biochem J* **314 ( Pt 3)**, 903-909
27. Rencurel, F., Waeber, G., Bonny, C., Antoine, B., Maulard, P., Girard, J., and Leturque, A. (1997) *Biochem J* **322 ( Pt 2)**, 441-448
28. Postic, C., Burcelin, R., Rencurel, F., Pegorier, J. P., Loizeau, M., Girard, J., and Leturque, A. (1993) *Biochem J* **293 ( Pt 1)**, 119-124
29. Cardenas, M. L., Cornish-Bowden, A., and Ureta, T. (1998) *Biochim Biophys Acta* **1401**, 242-264
30. Van Schaftingen, E. (1989) *Eur J Biochem* **179**, 179-184
31. Detheux, M., Vandekerckhove, J., and Van Schaftingen, E. (1993) *FEBS Lett* **321**, 111-115

32.     Toyoda, Y., Miwa, I., Satake, S., Anai, M., and Oka, Y. (1995) *Biochem Biophys Res Commun* **215**, 467-473
33.     Agius, L., and Peak, M. (1997) *Biochem Soc Trans* **25**, 145-150
34.     Niculescu, L., Veiga-da-Cunha, M., and Van Schaftingen, E. (1997) *Biochem J* **321 ( Pt 1)**, 239-246
35.     Toyoda, Y., Miwa, I., Kamiya, M., Ogiso, S., Nonogaki, T., Aoki, S., and Okuda, J. (1994) *Biochem Biophys Res Commun* **204**, 252-256
36.     Agius, L., Peak, M., and Van Schaftingen, E. (1995) *Biochem J* **309 ( Pt 3)**, 711-713
37.     Brown, K. S., Kalinowski, S. S., Megill, J. R., Durham, S. K., and Mookhtiar, K. A. (1997) *Diabetes* **46**, 179-186
38.     Agius, L. (1998) *Adv Enzyme Regul* **38**, 303-331
39.     Shiota, C., Coffey, J., Grimsby, J., Grippo, J. F., and Magnuson, M. A. (1999) *J Biol Chem* **274**, 37125-37130
40.     Farrelly, D., Brown, K. S., Tieman, A., Ren, J., Lira, S. A., Hagan, D., Gregg, R., Mookhtiar, K. A., and Hariharan, N. (1999) *Proc Natl Acad Sci U S A* **96**, 14511-14516
41.     de la Iglesia, N., Mukhtar, M., Seoane, J., Guinovart, J. J., and Agius, L. (2000) *J Biol Chem* **275**, 10597-10603
42.     Nouspikel, T., and Iynedjian, P. B. (1992) *Eur J Biochem* **210**, 365-373
43.     Sibrowski, W., and Seitz, H. J. (1984) *J Biol Chem* **259**, 343-346
44.     Rutter, G. A., Tavare, J. M., and Palmer, D. G. (2000) *News Physiol Sci* **15**, 149-154
45.     Matsuda, T., Noguchi, T., Yamada, K., Takenaka, M., and Tanaka, T. (1990) *J Biochem (Tokyo)* **108**, 778-784
46.     Pilkis, S. J., and Granner, D. K. (1992) *Annu Rev Physiol* **54**, 885-909
47.     Iynedjian, P. B., Jotterand, D., Nouspikel, T., Asfari, M., and Pilot, P. R. (1989) *J Biol Chem* **264**, 21824-21829
48.     Nordlie, R. C., Foster, J. D., and Lange, A. J. (1999) *Annu Rev Nutr* **19**, 379-406
49.     Wu, C., Okar, D. A., Stoeckman, A. K., Peng, L. J., Herrera, A. H., Herrera, J. E., Towle, H. C., and Lange, A. J. (2004) *Endocrinology* **145**, 650-658
50.     Soskin, S., Essex, H. E., Herrick, J. F., and F.C., M. (1938) *Am J Physiol* **124**, 558-567
51.     Guignot, L., and Mithieux, G. (1999) *Am J Physiol* **277**, E984-989
52.     Massillon, D., Chen, W., Barzilai, N., Prus-Wertheimer, D., Hawkins, M., Liu, R., Taub, R., and Rossetti, L. (1998) *J Biol Chem* **273**, 228-234
53.     van de Werve, G., Lange, A., Newgard, C., Mechin, M. C., Li, Y., and Berteloot, A. (2000) *Eur J Biochem* **267**, 1533-1549
54.     Hers, H. G., and Hue, L. (1983) *Annu Rev Biochem* **52**, 617-653
55.     Sukalski, K. A., and Nordlie, R. C. (1989) *Adv Enzymol Relat Areas Mol Biol* **62**, 93-117
56.     Nordlie, R. C., Bode, A. M., and Foster, J. D. (1993) *Proc Soc Exp Biol Med* **203**, 274-285
57.     Rossetti, L., Giaccari, A., Barzilai, N., Howard, K., Sebel, G., and Hu, M. (1993) *J Clin Invest* **92**, 1126-1134
58.     Gardner, L. B., Liu, Z., and Barrett, E. J. (1993) *Diabetes* **42**, 1614-1620
59.     Lange, A. J., Argaud, D., el-Maghrabi, M. R., Pan, W., Maitra, S. R., and Pilkis, S. J. (1994) *Biochem Biophys Res Commun* **201**, 302-309

60. Liu, Z., Barrett, E. J., Dalkin, A. C., Zwart, A. D., and Chou, J. Y. (1994) *Biochem Biophys Res Commun* **205**, 680-686
61. Barzilai, N., Massillon, D., and Rossetti, L. (1995) *Biochem J* **310 ( Pt 3)**, 819-826
62. Massillon, D., Barzilai, N., Chen, W., Hu, M., and Rossetti, L. (1996) *J Biol Chem* **271**, 9871-9874
63. Massillon, D. (2001) *J Biol Chem* **276**, 4055-4062
64. Weber, G., and Ashmore, J. (1958) *Exp Cell Res* **14**, 226-228
65. Sawada, M., Mitsui, Y., Sugiya, H., and Furuyama, S. (2000) *Int J Biochem Cell Biol* **32**, 447-454
66. Hue, L., Blackmore, P. F., and Exton, J. H. (1981) *J Biol Chem* **256**, 8900-8903
67. Van Schaftingen, E., Hue, L., and Hers, H. G. (1980) *Biochem J* **192**, 897-901
68. Richards, C. S., and Uyeda, K. (1980) *Biochem Biophys Res Commun* **97**, 1535-1540
69. Okar, D. A., Manzano, A., Navarro-Sabate, A., Riera, L., Bartrons, R., and Lange, A. J. (2001) *Trends Biochem Sci* **26**, 30-35
70. Pilkis, S. J., Claus, T. H., Kurland, I. J., and Lange, A. J. (1995) *Annu Rev Biochem* **64**, 799-835
71. Van Schaftingen, E., and Hers, H. G. (1981) *Proc Natl Acad Sci U S A* **78**, 2861-2863
72. Furuya, E., Yokoyama, M., and Uyeda, K. (1982) *Proc Natl Acad Sci U S A* **79**, 325-329
73. el-Maghrabi, M. R., Claus, T. H., Pilkis, J., and Pilkis, S. J. (1982) *Proc Natl Acad Sci U S A* **79**, 315-319
74. Nishimura, M., Fedorov, S., and Uyeda, K. (1994) *J Biol Chem* **269**, 26100-26106
75. Nishimura, M., and Uyeda, K. (1995) *J Biol Chem* **270**, 26341-26346
76. Kohl, E. A., and Cottam, G. L. (1977) *Biochim Biophys Acta* **484**, 49-58
77. Yamada, K., and Noguchi, T. (1999) *Biochem J* **337 ( Pt 1)**, 1-11
78. Hopkirk, T. J., and Bloxham, D. P. (1979) *Biochem J* **182**, 383-397
79. Villar-Palasi, C., and Larner, J. (1970) *Annu Rev Biochem* **39**, 639-672
80. Munnich, A., Marie, J., Reach, G., Vaulont, S., Simon, M. P., and Kahn, A. (1984) *J Biol Chem* **259**, 10228-10231
81. Doiron, B., Cuif, M. H., Kahn, A., and Diaz-Guerra, M. J. (1994) *J Biol Chem* **269**, 10213-10216
82. Decaux, J. F., Antoine, B., and Kahn, A. (1989) *J Biol Chem* **264**, 11584-11590
83. Vaulont, S., Munnich, A., Decaux, J. F., and Kahn, A. (1986) *J Biol Chem* **261**, 7621-7625
84. Noguchi, T., Inoue, H., and Tanaka, T. (1985) *J. Biol. Chem.* **260**, 14393-14397
85. Noguchi, T., Inoue, H., and Tanaka, T. (1982) *Eur J Biochem* **128**, 583-588
86. Inoue, H., Noguchi, T., and Tanaka, T. (1984) *J Biochem (Tokyo)* **96**, 1457-1462
87. Liimatta, M., Towle, H. C., Clarke, S., and Jump, D. B. (1994) *Mol Endocrinol* **8**, 1147-1153
88. Hasegawa, J., Osatomi, K., Wu, R. F., and Uyeda, K. (1999) *J Biol Chem* **274**, 1100-1107
89. Guillemain, G., Munoz-Alonso, M. J., Cassany, A., Loizeau, M., Faussat, A. M., Burnol, A. F., and Leturque, A. (2002) *Biochem J* **364**, 201-209

90.  Guillemain, G., Loizeau, M., Pincon-Raymond, M., Girard, J., and Leturque, A. (2000) *J Cell Sci* **113 ( Pt 5)**, 841-847
91.  Kahn, A. (1997) *Biochimie* **79**, 113-118
92.  Foufelle, F., and Ferre, P. (2002) *Biochem J* **366**, 377-391
93.  Cornell, N. W., Schramm, V. L., Kerich, M. J., and Emig, F. A. (1986) *J Nutr* **116**, 1101-1108
94.  Granner, D., Andreone, T., Sasaki, K., and Beale, E. (1983) *Nature* **305**, 549-551
95.  Cimbala, M., Lamers, W., Nelson, K., Monahan, J., Yoo-Warren, H., and Hanson, R. (1982) *J. Biol. Chem.* **257**, 7629-7636
96.  Magnuson, M. A., Quinn, P. G., and Granner, D. K. (1987) *J Biol Chem* **262**, 14917-14920
97.  Wynshaw-Boris, A., Short, J. M., Loose, D. S., and Hanson, R. W. (1986) *J Biol Chem* **261**, 9714-9720
98.  DiTullio, N. W., Berkoff, C. E., Blank, B., Kostos, V., Stack, E. J., and Saunders, H. L. (1974) *Biochem J* **138**, 387-394
99.  Rosella, G., Zajac, J. D., Kaczmarczyk, S. J., Andrikopoulos, S., and Proietto, J. (1993) *Mol Endocrinol* **7**, 1456-1462
100. Valera, A., Pujol, A., Pelegrin, M., and Bosch, F. (1994) *Proc Natl Acad Sci U S A* **91**, 9151-9154
101. She, P., Shiota, M., Shelton, K. D., Chalkley, R., Postic, C., and Magnuson, M. A. (2000) *Mol Cell Biol* **20**, 6508-6517
102. Groen, A. K., van Roermund, C. W., Vervoorn, R. C., and Tager, J. M. (1986) *Biochem J* **237**, 379-389
103. Hod, Y., and Hanson, R. W. (1988) *J Biol Chem* **263**, 7747-7752
104. Granner, D. K., Sasaki, K., Andreone, T., and Beale, E. (1986) *Recent Prog Horm Res* **42**, 111-141
105. Hanson, R. W., and Reshef, L. (1997) *Annu Rev Biochem* **66**, 581-611
106. Kahn, C. R., Lauris, V., Koch, S., Crettaz, M., and Granner, D. K. (1989) *Mol Endocrinol* **3**, 840-845
107. Sul, H. S., and Wang, D. (1998) *Annu Rev Nutr* **18**, 331-351
108. Sasaki, K., Cripe, T. P., Koch, S. R., Andreone, T. L., Petersen, D. D., Beale, E. G., and Granner, D. K. (1984) *J Biol Chem* **259**, 15242-15251
109. Liu, J. S., Park, E. A., Gurney, A. L., Roesler, W. J., and Hanson, R. W. (1991) *J Biol Chem* **266**, 19095-19102
110. Imai, E., Stromstedt, P. E., Quinn, P. G., Carlstedt-Duke, J., Gustafsson, J. A., and Granner, D. K. (1990) *Mol Cell Biol* **10**, 4712-4719
111. Lamers, W. H., Hanson, R. W., and Meisner, H. M. (1982) *Proc Natl Acad Sci U S A* **79**, 5137-5141
112. Cournarie, F., Azzout-Marniche, D., Foretz, M., Guichard, C., Ferre, P., and Foufelle, F. (1999) *FEBS Lett* **460**, 527-532
113. Scott, D. K., O'Doherty, R. M., Stafford, J. M., Newgard, C. B., and Granner, D. K. (1998) *J Biol Chem* **273**, 24145-24151
114. Meyer, S., Hoppner, W., and Seitz, H. J. (1991) *Eur J Biochem* **202**, 985-991
115. Holness, M. J., and Sugden, M. C. (1990) *Biochem J* **268**, 77-81
116. Randle, P. J. (1998) *Diabetes Metab Rev* **14**, 263-283
117. Linn, T. C., Pettit, F. H., Hucho, F., and Reed, L. J. (1969) *Proc Natl Acad Sci U S A* **64**, 227-234
118. Wu, P., Blair, P. V., Sato, J., Jaskiewicz, J., Popov, K. M., and Harris, R. A. (2000) *Arch Biochem Biophys* **381**, 1-7

119. Wallace, J. C., Jitrapakdee, S., and Chapman-Smith, A. (1998) *Int J Biochem Cell Biol* **30**, 1-5
120. De Wulf, H., and Hers, H. G. (1967) *Eur J Biochem* **2**, 50-56
121. Armstrong, C. G., Doherty, M. J., and Cohen, P. T. (1998) *Biochem J* **336 ( Pt 3)**, 699-704
122. Gustafson, L. A., Neeft, M., Reijngoud, D. J., Kuipers, F., Sauerwein, H. P., Romijn, J. A., Herling, A. W., Burger, H. J., and Meijer, A. J. (2001) *Biochem J* **358**, 665-671
123. Aiston, S., Hampson, L., Gomez-Foix, A. M., Guinovart, J. J., and Agius, L. (2001) *J Biol Chem* **276**, 23858-23866
124. Bergans, N., Stalmans, W., Goldmann, S., and Vanstapel, F. (2000) *Diabetes* **49**, 1419-1426
125. Newgard, C. B., Hwang, P. K., and Fletterick, R. J. (1989) *Crit Rev Biochem Mol Biol* **24**, 69-99
126. Stalmans, W., Laloux, M., and Hers, H. G. (1974) *Eur J Biochem* **49**, 415-427
127. Stalmans, W., Bollen, M., and Mvumbi, L. (1987) *Diabetes Metab Rev* **3**, 127-161
128. van de Werve, G., and Jeanrenaud, B. (1987) *Diabetes Metab Rev* **3**, 47-78
129. Bollen, M., and Stalmans, W. (1992) *Crit Rev Biochem Mol Biol* **27**, 227-281
130. Bollen, M., Keppens, S., and Stalmans, W. (1998) *Biochem J* **336 ( Pt 1)**, 19-31
131. Hue, L., Bontemps, F., and Hers, H. (1975) *Biochem J* **152**, 105-114
132. Carabaza, A., Ciudad, C. J., Baque, S., and Guinovart, J. J. (1992) *FEBS Lett* **296**, 211-214
133. Massillon, D., Bollen, M., De Wulf, H., Overloop, K., Vanstapel, F., Van Hecke, P., and Stalmans, W. (1995) *J Biol Chem* **270**, 19351-19356
134. Ciudad, C. J., Massague, J., and Guinovart, J. J. (1979) *FEBS Lett* **99**, 321-324
135. Ciudad, C. J., Carabaza, A., Bosch, F., Gomez, I. F. A. M., and Guinovart, J. J. (1988) *Arch Biochem Biophys* **264**, 30-39
136. Guinovart, J. J., Gomez-Foix, A. M., Seoane, J., Fernandez-Novell, J. M., Bellido, D., and Vilaro, S. (1997) *Biochem Soc Trans* **25**, 157-160
137. Stalmans, W., Cadefau, J., Wera, S., and Bollen, M. (1997) *Biochem Soc Trans* **25**, 19-25
138. Villar-Palasi, C., and Guinovart, J. J. (1997) *Faseb J* **11**, 544-558
139. Cadefau, J., Bollen, M., and Stalmans, W. (1997) *Biochem J* **322 ( Pt 3)**, 745-750
140. Valera, A., and Bosch, F. (1994) *Eur J Biochem* **222**, 533-539
141. Gomis, R. R., Cid, E., Garcia-Rocha, M., Ferrer, J. C., and Guinovart, J. J. (2002) *J Biol Chem* **277**, 23246-23252
142. Seoane, J., Barbera, A., Telemaque-Potts, S., Newgard, C. B., and Guinovart, J. J. (1999) *J Biol Chem* **274**, 31833-31838
143. Ciudad, C. J., Carabaza, A., and Guinovart, J. J. (1986) *Biochem Biophys Res Commun* **141**, 1195-1200
144. Seoane, J., Gomez-Foix, A. M., O'Doherty, R. M., Gomez-Ara, C., Newgard, C. B., and Guinovart, J. J. (1996) *J Biol Chem* **271**, 23756-23760
145. Gomis, R. R., Ferrer, J. C., and Guinovart, J. J. (2000) *Biochem J* **351 Pt 3**, 811-816
146. O'Doherty, R. M., Lehman, D. L., Seoane, J., Gomez-Foix, A. M., Guinovart, J. J., and Newgard, C. B. (1996) *J Biol Chem* **271**, 20524-20530

147. Seoane, J., Trinh, K., O'Doherty, R. M., Gomez-Foix, A. M., Lange, A. J., Newgard, C. B., and Guinovart, J. J. (1997) *J Biol Chem* **272**, 26972-26977
148. Ferrer, J. C., Favre, C., Gomis, R. R., Fernandez-Novell, J. M., Garcia-Rocha, M., de la Iglesia, N., Cid, E., and Guinovart, J. J. (2003) *FEBS Lett* **546**, 127-132
149. Martensen, T. M., Brotherton, J. E., and Graves, D. J. (1973) *J Biol Chem* **248**, 8329-8336
150. Hurd, S. S., Teller, D., and Fischer, E. H. (1966) *Biochem Biophys Res Commun* **24**, 79-84
151. Krebs, E. G., Love, D. S., Bratvold, G. E., Trayser, K. A., Meyer, W. L., and Fischer, E. H. (1964) *Biochemistry* **28**, 1022-1033
152. Tu, J. I., and Graves, D. J. (1973) *Biochem Biophys Res Commun* **53**, 59-65
153. Stalmans, W., and Gevers, G. (1981) *Biochem J* **200**, 327-336
154. Krause, U., Rider, M. H., and Hue, L. (1996) *J Biol Chem* **271**, 16668-16673
155. Daniel, S., Zhang, S., DePaoli-Roach, A. A., and Kim, K. H. (1996) *J Biol Chem* **271**, 14692-14697
156. Doiron, B., Cuif, M. H., Chen, R., and Kahn, A. (1996) *J Biol Chem* **271**, 5321-5324
157. Schafer, D., Hamm-Kunzelmann, B., and Brand, K. (1997) *FEBS Lett* **417**, 325-328
158. Christ, B., and Jungermann, K. (1987) *FEBS Lett* **221**, 375-380
159. Kalant, N., Parniak, M., and Lemieux, M. (1987) *Biochem J* **248**, 927-931
160. Gomis, R. R., Favre, C., Garcia-Rocha, M., Fernandez-Novell, J. M., Ferrer, J. C., and Guinovart, J. J. (2003) *J Biol Chem* **278**, 9740-9746
161. Agius, L., Peak, M., Newgard, C. B., Gomez-Foix, A. M., and Guinovart, J. J. (1996) *J Biol Chem* **271**, 30479-30486
162. Cahill, G. F., Jr., Hastings, A. B., Ashmore, J., and Zottu, S. (1958) *J Biol Chem* **230**, 125-135
163. Fernandez-Novell, J. M., Bellido, D., Vilaro, S., and Guinovart, J. J. (1997) *Biochem J* **321 ( Pt 1)**, 227-231
164. Cid, E., Gomis, R. R., Geremia, R. A., Guinovart, J. J., and Ferrer, J. C. (2000) *J Biol Chem* **275**, 33614-33621
165. Agius, L. (1994) *Biochem J* **298 ( Pt 1)**, 237-243
166. Fernandez-Novell, J. M., Lopez-Iglesias, C., Ferrer, J. C., and Guinovart, J. J. (2002) *FEBS Lett* **531**, 222-228
167. Fernandez-Novell, J. M., Arino, J., Vilaro, S., Bellido, D., and Guinovart, J. J. (1992) *Biochem J* **288 ( Pt 2)**, 497-501
168. Fernandez-Novell, J. M., Arino, J., and Guinovart, J. J. (1994) *Eur J Biochem* **226**, 665-671
169. Fernandez-Novell, J. M., Roca, A., Bellido, D., Vilaro, S., and Guinovart, J. J. (1996) *Eur J Biochem* **238**, 570-575
170. Aiston, S., Green, A., Mukhtar, M., and Agius, L. (2004) *Biochem J* **377**, 195-204
171. Pagliassotti, M. J., Holste, L. C., Moore, M. C., Neal, D. W., and Cherrington, A. D. (1996) *J Clin Invest* **97**, 81-91
172. Schudt, C. (1980) *Biochim Biophys Acta* **629**, 499-509
173. Pagliassotti, M. J., and Cherrington, A. D. (1992) *Annu Rev Physiol* **54**, 847-860
174. Shimazu, T. (1987) *Diabetes Metab Rev* **3**, 185-206
175. Newgard, C. B., Hirsch, L. J., Foster, D. W., and McGarry, J. D. (1983) *J Biol Chem* **258**, 8046-8052

278

176. Mitanchez, D., Doiron, B., Chen, R., and Kahn, A. (1997) *Endocr Rev* **18**, 520-540
177. Martins, R. N., Stokes, G. B., and Masters, C. L. (1986) *Mol Cell Biochem* **70**, 169-175
178. Procsal, D., Winberry, L., and Holten, D. (1976) *J. Biol. Chem.* **251**, 3539-3544
179. Kastrouni, E., Pegiou, T., Gardiki, P., and Trakatellis, A. (1984) *Int J Biochem* **16**, 1353-1358
180. Martins, R. N., Stokes, G. B., and Masters, C. L. (1985) *Biochem Biophys Res Commun* **127**, 136-142
181. Prostko, C. R., Fritz, R. S., and Kletzien, R. F. (1989) *Biochem J* **258**, 295-299
182. Berdanier, C. D., and Shubeck, D. (1979) *J Nutr* **109**, 1766-1771
183. Freedland, R. A., Murad, S., and Hurvitz, A. I. (1968) *Fed Proc* **27**, 1217-1222
184. Girard, J., Ferre, P., and Foufelle, F. (1997) *Annu Rev Nutr* **17**, 325-352
185. Katsurada, A., Iritani, N., Fukuda, H., Matsumura, Y., Noguchi, T., and Tanaka, T. (1989) *Biochim Biophys Acta* **1006**, 104-110
186. Salati, L. M., and Amir-Ahmady, B. (2001) *Annu Rev Nutr* **21**, 121-140
187. Berg, E. A., Wu, J. Y., Campbell, L., Kagey, M., and Stapleton, S. R. (1995) *Biochimie* **77**, 919-924
188. Glock, G. E., and McLean, P. (1955) *Biochem J* **61**, 390-397
189. Garcia, D. R., and Holten, D. (1975) *J Biol Chem* **250**, 3960-3965
190. Mack, D. O., Watson, J. J., and Johnson, B. C. (1975) *J Nutr* **105**, 714-717
191. Miksicek, R., and Towle, H. (1983) *J. Biol. Chem.* **258**, 9575-9579
192. Stabile, L. P., Hodge, D. L., Klautky, S. A., and Salati, L. M. (1996) *Arch Biochem Biophys* **332**, 269-279
193. Tomlinson, J. E., Nakayama, R., and Holten, D. (1988) *J Nutr* **118**, 408-415
194. Hillgartner, F. B., and Charron, T. (1998) *Am J Physiol* **274**, E493-501
195. Abu-Elheiga, L., Brinkley, W. R., Zhong, L., Chirala, S. S., Woldegiorgis, G., and Wakil, S. J. (2000) *Proc Natl Acad Sci U S A* **97**, 1444-1449
196. Munday, M. R., and Hemingway, C. J. (1999) *Adv Enzyme Regul* **39**, 205-234
197. Gaussin, V., Hue, L., Stalmans, W., and Bollen, M. (1996) *Biochem J* **316 ( Pt 1)**, 217-224
198. Kim, K. H. (1997) *Annu Rev Nutr* **17**, 77-99
199. Craig, M. C., Nepokroeff, C. M., Lakshmanan, M. R., and Porter, J. W. (1972) *Arch Biochem Biophys* **152**, 619-630
200. Girard, J., Perdereau, D., Foufelle, F., Prip-Buus, C., and Ferre, P. (1994) *Faseb J* **8**, 36-42
201. Foufelle, F., Gouhot, B., Pegorier, J. P., Perdereau, D., Girard, J., and Ferre, P. (1992) *J Biol Chem* **267**, 20543-20546
202. Giffhorn-Katz, S., and Katz, N. R. (1986) *Eur J Biochem* **159**, 513-518
203. Prip-Buus, C., Perdereau, D., Foufelle, F., Maury, J., Ferre, P., and Girard, J. (1995) *Eur J Biochem* **230**, 309-315
204. Foufelle, F., Girard, J., and Ferre, P. (1996) *Biochem Soc Trans* **24**, 372-378
205. Mourrieras, F., Foufelle, F., Foretz, M., Morin, J., Bouche, S., and Ferre, P. (1997) *Biochem J* **326 ( Pt 2)**, 345-349
206. Liu, Y. Q., and Uyeda, K. (1996) *J Biol Chem* **271**, 8824-8830
207. Foretz, M., Carling, D., Guichard, C., Ferre, P., and Foufelle, F. (1998) *J Biol Chem* **273**, 14767-14771
208. Ferre, P. (1999) *Proc Nutr Soc* **58**, 621-623
209. Vaulont, S., Vasseur-Cognet, M., and Kahn, A. (2000) *J Biol Chem* **275**, 31555-31558
210. Lacey JM, W. D. (1990) *Nutr Rev.* **48**, 297-309

211. Rohde T, M. D., Klarlund Pedersen B. (1996) *Scand J Immunol.* **44**, 648-650
212. Souba WW., A., TX: R.G. (1992) *Landes Co.*
213. Ehrensvard G., F. A., Stjernholm R. (1949) *Acta Physiol. Scand.* **18**, 218-230
214. Eagle H., O. V., Levy M., Horton CL., Fleischman R. (1956) *J Biol Chem* **218**, 607
215. Meijer, A. J., Lamers, W. H. & Chamuleau, R.A.F.M. (1990) *Physiol. Rev.* **70**, 701-748
216. Haussinger, D. (1990) *Biochem. J.* **267**, 281-290
217. Inoue, Y., Bode, B. & Souba, W. W. (1995) *Am. J. Surg.* **169**, 173-178
218. Low, S. Y., Salter, M., Knowles, R. G., Pogson, C. I. & Rennie, M. J. (1993) *Biochem. J.* **295**, 617-624
219. Curthoys, N. P. W., M. (1995) *Annu. Rev. Nutr.* **15**, 133-159
220. Krebs, H. A. (1935) *Biochem. J.* **29**, 1951–1969
221. Meijer, A. J. (1985) *FEBS Lett.* **191**, 249-251
222. Meijer, A. J. (1995) (Walsh, P. J. W., P., ed), pp. 193-204, CRC Press, Boca Raton, FL
223. Gebhardt, R. M., D. (1983) *EMBO J.* **2**, 567-570
224. Watford, M. S., E. M. (1990) *Biochem. J.* **267**, 265-267
225. Racine, L., Scoazec, J.-Y., Moreau, A., Chassagne, P., Bernuau, D. & Feldman, G. (1995) *Biochem. J.* **305**, 263-268
226. Brosnan, J. T., Ewart, H. S. & Squires, S. S. (1995) *Adv. Enzyme Regul.* **135**, 131-146
227. Smith, E. M. W., M. (1988) *Arch. Biochem. Biophys.* **260**, 740-751
228. McGivan, J. D. (1988) (Kvamme, E., ed), pp. 183-201, CRC Press, Boca Raton, FL
229. Lueck, J. D. M., L. L. (1970) *J. Biol. Chem.* **2445**, 5491-5497
230. Arola, L., Palou, A., Remesar, X. & Alemany, M. (1981) *Horm. Metab. Res.* **13**, 199-202
231. Lohmann, R., Souba, W. W., Zakrzewski, K. & Bode, B. (1998) *Metabolism* **47**, 608-616
232. Katz, J., Golden, S., and Wals, P. A. (1976) *Proc Natl Acad Sci U S A* **73**, 3433-3437
233. Lavoinne, A., Baquet, A., and Hue, L. (1987) *Biochem J* **248**, 429-437
234. Bois-Joyeux, B., Chanez, M., and Peret, J. (1987) *Diabete Metab* **13**, 543-548
235. Sasse, D. (1975) *Histochemistry* **45**, 237-254
236. Katz, J., Golden, S., and Wals, P. A. (1979) *Biochem J* **180**, 389-402
237. Okajima, F., and Katz, J. (1979) *Biochem Biophys Res Commun* **87**, 155-162
238. Boyd, M. E., Albright, E. B., Foster, D. W., and McGarry, J. D. (1981) *J Clin Invest* **68**, 142-152
239. Chen, K. S., and Lardy, H. A. (1985) *J Biol Chem* **260**, 14683-14688
240. Mouterde, O., Claeyssens, S., Chedeville, A., and Lavoinne, A. (1992) *Biochem J* **288 ( Pt 3)**, 795-799
241. Riou, J. P., Beylot, M., Laville, M., De Parscau, L., Delinger, J., Sautot, G., and Mornex, R. (1986) *Metabolism* **35**, 608-613
242. Baquet, A., Lavoinne, A., and Hue, L. (1991) *Biochem J* **273(Pt 1)**, 57-62
243. McGarry, J. D., and Foster, D. W. (1980) *Annu Rev Biochem* **49**, 395-420
244. Baquet, A., Hue, L., Meijer, A. J., van Woerkom, G. M., and Plomp, P. J. (1990) *J Biol Chem* **265**, 955-959
245. Plomp, P. J., Boon, L., Caro, L. H., van Woekom, G. M., and Meijer, A. J. (1990) *Eur J Biochem* **191**, 237-243
246. Lang, F., Stehle, T., and Haussinger, D. (1989) *Pflugers Arch* **413**, 209-216

247. Bakker-Grunwald, T. (1983) *Biochim Biophys Acta* **731**, 239-242
248. Meijer, A. J., Baquet, A., Gustafson, L., van Woerkom, G. M., and Hue, L. (1992) *J Biol Chem* **267**, 5823-5828
249. Baquet, A., Gaussin, V., Bollen, M., Stalmans, W., and Hue, L. (1993) *Eur J Biochem* **217**, 1083-1089
250. Baquet, A., Maisin, L., and Hue, L. (1991) *Biochem J* **278 ( Pt 3)**, 887-890
251. Cai, J. W., Hughes, C. S., Shen, J. W., and Subjeck, J. R. (1991) *FEBS Lett* **288**, 229-232
252. Quillard, M., Renouf, S., Husson, A., Meisse, D., and Lavoinne, A. (1997) *Biochimie* **79**, 125-128
253. Theodoropoulos, P. A., Stournaras, C., Stoll, B., Markogiannakis, E., Lang, F., Gravanis, A., and Haussinger, D. (1992) *FEBS Lett* **311**, 241-245
254. Husson, A., Quillard, M., Fairand, A., Chedeville, A., and Lavoinne, A. (1996) *FEBS Lett* **394**, 353-355
255. Quillard, M., Husson, A., and Lavoinne, A. (1996) *Eur J Biochem* **236**, 56-59
256. Newsome, W. P., Warskulat, U., Noe, B., Wettstein, M., Stoll, B., Gerok, W., and Haussinger, D. (1994) *Biochem J* **304 ( Pt 2)**, 555-560
257. Lavoinne, A., Husson, A., Quillard, M., Chedeville, A., and Fairand, A. (1996) *Eur J Biochem* **242**, 537-543
258. Quillard, M., Husson, A., Chedeville, A., Fairand, A., and Lavoinne, A. (1998) *FEBS Lett* **423**, 125-128
259. Lavoinne, A., Meisse, D., Quillard, M., Husson, A., Renouf, S., and Yassad, A. (1998) *Biochimie* **80**, 807-811
260. Meisse, D., Renouf, S., Husson, A., and Lavoinne, A. (1998) *FEBS Lett* **422**, 346-348
261. Warskulat, U., Newsome, W., Noe, B., Stoll, B., and Haussinger, D. (1996) *Biol Chem Hoppe Seyler* **377**, 57-65
262. Schliess, F., Schreiber, R., and Haussinger, D. (1995) *Biochem J* **309 ( Pt 1)**, 13-17
263. STADIE, W. C., and RIGGS, B. C. (1944) *J. Biol. Chem.* **154**, 669
264. Berry, M. N., and Friend, D. S. (1969) *J Cell Biol* **43**, 506-520
265. Krumdieck, C. L., dos Santos, J. E., and Ho, K. J. (1980) *Anal Biochem* **104**, 118-123
266. Price, R. J., Ball, S. E., Renwick, A. B., Barton, P. T., Beamand, J. A., and Lake, B. G. (1998) *Xenobiotica* **28**, 361-371
267. Fisher, R. L., Shaughnessy, R. P., Jenkins, P. M., Austin, M. L., Roth, G. L., Gandolfi, A. J., and Brendel, K. (1995) *Toxicology Methods* **5.**, 99-113
268. Fisher, R. L., Hasal, S. J., Sanuik, J. T., Gandolfi, A. J., and Brendel, K. (1995) *Toxicology Methods .* **5**, 115-130
269. Lerche-Langrand, C., and Toutain, H. J. (2000) *Toxicology* **153**, 221-253
270. Lowry, O. H., Rosebrough, N. J., Farr, A. L., and Randall, R. J. (1951) *J. Biol. Chem.* **193**, 265-275
271. Kunst A, D. B., Ziegenhorm J. (1985) *D-Glucose. UV-methods with hexokinase and glucose-6-phosphate dehydrogenase* (HU Bergmeyer (Ed), M. o. e. A., Ed.), VI, Weinheim : VCH Verlagsgesellschaft
272. Gutmann, A. W. I. (1974) in *Methods of Enzymatic Analysis* ((ed), B. H. U., ed), pp. 1464-1468, Academic Press, New York
273. Bernt, H. U. B. E. (1974) in *Methods of Enzymatic Analysis* ((Ed), H. B., ed), pp. 1704-1708, Academic Press, New York
274. Lund, P. (1970) *Biochem J* **118**, 35-39

275. Williamson, D. (1985) *L-Alanine. Determination with alanine dehydrogenase* (HU Bergmeyer (Ed), M. o. e. A., Ed.), VIII, Weinheim : VCH Verlagsgesellschaft
276. Davidson, M. B., and Aoki, V. S. (1970) *Am J Physiol* **219**, 378-383
277. Davidson, M. B., and Berliner, J. A. (1974) *Am J Physiol* **227**, 79-87
278. passonneau JV, L. O. *Enzymatic analysis, a practical guide*, Humana Press
279. Folch, J., Lees, M., and Stanley, G. H. S. (1957) *J. Biol. Chem.* **226**, 497-509
280. Fossati P., P. L.-. (1982) *Clin. Chem.* **28**, 2077-2080
281. Trinder, P. (1969) *Ann. Clin. Biochem.* **6**, 24-27
282. Lamprecht W, H. F. (1985) *Pyruvate* (HU Bergmeyer (Ed), M. o. e. A., Ed.). VI vols , Weinheim : VCH Verlagsgesellschaft
283. Kiertsch-Engel R.I., S. E. A. (1985) *Acéto-acetate and b-hydroxybutyrate* (HU Bergmeyer (Ed), M. o. e. A., Ed.), VIII, Weinheim : VCH Verlagsgesellschaft
284. Bergmeyer H.U., B. H. O. (1985) *Ammoniac* (HU Bergmeyer (Ed), M. o. e. A., Ed.), VIII, Weinheim : VCH Verlagsgesellschaft
285. Kerscher L., Z. J. (1985) *Urée* (HU Bergmeyer (Ed), M. o. e. A., Ed.), VIII, Weinheim : VCH Verlagsgesellschaft
286. Williamson, D. H., Lund, P., and Krebs, H. A. (1967) *Biochem J* **103**, 514-527
287. Ashmore, J., Cahill, G. F., Jr., Hastings, A. B., and Zottu, S. (1957) *J. Biol. Chem.* **224**, 225-235
288. Ashmore, J., Hastings, A. B., Nesbett, F. B., and Renold, A. E. (1956) *J. Biol. Chem.* **218**, 77-88
289. Ashmore, J., Kinoshita, J. H., Nesbett, F. B., and Hastings, A. B. (1956) *J. Biol Chem.* **220**, 619-626
290. Ashmore, J., Renold, A. E., Nesbett, F. B., and Hastings, A. B. (1955) *J. Biol. Chem.* **215**, 153-161
291. Cahill, G. F., Jr., Ashmore, J., Zottu, S., and Hastings, A. B. (1957) *J. Biol. Chem.* **224**, 237-250
292. Renold, A. E., Teng, C.-T., Nesbett, F. B., and Hastings, A. B. (1953) *J. Biol. Chem.* **204**, 533-546
293. Renold, A. E., Hastings, A. B., Nesbett, F. B., and Ashmore, J. (1955) *J. Biol. Chem.* **213**, 135-146
294. Renold, A. E., Hastings, A. B., and Nesbett, F. B. (1954) *J. Biol. Chem.* **209**, 687-696
295. Landau, B. R., Hastings, A. B., and Zottu, S. (1958) *J. Biol. Chem.* **233**, 1257-1263
296. Landau, B. R., Ashmore, J., Hastings, A. B., and Zottu, S. (1960) *J. Biol. Chem.* **235**, 1856-1858
297. Katz, J., Abraham, S., Hill, R., and Chaikoff, I. L. (1955) *J. Biol. Chem.* **214**, 853-868
298. Fehlmann, M., Le Cam, A., and Freychet, P. (1979) *J. Biol. Chem.* **254**, 10431-10437
299. Blackard, W. G., Guzelian, P. S., and Small, M. E. (1978) *Endocrinology* **103**, 548-553
300. Kalant, N., Ozaki, S., Maekubo, H., Mitmaker, B., and Cohen-Khallas, M. (1984) *Endocrinology* **114**, 37-43
301. Fleig, W. E., Nother-Fleig, G., Steudter, S., Enderle, D., and Ditschuneit, H. (1986) *Biochim Biophys Acta* **888**, 191-198
302. Perez-Sala, D., Parrilla, R., and Ayuso, M. S. (1987) *Biochem J* **241**, 491-498
303. Spence, J., and Koudelka, A. (1985) *J. Biol. Chem.* **260**, 1521-1526

304. Petersen, K. F., Laurent, D., Rothman, D. L., Cline, G. W., and Shulman, G. I. (1998) *J Clin Invest* **101**, 1203-1209
305. Fleig, W. E., Enderle, D., Steudter, S., Nother-Fleig, G., and Ditschuneit, H. (1987) *J Biol Chem* **262**, 1155-1160
306. Kim, K. H. (1983) *Curr Top Cell Regul* **22**, 143-176
307. Jungermann, K. (1986) *Enzyme* **35**, 161-180
308. Jungermann, K. (1988) *Semin Liver Dis* **8**, 329-341
309. Bartels, H., Vogt, B., and Jungermann, K. (1988) *Histochemistry* **89**, 253-260
310. Jungermann, K. (1983) *Pharmacol Biochem Behav* **18 Suppl 1**, 409-414
311. Kilberg, M., Handlogten, M., and Christensen, H. (1980) *J. Biol. Chem.* **255**, 4011-4019
312. Saha, N., Stoll, B., Lang, F., and Haussinger, D. (1992) *Eur J Biochem* **209**, 437-444
313. Joseph, S. K., Bradford, N. M., and McGivan, J. D. (1978) *Biochem J* **176**, 827-836

# Abréviations

## Métabolites

AcAc : acétoacétate

Ala : alanine

α-KG : α-cétoglutarate

β-OH But : β-hydroxybutyrate

Glc : glucose

Gln : glutamine

Glu : glutamate

Glx : glutamine et glutamate

Lac : lactate

OAA : oxaloacétate

PEP : phosphoénolpyruvate

Pyr : pyruvate

## Enzymes et protéines

ACC : acétyl-CoA carboxylase

ACL : ATP-citrate lyase

ALaAT : alanine aminotransférase

ChoBP : carbohydrate binding protein

ChoRE : carbohydrate responsive element

FAS : Synthase des acides gras (Fatty acid synthase)

F1,6BisPase : fructose 1, 6 bisphosphatase

GK : glucokinase

GKRP : glucokinase regulatory protéin

GLDH : glutamate déshydrogénase

GLUT-2 : transporteur du glucose de type 2

G6Pase : glucose-6-phosphatase

G6PDH : glucose-6-phosphodéshydrogénase

GP : glycogène phosphorylase

GS : glycogène synthase

GSK-3 : glycogène synthase kinase 3

3-HBDH : 3-hydroxybutyrate déshydrogénase

HK-1 : hexokinase de type I

HK-1 : hexokinase de type I

L-alanine-DH : L-alanine déshydrogénase

LDH : lactate déshydrogénase

L-PK : pyruvate kinase de type hépatique

PC : pyruvate carboxylase

PDH : pyruvate déshydrogénase

PEPCK : phosphoénolpyruvate carboxykinase

PFK-2 : phosphofructokinase de type 2

6-PGDH : 6-phosphogluconate déshydrogénase

PGM : Phosphoglucomutase

$PP_1$-$G_L$ : glycogène synthase phosphatase

Ru5P épimérase :ribulose-5-phosphate épimérase

Ru5P isomérase : ribulose-5-phosphate isomérase

UDPGPP : UDP-glucose pyrophosphatase

USF : upstream stimulatory factor

## Co-facteurs

$NAD^+$ et $NADH^+ H^+$ : formes oxydée et réduite du nicotinamide adénine dinucléotide

FAD et $FADH_2$ : formes oxydée et réduite de flavine adénine dinucléotide

ATP : adénosine triphosphate

ADP : adénosine diphosphate

GTP : guanosine triphosphate

GDP : guanosine diphosphate

IMP : inositol monophosphate

Pi : phosphate inorganique

## Autres

ADN ($ADN_c$) : acide désoxyribonucléique (complémentaire)

ARN (ARNm) : acide ribonucléique (messager)

pb : paire de bases

RT-PCR : reverse transcription polymerase chain reaction

ppm : partie par million

RMN : Résonance Magnétique Nucléaire

$^{13}C$: carbone 13

# TABLE DES MATIERES

## CHAPITRE II : MATERIELS ET METHODES

# CHAPITRE III : RESULTATS

## CHAPITRE IV : Discussion

II. Caractérisation du modèle de tranches de foie de rats nourris coupées avec précision :
Etude du métabolisme du glucose

1. Consommation et utilisation du glucose

Printed by Books on Demand GmbH, Norderstedt / Germany